T0259965

Potenzialerschließung und -bewertung der sinterbasierten Kolbenextrusion

Vom Promotionsausschuss der
Technischen Universität Hamburg

zur Erlangung des akademischen Grades
Doktor-Ingenieur (Dr.-Ing.)

genehmigte Dissertation

von
Lennart Waalkes

aus
Emden

2023

1. Gutachter: Prof. Dr.-Ing. Claus Emmelmann

2. Gutachter: Prof. Dr.-Ing. habil. Florian Pyczak

Tag der mündlichen Prüfung: 07. November 2022

Light Engineering für die Praxis

Reihe herausgegeben von

Claus Emmelmann, Hamburg, Deutschland

Technologie- und Wissenstransfer für die photonische Industrie ist der Inhalt dieser Buchreihe. Der Herausgeber leitet das Institut für Laser- und Anlagensystemtechnik an der Technischen Universität Hamburg sowie die Fraunhofer-Einrichtung für Additive Produktionstechnologien IAPT. Die Inhalte eröffnen den Lesern in der Forschung und in Unternehmen die Möglichkeit, innovative Produkte und Prozesse zu erkennen und so ihre Wettbewerbsfähigkeit nachhaltig zu stärken. Die Kenntnisse dienen der Weiterbildung von Ingenieuren und Multiplikatoren für die Produktentwicklung sowie die Produktions- und Lasertechnik, sie beinhalten die Entwicklung lasergestützter Produktionstechnologien und der Qualitätssicherung von Laserprozessen und Anlagen sowie Anleitungen für Beratungs- und Ausbildungsdienstleistungen für die Industrie.

Lennart Waalkes

Potenzialerschließung und -bewertung der sinterbasierten Kolbenextrusion

 Springer Vieweg

Lennart Waalkes
Institut für Laser- und Anlagensystemtechnik
(iLAS)
Technische Universität Hamburg
Hamburg, Deutschland

ISSN 2522-8447   ISSN 2522-8455 (electronic)
Light Engineering für die Praxis
ISBN 978-3-662-66882-5   ISBN 978-3-662-66883-2 (eBook)
https://doi.org/10.1007/978-3-662-66883-2

Die Deutsche Nationalbibliothek verzeichnet diese Publikation in der Deutschen Nationalbibliografie; detaillierte
bibliografische Daten sind im Internet über http://dnb.d-nb.de abrufbar.

Planung/Lektorat: Alexander Grün
Springer Vieweg ist ein Imprint der eingetragenen Gesellschaft Springer-Verlag GmbH, DE und ist ein Teil von
Springer Nature.
Die Anschrift der Gesellschaft ist: Heidelberger Platz 3, 14197 Berlin, Germany

Vorwort

Die vorliegende Arbeit entstand während meiner Tätigkeit als wissenschaftlicher Mitarbeiter am Institut für Laser- und Anlagensystemtechnik (iLAS) an der Technischen Universität Hamburg sowie der Fraunhofer-Einrichtung für Additive Produktionstechnologien IAPT in Hamburg.

An dieser Stelle möchte ich zunächst meinem Doktorvater Herrn Prof. Dr.-Ing. Claus Emmelmann danken, der durch seine stete Unterstützung und die Schaffung eines einzigartigen Forschungsumfelds maßgeblich zum Gelingen dieser Arbeit beigetragen hat. Weiterhin danke ich Herrn Prof. Dr.-Ing. habil. Florian Pyczak für die Übernahme des Zweitgutachtens sowie Herrn Prof. Dr.-Ing. Wolfgang Hintze für die Übernahme des Vorsitzes des Prüfungsausschusses.

Allen Mitarbeitenden des iLAS und Fraunhofer IAPT sowie den Studierenden, allen voran Jan Längerich, möchte ich ebenfalls meinen Dank für die aufschlussreichen Diskussionen und wertvollen Denkanstöße aussprechen.

Ganz besonderer Dank gilt meiner Familie, die mich in meiner akademischen Laufbahn stets unterstützt hat, wie auch meiner Frau Franziska Waalkes für den starken Rückhalt vor allem in den intensiven Phasen dieser Arbeit.

Hamburg, im Dezember 2022

Lennart Waalkes

Zusammenfassung

Das schichtweise Verfahrensprinzip der additiven Fertigung bietet gegenüber formgebenden und subtraktiven Fertigungsverfahren ein hohes Kosteneinsparungspotenzial in der bedarfsgerechten Produktion von Metallbauteilen in geringer Stückzahl. Insbesondere für niedrig- bis mittelkomplexe Bauteile ist die sinterbasierte Materialextrusion aufgrund günstiger Fertigungsanlagen zur Grünteilherstellung prädestiniert. Die additiv gefertigten Grünteile werden anschließend von ihren polymeren Bestandteilen durch einen Entbinderungsschritt getrennt und zu rein metallischen Bauteilen gesintert. Vor allem das Sintern erfordert jedoch umfangreiches Prozess-Know-how sowie hohe Anlageninvestitionen. Beides stellt eine wesentliche industrielle Hürde für die sinterbasierte Materialextrusion dar. Sowohl eine bestehende Entbinder- und Sinterinfrastruktur als auch das hierfür erforderliche Prozess-Know-how sind verfahrensspezifisch im Metallpulverspritzguss verortet. Anstelle der additiven Materialextrusion werden die Grünteile hier mittels Spritzguss produziert, sodass geringe Stückzahlen wirtschaftlich nicht realisierbar sind. Die komplementäre Nutzung der Materialextrusion bietet folgerichtig die Möglichkeit, die industriellen Hürden hinsichtlich der Anlageninvestitionen und des Prozess-Know-hows abzubauen sowie für den Spritzguss unwirtschaftliche Losgrößen zu produzieren. Zwingende Voraussetzung hierfür ist die Verarbeitung des im Metallpulverspritzguss verwendeten Serienmaterials, um bestehende Entbinder- und Sinterprozessrouten sowie die entsprechende Anlagentechnik nutzen zu können.

Gegenstand der vorliegenden Arbeit ist daher die Potenzialerschließung und -bewertung der kolbenbasierten Materialextrusion als komplementäres Formgebungsverfahren in bestehenden Entbinder- und Sinterprozessrouten (sinterbasierte Kolbenextrusion). Das Verfahrensprinzip der Kolbenextrusion verspricht einerseits niedrige Anlagenkosten, andererseits ermöglicht es, industriell genutztes Serienmaterial aus dem Metallpulverspritzguss zu verarbeiten. Eine entsprechende Anlage ist kommerziell jedoch nicht erhältlich. Die Potenzialerschließung beginnt demzufolge mit einer methodischen Anlagenentwicklung, die mit dem Aufbau eines Anlagenprototyps abschließt. Dieser wird anschließend im Rahmen einer experimentellen Prozessentwicklung im Hinblick auf eine prozessstabile Fertigung dichter Grünteile validiert. Des Weiteren erfolgt die systematische Erarbeitung anlagenspezifischer Konstruktionsregeln zur Herstellung formhaltiger Grünteile. Mit dem Nachweis eines prozessstabilen Fertigungsprozesses zur Herstellung dichter wie formhaltiger Grünteile werden diese analog zu Spritzgussteilen entbindert und gesintert. Ein Vergleich der resultierenden Bauteilqualität mit Spritzgussteilen dient daraufhin als Grundlage für die Potenzialbewertung. Diese umfasst neben einer Bewertung der Bauteilqualität ebenso die zu erwartenden Zeit- und Kosteneinsparungspotenziale der sinterbasierten Kolbenextrusion. Als Referenzprozess fungiert dazu eine industrielle Entbinder- und Sinterprozessroute für die Produktion von Ti-6Al-4V-Bauteilen. Hierfür konnte nachgewiesen werden, dass die erzielbare Bauteilqualität grundsätzlich eine komplementäre Nutzung gewährleistet, was signifikante Zeit- und Kosteneinsparungen im Produktionsbetrieb ermöglicht.

Abstract

Compared to formative and subtractive manufacturing processes, the layer-by-layer process principle of additive manufacturing offers a high cost-saving potential in the on-demand production of metal parts in small quantities. Particularly for low- to medium-complexity parts, sinter-based material extrusion is predestined due to low-cost machines for green part production. The additively manufactured green parts are then freed from their polymer components by a debinding step and finally sintered to form a purely metallic part. However, sintering in particular requires extensive process know-how and high equipment investments, which are major industrial hurdles of sinter-based material extrusion. Both an existing debinding and sintering infrastructure as well as the required process know-how are available in metal injection molding. Here, the green parts are produced by injection molding instead of additive material extrusion, so low quantities are not economically feasible. Consequently, the use of material extrusion as a complementary shaping process offers the possibility of removing industrial hurdles in terms of equipment investments and process know-how as well as producing batch sizes that are uneconomical for injection molding. A mandatory prerequisite for this, however, is the processing of the metal injection molding series material. This allows the use of existing debinding and sintering process routes as well as the corresponding equipment.

Therefore, the aim of this work is the development and evaluation of piston-based material extrusion as a complementary shaping process in existing debinding and sintering process routes (sinter-based piston extrusion). The process principle of piston-based material extrusion combines potentially low machine costs with the possibility of processing industrially used series material from metal injection molding. Yet, a corresponding machine is not commercially available. Hence, the work starts with a methodical machine development ending with the assembly of a prototype. This prototype is then validated in an experimental process development with regard to a process-stable production of dense green parts. Furthermore, the systematic formulation of machine-specific design rules is carried out to ensure that the additively manufactured green parts do not exhibit any shape deviations. With the proof of a process-stable production of dense and dimensionally stable green parts, these are debound and sintered analogously to injection molded parts. This is followed by an evaluation of the resulting part quality as well as the expected time- and cost-saving potential of sinter-based piston extrusion. An industrial debinding and sintering process route for the production of Ti-6Al-4V parts serves as a reference process. For this reference process, the results of this work have shown that the achievable part quality generally ensures a complementary use, which enables significant time and cost savings in production.

Inhaltsverzeichnis

Abkürzungen

Bezeichnung	Beschreibung
3-D	Dreidimensional
ABS	Acrylnitril-Butadien-Styrol-Copolymer
AM	Additive manufacturing
ASTM	American Society for Testing and Materials
BJT	Binder jetting
BMD	Bound metal deposition
CAD	Computer-aided design
CIM	Ceramic injection molding
CMF	Cold metal fusion
DIN	Deutsches Institut für Normung
DMS	Dehnungsmessstreifen
ET	Extrusionstemperatur
EVA	Ethylen-Vinylacetat-Copolymer
FDM	Fused deposition modeling
FFF	Fused filament fabrication
FGF	Fused granular fabrication
FIM	Freeform injection molding
FLM	Fused layer modeling
GUI	Graphical user interface
HIP	Hot isostatic pressing
LK	Lösungskonzept
LMM	Lithography-based metal manufacturing
MEK	Materialeinzelkosten
MEX	Material extrusion
MGK	Materialgemeinkosten
MIM	Metal injection molding
MJS	Multi jet solidification
NPJ	NanoParticle Jetting
PA	Polyamid
PBF-LB/M	Laserstrahlschmelzen mit Metallen
PBT	Polybutylenterephthalat
PC	Polycarbonat
PE	Polyethylen
PEEK	Polyetheretherketon
PEG	Polyethylenglykol
PEI	Polyetherimid
PES	Polyethersulfon

Bezeichnung	Beschreibung
PET	Polyethylenterephthalat
PFF	Piston-based feedstock fabrication
PIM	Powder injection molding
PLA	Polylactid
PMMA	Polymethylmethacrylat
POM	Polyoxymethylen
PP	Polypropylen
PPE	Polyphenylenether
PS	Polystyrol
PVC	Polyvinylchlorid
RT	Raumtemperatur
SAN	Styrol-Acrylnitril-Copolymer
SLA	Stereolithography
SLS	Selective laser sintering
SOP	Start of production
SSR	Solid state relay
STL	Standard tessellation language
TE	Tissue engineering
TPU	Thermoplastisches Polyurethan
TTM	Time to market
USB	Universal serial bus
VDI	Verein Deutscher Ingenieure
VGL	Volumenstromgleichgewicht

Formelzeichen

Lateinische Symbole

Formelzeichen	Einheit	Beschreibung
a	°	Auflösung Schrittmotor
A	%	Bruchdehnung
A_B	mm²	Querschnittsfläche der extrudierten Bahn
AfA	€	Linearer Abschreibungsbetrag pro Jahr
A_M	mm²	Grenzfläche für Düsenreinigung
b_s	mm	Spurbreite
b_{sp}	mm	Spaltbreite
d	%	Relative Bauteildichte
D90	μm	90 %-Partikelgröße
d_a	mm	Außendurchmesser
d_F	mm	Filamentdurchmesser
d_i	mm	Innendurchmesser
d_K	mm	Kolbendurchmesser
d_{KE}	mm	Ersatzwert für Kolbendurchmesser
f	-	Faktor zur Verlängerung des Verfahrwegs
F_E	N	Extrusionskraft
F_G	N	Gleitkraft
F_H	N	Haftkraft
F_K	N	Zusätzliche Kraft durch Kolbenkalibrierung
F_S	N	Zusätzliche Kraft durch Strangablage
g_i	-	Gewichtungsfaktor für Kriterium i
h_s	mm	Schichthöhe
h_{sp}	mm	Spalthöhe
h_{st}	mm	Stützhöhe
i_P	-	Untersetzungsverhältnis Planetengetriebe
i_Z	-	Untersetzungsverhältnis Zahnrandgetriebe
K	€	Stückkosten für PFF-Grünteil
K_{Bf}	€	Kosten pro Befüllung
K_{Bj}	€	Kosten pro Baujob
K_D	€	Stückkosten für Druckprozess
K_{En}	€	Energiekosten
K_{In}	€	Jährliche Instandhaltungskosten
K_{kg}	€/kg	Kilogrammpreis für Feedstock
K_M	€	Stückkosten für Material
K_{Mk}	€	Maschinenkosten
K_{Pe}	€/h	Personenstundensatz

Formelzeichen	Einheit	Beschreibung
K_{St}	€/kWh	Strompreis
K_W	€	Stückkosten für Wärmebehandlung
K_{Wb}	€	Kosten pro Wärmebehandlung
l_D	mm	Düsenlänge
L_G	mm	Längenmaß des Grünteils
l_{Kap}	mm	Kapillarlänge
L_N	mm	Nennmaß
l_{sp}	mm	Spaltlänge
$l_ü$	mm	Überhanglänge
m_V	g	Materialverlust pro Düsenreinigung
n	-	Stückzahl
N_A	d	Arbeitstage pro Jahr
n_{Bf}	-	Anzahl Befüllungen für Stückzahl n
n_{Bj}	-	Anzahl Baujobs für Stückzahl n
n_R	-	Anzahl Düsenreinigungen
N_S	1/mm	Schrittanzahl pro Millimeter Verfahrweg
n_{SB}	-	Stückzahl pro Baujob
N_U	-	Schrittanzahl pro Umdrehung des Schrittmotors
N_Z	-	Zahnanzahl der Riemenscheibe
p	-	Position des Prüfkörpers
P	kW	Nennleistung
p_i	-	Punktebewertung für Kriterium i
p_{max}	-	Maximale Punktzahl
Q	mm³/s	Volumenstrom
$Q_{F,1}$	mm³/s	FFF-Eingangsvolumenstrom bei RT
$Q_{F,2}$	mm³/s	FFF-Austrittsvolumenstrom bei ET
$\dot{Q}_{HM}$	W	Wärmestrom Heizmanschette
$\dot{Q}_{HP}$	W	Wärmestrom Heizpatrone
$q_{m,exp}$	g/s	Experimentell bestimmter Massenstrom bei RT
$q_{m,F}$	g/s	FFF-Massenstrom
$q_{m,P}$	g/s	PFF-Massenstrom
$Q_{P,1}$	mm³/s	PFF-Eingangsvolumenstrom bei ET
$Q_{P,2}$	mm³/s	PFF-Austrittsvolumenstrom bei ET
$Q_{P,3}$	mm³/s	PFF-Austrittsvolumenstrom bei RT
Q_S	mm³/s	Volumenstrom Slicing-Software
r_a	mm	Außenradius
R_a	µm	Mittenrauwert
r_D	mm	Düsenradius
r_i	mm	Innenradius

Formelzeichen	Einheit	Beschreibung
r_K	mm	Kolbenradius
r_{Kap}	mm	Kapillarradius
R_m	MPa	Zugfestigkeit
$R_{p0,2}$	MPa	Dehngrenze
Sa	µm	Mittlere arithmetische Höhe
SF	-	Skalierungsfaktor
T	°C	Temperatur
t	%	Toleranz
t_B	h	Zeit für Bauteilplatzierung und -entnahme
t_{Bf}	h	Zeit für Befüllung des Extruders
t_D	h	Zeit für Datenvorbereitung
t_{Ent}	h	Zeit für Entleerung des Extruders
t_N	h/d	Nutzungsdauer pro Arbeitstag
t_P	h	Prozesszeit
t_{Pos}	h	Zeit für Post-Prozess
t_{Pre}	h	Zeit für Pre-Prozess
U_S	1/mm	Umdrehungszahl S pro Millimeter Verfahrweg
U_{Z2}	1/mm	Umdrehungszahl Z_2 pro Millimeter Verfahrweg
v	mm/s	Druckgeschwindigkeit
V	mm^3	Extrudiertes Volumen für definierte Wegstrecke
v_F	mm/s	Filamenteinzugsgeschwindigkeit
V_{GT}	mm^3	Grünteilvolumen
v_{theo}	mm/s	Theoretisch umsetzbare Druckgeschwindigkeit
x_i	-	Technische Wertigkeit für Kriterium i
x_R	mm	Riementeilung
Z	-	Aufmaßfaktor

Griechische Symbole

Formelzeichen	Einheit	Beschreibung
α_o	°	Orientierungswinkel
α_r	°	Richtungswinkel
$\alpha_{ü}$	°	Übergangswinkel
β	°	Oberflächenwinkel
$\dot{\gamma}$	s^{-1}	Schergeschwindigkeit
Δp	Pa	Druckverlust
Δp_{aus}	Pa	Auslaufdruckverlust
Δp_{ein}	Pa	Einlaufdruckverlust
Δp_{Kap}	Pa	Druckabfall in Kapillare
δ	-	Empirischer Schrumpf
δ_G	-	Grünteilschrumpf
δ_S	-	Sinterschrumpf
η	Pas	Viskosität
θ	°	Verzug
μ	-	Anzahl Mikroschritte
ρ_{ET}	g/mm^3	Feedstockdichte bei ET
ρ_{RT}	g/mm^3	Feedstockdichte bei RT
$\sum V_B$	mm	Summe der Verfahrbewegungen
τ	Pa	Schubspannung

Abbildungsverzeichnis

Tabellenverzeichnis

1 Einleitung

In diesem Kapitel erfolgt zunächst eine Darstellung der Motivation für die Integration der additiven Fertigung in bestehende Entbinder- und Sinterinfrastrukturen (Kapitel 1.1), aus der anschließend die Zielsetzung und Struktur der vorliegenden Arbeit abgeleitet wird (Kapitel 1.2).

1.1 Motivation

Die weitreichenden ökologischen, technologischen wie gesellschaftlichen Veränderungen des 21. Jahrhunderts haben einen signifikanten Einfluss auf die Entwicklung und Fertigung künftiger Produkte. So geht die stetige Forderung nach höheren Innovationsgeschwindigkeiten unweigerlich mit einer Reduktion der Produktlebenszyklen einher [85, 94]. Für die Produktentwicklung bedeutet dies, dass die Markteinführungszeiten (engl.: time to market, kurz: TTM), als wesentliches Kriterium für den späteren Markterfolg, kürzer werden (vgl. [85, 92]). Gegenstand der Produktentwicklung sind dabei zunehmend Produkte mit einem hohen Individualisierungsgrad, die in geringer Stückzahl flexibel auf Kundenanfrage gefertigt werden (vgl. [85, 90]). Für die Produktion rückt daher verstärkt die additive Fertigung (engl.: additive manufacturing, kurz: AM) in den Fokus, die sich gegenüber formgebenden und subtraktiven Fertigungsverfahren vor allem durch ein flexibles wie ressourceneffizientes Verfahrensprinzip auszeichnet (vgl. [9, 160, 277]).

Insbesondere für die additive Fertigung niedrig- bis mittelkomplexer Metallbauteile in geringen Stückzahlen ist die Materialextrusion mit Kunststofffilamenten (engl.: fused filament fabrication, kurz: FFF), die hohe Metallpulverfüllgehalte (Metal FFF) aufweisen, prädestiniert [158, 181, 182]. Diese werden zu Beginn des Fertigungsprozesses von einer Rolle abgespult und sukzessive in eine Schmelzeinheit geschoben, in der das Aufschmelzen der Polymermatrix (Bindersystem) erfolgt. Anschließend wird die Polymerschmelze über eine Auftragsdüse extrudiert und zu einem dreidimensionalen Grünteil aufgebaut. Das Grünteil wird in einer nachgelagerten Entbinderung von seinen polymeren Bestandteilen befreit und das verbleibende Metallpulver zu einem rein metallischen Bauteil gesintert [26, 111, 242].

Für die additive Grünteilfertigung wird dabei nur dort Material verbraucht, wo es zwingend für den Aufbau der Bauteilgeometrie und der nachfolgenden Sinterfahrt erforderlich ist (vgl. [228]). Für niedrig- bis mittelkomplexe Bauteile besteht somit im Vergleich zu subtraktiven Verfahren wie dem CNC-Fräsen ein hohe Materialeffizienz aufgrund des geringeren Materialausschusses (vgl. [80]). Weiterhin ist für die Herstellung der Grünteile im Vergleich zu formgebenden Verfahren wie dem Metallpulverspritzguss (engl.: metal injection molding, kurz: MIM) kein Werkzeug erforderlich [242], was eine flexible Einzel- bis Kleinserienfertigung ermöglicht. Verglichen mit etablierten Metall-AM-Verfahren sind zudem die AM-spezifischen Anlagenkosten aufgrund des einfachen und sicheren Verfahrensprinzips wesentlich geringer (bis zu Faktor 20 [182]). So ist das Metallpulver während des additiven Fertigungsprozesses stets im Bindersystem gebunden, sodass der gefährliche Umgang mit offenem Pulver entfällt [108, 111]. Demgegenüber steht jedoch der Aufbau und Betrieb einer Infrastruktur zum Entbindern und Sintern. Beides ist zwingend für den mehrstufigen Metal-FFF-Prozess erforderlich und stellt eine wesentliche industrielle Hürde dar [182]. Die hierfür erforderlichen Anlagenkosten sowie das Prozess-

Know-how stehen dem Kostenvorteil für die Grünteilfertigung aktuell entgegen. Ferner sind die Materialpreise in Relation zu etablierten Metall-AM-Verfahren wesentlich höher (bis zu Faktor 6 für z. B. 316L [182]).

Sowohl das Prozess-Know-how als auch eine industrielle Infrastruktur zum Entbindern und Sintern sind verfahrensspezifisch bei MIM-Anwendern zu verorten (vgl. [101]). Die MIM-Prozesskette stellt dabei die Grundlage für Metal FFF dar, die sich primär durch das Spritzgießen der Grünteile unterscheidet [242]. Hierfür findet ein granularer Feedstock Anwendung, der im Vergleich zu den Metall-Kunststofffilamenten um ein Vielfaches günstiger ist (bis zu Faktor 7,5 für z. B. 316L [182]). Überdies unterscheiden sich die verwendeten Bindersysteme. Diese sind für die Metall-Kunststofffilamente so angepasst, dass ein Aufspulen sowie ein knickfreies Einführen in die Schmelzeinheit gewährleistet ist (vgl. [212]). Das größte Potenzial zum Überwinden der industriellen Hürden besteht somit in der Befähigung der MIM-Anwender, Grünteile aus eigenem Serienmaterial additiv herzustellen. Die additiv gefertigten Grünteile können anschließend zusammen mit Spritzgussteilen bestehende Prozessrouten zum Entbindern und Sintern durchlaufen, die auf das Serienmaterial abgestimmt sind (vgl. [242]). MIM-Anwender erhalten dadurch die Möglichkeit, Produktentwicklungen zu beschleunigen sowie Einzel- bis Kleinserien flexibel, ressourceneffizient und ohne signifikanten Mehrkostenaufwand zu fertigen (vgl. [180]).

Eine derartige komplementäre Nutzung bedarf hingegen extrusionsbasierter AM-Verfahren, die granulares MIM-Serienmaterial verarbeiten. Die filamentbasierte Materialextrusion ist für diesen Anwendungszweck somit als ungeeignet einzustufen. Alternative Verfahrensvarianten stellen die schnecken- und kolbenbasierte Materialextrusion dar [242]. Die Anlagenkosten ersterer sind für den geplanten Anwendungszweck jedoch um ein Vielfaches höher als FFF-Fertigungsanlagen (bis zu Faktor 16 [182]), was mit einer Erhöhung der finanziellen Einstiegshürde für MIM-Anwender einhergeht. Für die kolbenbasierte Materialextrusion sind entsprechende Fertigungsanlagen kommerziell nicht erhältlich. Gleichwohl weist diese Verfahrensvariante eine hohe Analogie zum FFF-Verfahren auf, sodass sich das FFF-spezifische Kostenpotenzial prinzipiell hierauf übertragen lässt.

1.2   Zielsetzung und Struktur der Arbeit

Ziel dieser Arbeit ist daher, das Kostenpotenzial der kolbenbasierten Materialextrusion für die additive Fertigung von Grünteilen aus MIM-Serienmaterial mit einer Anlageneigenentwicklung und -validierung zu erschließen sowie hinsichtlich der komplementären Nutzung zu bewerten. Hierfür fungiert eine industrielle Ti-6Al-4V-MIM-Prozesskette – vom Feedstock bis zur Sinterfahrt – als Referenz, in der exemplarisch eine Substitution des Spritzgießens durch die kolbenbasierte Materialextrusion für geringe Stückzahlen erfolgt.

In Kapitel 2 werden dazu zunächst die theoretischen Grundlagen der Materialextrusion, des Metallpulverspritzgusses sowie deren Synthese, die sinterbasierte Materialextrusion, beschrieben. Auf Basis dessen erfolgt in Kapitel 3 eine Konkretisierung des Forschungsbedarfs, der mit dem Aufstellen dieser Arbeit zugrunde liegenden Forschungshypothese abschließt.

Zur Beantwortung der Forschungshypothese werden daraufhin Teilziele für die Potenzialerschließung und -bewertung der sinterbasierten Kolbenextrusion definiert und zu einem Lösungsweg zusammengefasst.

Übergeordnetes Ziel der Potenzialerschließung ist die Entwicklung und Validierung eines Anlagenkonzepts zur prozessstabilen wie formhaltigen Grünteilfertigung mittels Kolbenextrusion. Für die methodische Anlagenentwicklung fungiert in Kapitel 4 eine marktübliche FFF-Fertigungsanlage als technisches Vorbild, um das damit einhergehende Kostenpotenzial auf das Anlagenkonzept zu übertragen. Daran anknüpfend erfolgt in Kapitel 5 eine Validierung des Anlagenkonzepts durch eine experimentelle Prozessentwicklung, die eine prozessstabile Fertigung dichter Grünteile fokussiert. Neben einer hohen Grünteildichte sind für die komplementäre Nutzung fertigungsbedingte Formabweichungen zwingend zu vermeiden. Dazu werden in Kapitel 6 anlagenspezifische Konstruktionsregeln für eine formgebungsgerechte Bauteilgestaltung erarbeitet.

Mit dem Nachweis einer adäquaten Grünteilqualität findet anschließend eine Potenzialbewertung am Sinterteil statt. In Kapitel 7 werden dazu die additiv gefertigten Grünteile analog zu MIM-Teilen entbindert und gesintert sowie mit diesen hinsichtlich relevanter Bauteileigenschaften verglichen. Der Vergleich der Bauteilqualität dient daraufhin als Grundlage für die Bewertung der kolbenbasierten Materialextrusion als komplementäres Formgebungsverfahren in bestehenden MIM-Prozessrouten. Diese wird in Kapitel 8 zusätzlich um eine Evaluierung der damit einhergehenden Einsparungspotenziale in der Produktentwicklung und Einzel- bis Kleinserienfertigung im MIM-Produktionsbetrieb ergänzt.

Die Arbeit endet mit einer Zusammenfassung der wesentlichen Ergebnisse, auf Basis derer ein Ausblick auf weiterführende Forschungsarbeiten gegeben wird. Eine grafische Zusammenfassung der beschriebenen Kapitelstruktur ist Abbildung 1 zu entnehmen.

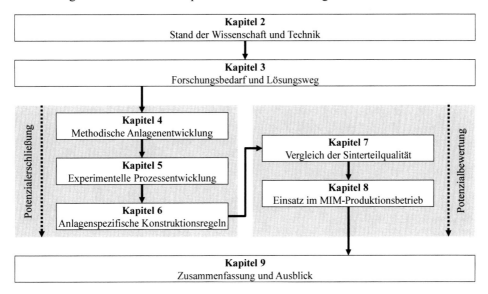

Abbildung 1: Struktur der Arbeit

2 Stand der Wissenschaft und Technik

In diesem Kapitel werden die zum Verständnis der Arbeit erforderlichen Grundlagen zusammengefasst. Hierfür erfolgt eine detaillierte Betrachtung der Materialextrusion (Kapitel 2.1), des Metallpulverspritzgusses (Kapitel 2.2) sowie der sinterbasierten Materialextrusion als deren Synthese (Kapitel 2.3). Letztere bildet die Wissensgrundlage, worauf basierend eine Konkretisierung des Forschungsbedarfs sowie Darstellung des Lösungswegs stattfindet.

2.1 Materialextrusion

Die Materialextrusion stellt als additives Formgebungsverfahren einen zentralen Bestandteil der sinterbasierten Material- bzw. Kolbenextrusion dar. Erstere wird zunächst in die additive Fertigung (Kapitel 2.1.1) eingeordnet sowie hinsichtlich ihrer verfahrensspezifischen Grundlagen (Kapitel 2.1.2) erläutert. Anhand dessen findet eine Abgrenzung der kolbenbasierten Materialextrusion (Kapitel 2.1.3) statt, ehe eine Betrachtung der variantenübergreifenden Prozesskette erfolgt (Kapitel 2.1.4)

2.1.1 Einordnung in die additive Fertigung

Der Begriff „additive Fertigung" stellt das englische Pendant zu „additive manufacturing" dar. Beide Begriffe sind in der VDI-Richtlinie 3405 [254] und der DIN EN ISO/ASTM 52900 [64] genormt und ersetzen historische Begriffe wie „additive layer fabrication" oder „freeform fabrication". Medial stark geprägt ist aufgrund der Analogie zum herkömmlichen Drucken von Textdokumenten zudem der generische Begriff „3-D-Druck" bzw. „3D printing" [92].

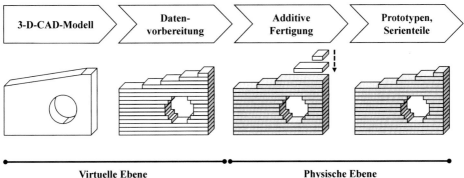

Abbildung 2: Prinzip der additiven Fertigung in Anlehnung an [92]

Auf Prozessebene ist die Bauteilherstellung in der additiven Fertigung im Vergleich zu den formgebenden bzw. subtraktiven Fertigungsverfahren (fortlaufend: konventionelle Fertigungsverfahren) wie das Spritzgießen respektive Fräsen „[…] durch die sukzessive Aufbringung von Material" definiert [64]. Hierzu liegt zu Beginn des Bauprozesses ein 3-D-CAD-Modell vor, auf Basis dessen über Schnittstellenformate mathematische Schichtinformationen generiert werden (s. Abbildung 2).

Anschließend erfolgt die physische Umsetzung der entsprechend vorbereiteten virtuellen Bauteilinformationen in einem Schicht-für-Schicht-Bauprozess, der mit der Entnahme der generierten Bauteile abschließt [92].

Auf Anwendungsebene lässt sich die additive Fertigung in die Prototypen- (engl.: rapid prototyping) und die Endproduktherstellung (engl.: rapid manufacturing) unterteilen. Die additive Fertigung von Werkzeugen und Werkzeugeinsätzen (engl.: rapid tooling) wird bauteilspezifisch einer dieser beiden Kategorien zugeordnet und stellt somit eine Querschnittsmenge dar [92]. Das „rapid prototyping" umfasst primär die Herstellung von Konzeptmodellen und Funktionsprototypen. Während Konzeptmodelle vorrangig der 3-D-Visualisierung dienen, erfüllen Funktionsprototypen bereits einzelne Funktionen des späteren Endprodukts, die somit frühzeitig in der Produktentwicklung abgesichert werden. Funktionsprototypen können dazu fertigungsgerecht im Sinne der Serienfertigung konstruiert und zudem aus dem späteren Serienmaterial hergestellt werden. Demgegenüber beschreibt das „rapid manufacturing" die direkte additive Fertigung von Serienteilen. Sowohl Serienteile (30,9 %) als auch Funktionsprototypen (24,6 %) repräsentieren zusammengefasst mehr als die Hälfte aller AM-Bauteile [92, 254, 277]. Verwendung finden additiv gefertigte Bauteile – Serienbauteile, Betriebsmittel und Prototypen – vor allem im Automobilbau, der Konsumgüterherstellung, der Luft- und Raumfahrt wie auch in der Medizin bzw. Zahnmedizin [277]. Der weltweite Umsatz von AM-Produkten wurde 2019 (vor COVID-19) auf ca. 5 Mrd. US $ geschätzt, was einen Anstieg von 22,3 % gegenüber des Vorjahres bedeutet und die Relevanz dieser Fertigungstechnologie unterstreicht [277].

AM-Potenziale

Grundsätzlich ist der Einsatz additiver Fertigungsverfahren im industriellen Kontext als ökonomisch sinnvoll zu erachten, sofern die AM-spezifischen Potenziale ausgeschöpft werden. Die wesentlichen Potenziale lassen sich wie folgt zusammenfassen (vgl. [3, 277]):

- *Erhöhung der Gestaltungsfreiheiten:* Aufgrund des additiven Fertigungsprozesses, der durch eine sukzessive Materialzugabe charakterisiert ist, bedarf die Bauteilfertigung keiner produktspezifischen Werkzeuge. Hieraus resultiert ein Höchstmaß an Gestaltungsfreiheiten im Vergleich zu konventionellen Fertigungsverfahren. So lassen sich infolge der hinzukommenden AM-Gestaltungsfreiheiten mitunter kostenintensive Montageaufwände durch integrale Bauweisen reduzieren sowie die Bauteilleistung durch Hinzufügen weiterer Funktionen, wie z. B. eine konturnahe Kühlung in Werkzeugeinsätzen, erhöhen [75].

- *Entkopplung der Stückkosten von der Stückzahl:* Verglichen mit formgebenden Fertigungsverfahren besteht bei der additiven Fertigung ein deutlich schwächerer Zusammenhang zwischen Stückkosten und Stückzahl. Erstere bleiben nahezu konstant, da keine Werkzeugkosten anfallen, die sich erst mit zunehmender Stückzahl amortisieren (vgl. [217]). Infolgedessen birgt der Einsatz additiver Fertigungsverfahren vor allem für hochindividualisierte Einzel- bis Kleinserien ein großes wirtschaftliches Potenzial.

- *Entkopplung der Stückkosten von der Bauteilkomplexität:* Da die Stückkosten additiv gefertigter Bauteile neben eventuellen Nachbearbeitungskosten vor allem volumen- und materialabhängig sind [254], resultieren auch hochkomplexe Bauteilgeometrien in keiner wesentlichen Erhöhung der Teilekosten. Ferner bestehen konstruktive Einsparungspotenziale durch z. B. die Verwendung bionisch inspirierter Leichtbaustrukturen, die das Bauteilvolumen und somit die Materialkosten weiter reduzieren [76, 77].

- *Dezentrale und bedarfsgerechte Fertigung:* Generell erlaubt AM aufgrund der digitalen, werkzeuglosen Fertigung, schneller und flexibler auf Kundenanfragen im Endproduktsegment reagieren zu können. Insbesondere für Ersatzteile besteht so die Möglichkeit, diese dezentral und bedarfsgerecht zu fertigen, sodass z. B. die Lagerkosten für deren Bevorratung entfallen.

- *Verkürzung der Produktentwicklung:* Des Weiteren ermöglichen additive Fertigungsverfahren, Prototypen auf Basis vorhandener CAD-Datensätze werkzeuglos zu fertigen, was die Produktentwicklung erheblich verkürzt und somit die TTM reduziert (vgl. [92]).

AM-Herausforderungen

Demgegenüber stehen AM-spezifische Herausforderungen, die vor allem einer additiven Produktion von Serienteilen derzeit entgegenstehen. Die wesentlichen Herausforderungen in diesem Kontext lassen sich wie folgt zusammenfassen (vgl. [277]):

- *Hohe Stückkosten:* Die primären Kostentreiber in der additiven Fertigung sind die Maschinen- und Materialkosten. Dies gilt insbesondere für die laserbasierte additive Fertigung mit Metallpulvern als das am stärksten etablierte AM-Verfahren für Metallbauteile [182]. Weitere Kosten sind bspw. in der Anlagenperipherie, den Betriebsstoffen (z. B. Gase), den eventuell erforderlichen Nachbearbeitungsschritten sowie den zu erfüllenden Sicherheitsauflagen zu verorten. Die Gesamtheit der Kosten werden an den Kunden über die Stückkosten weitergegeben.

- *Geringe Produktivität:* Aufgrund geringer anlagen- und verfahrensspezifischer Aufbauraten stellt der Großserieneinsatz additiver Fertigungsverfahren derzeit eine Herausforderung dar. Vielsprechende Ansätze zur Erhöhung der Aufbauraten sind z. B. neue Maschinenkonzepte oder mehrstufige AM-Prozesse wie der Freistrahl-Bindemittelauftrag (engl.: binder jetting, kurz: BJT) auf Metallpulver [182].

- *Mangelnde Ausbildung:* In vielen Unternehmen wird AM als Fertigungsalternative bisher nicht berücksichtigt – die zuvor genannten AM-Potenziale bleiben somit ungenutzt. Dies ist oftmals auf mangelnde Kenntnisse der Mitarbeiter zurückzuführen. Hieraus lassen sich künftige Handlungsfelder wie z. B. praxisorientiere AM-Trainings oder der Zugang zu verfahrensspezifischen Konstruktionskatalogen (vgl. [3, 151]) ableiten. Zur Ausbildung künftiger Generationen ist es zudem wichtig, AM in schulische- und akademische Lehrpläne zu integrieren.

- *Unzureichende Qualitätssicherung und Standards:* Der Einsatz additiv gefertigter Bauteile in Industrien wie z. B. der Luft- und Raumfahrt oder der Medizin
unterliegt strengen Regularien. Aktuelle Herausforderungen sind hierbei in der
konstanten Bauteilqualität über einen längeren Produktionszeitraum hinweg sowie das Fehlen entsprechender Prozessdaten auszumachen. Dies ist u.a. auf eine
unzureichende Prozessüberwachung und -kontrolle zurückzuführen. Abhilfe
diesbezüglich können AM-spezifische Standards schaffen (vgl. [91]), die sich
größtenteils noch in der Entwicklung befinden.

Klassifizierung
Die Gesamtheit der additiven Fertigungsprozessprinzipien lässt sich nach DIN EN
ISO/ASTM 52900 [64] mithilfe der jeweils verwendeten Werkstoffart und -form, des
werkstoffspezifischen Verbindungsmechanismus sowie der werkstoffformspezifischen
Materialverteilung klassifizieren. Weitere Klassifizierungen sind Gebhardt [92], Breunin-
ger et al. [32] sowie der VDI-Richtlinie 3405 [254] zu entnehmen, wenngleich hierbei der
Fokus auf den einstufigen additiven Fertigungsprozessprinzipien liegt. In DIN EN
ISO/ASTM 52900 erfolgt darüber hinaus eine vorgelagerte Einteilung in ein- und mehrstufige AM-Prozessprinzipien [64], was von besonderer Relevanz für die vorliegende Arbeit ist und somit nachfolgend der Klassifizierung der Materialextrusion dient.

Bei einstufigen AM-Prozessprinzipien werden demnach sowohl die Bauteilgeometrie als
auch die grundlegenden Werkstoffeigenschaften simultan in einem Arbeitsgang realisiert,
was bei mehrstufigen AM-Prozessprinzipien voneinander entkoppelt ist. Die additive Fertigung fokussiert dabei die Formgebung der Bauteilgeometrie durch Adhäsion verschiedener Materialkomponenten (z. B. Kunststoff/Metall). Anschließend erhalten die Bauteilgeometrien die vorgesehenen grundlegenden Werkstoffeigenschaften in einem sekundä-
ren Prozessschritt (z. B. Sintern). Bei einstufigen AM-Prozessen werden diese während
des additiven Formgebungsprozesses durch schichtweises Verschmelzen ähnlicher Materialien eingestellt. Je nach Werkstoffart (Metall, Polymere, Keramiken) sind unterschiedliche Verschmelzungszustände bzw. Verbindungsmechanismen vorherrschend, die mit
der Form des Ausgangsmaterials (z. B. Pulver, Filamente, Flüssigkeit) korrelieren [64].

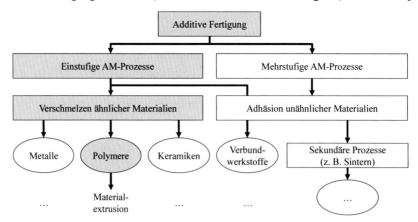

Abbildung 3: Einordnung der Materialextrusion in die einstufigen AM-Prozessprinzipien für Polymerwerk-
stoffe in Anlehnung an [64]

Auf Basis der unterschiedlichen Materialverteilungsarten lässt sich das zur additiven Fertigung des physischen Bauteils zugrunde liegende Fertigungsprinzip ableiten, das die Gesamtheit der einstufigen AM-Prozesse in die entsprechenden Prozesskategorien einteilt [64]. Gemäß der Klassifizierung nach DIN EN ISO/ASTM 52900 lässt sich die Materialextrusion (engl.: material extrusion, kurz: MEX) als Prozesskategorie in die einstufigen, polymerbasierten additiven Fertigungsprinzipien einordnen, wie in Abbildung 3 farblich grau hinterlegt ist.

2.1.2 Verfahrensgrundlagen

Das Verfahrensprinzip der einstufigen Materialextrusion ist charakterisiert durch das Zuführen polymeren Ausgangsmaterials in einen Extrusionskopf (nachfolgend: Extruder). In diesem wird das Material aufgeschmolzen und durch Aufbringen von Druck durch eine Auftragsdüse extrudiert [103]. Das Extrudat wird als ellipsenförmiger Materialstrang entsprechend der Schichtinformationen initial auf das Druckbett und anschließend auf die jeweils zuvor generierte Schicht aufgetragen. Der Schichtverbund zwischen der bereits abgelegten und der zu generierenden Schicht bildet sich infolge der thermisch eingebrachten Energie letzterer [92]. Diese lässt angrenzende Stränge erneut aufschmelzen und wieder erstarren, was in einer stoffschlüssigen Verbindung mit der neu aufgetragenen Schicht resultiert. Nach dem Generieren einer Schicht wird in Abhängigkeit des kinematischen Aufbaus entweder die Bauplattform um eine Schichthöhe abgesenkt oder der Extruder entsprechend angehoben und der schichtweise Bauprozess solange fortgesetzt, bis die dreidimensionale Bauteilgeometrie final aufgebaut ist (s. Abbildung 4). Je nach Bauteilgeometrie sind hierfür Stützkonstruktionen erforderlich, die dem Abstützen kritischer Überhangwinkel dienen und nach dem Fertigungsprozess in einem Nachbearbeitungsschritt zu entfernen sind [85].

Verfahrensvarianten

Das Verfahrensprinzip der Materialextrusion lässt sich grundsätzlich in drei Verfahrensvarianten unterteilen. Diese unterscheiden sich im Wesentlichen hinsichtlich des verwendeten Ausgangsmaterials sowie dessen Förderung zur Auftragsdüse. Die bekannteste Verfahrensvariante stellt die filamentbasierte Materialextrusion dar, die im Jahr 1991 von der Firma Stratasys Inc. unter der geschützten Markenbezeichnung „fused deposition modeling (FDM)" kommerzialisiert wurde [92, 277]. Neben dem Prototyping findet FDM ebenso zur Fertigung von Serienteilen in z. B. der Luft- und Raumfahrtindustrie Anwendung [85, 277]. Als eine markenrechtsfreie Bezeichnung hat sich neben dem „fused layer modeling (FLM)" [92, 254] vor allem der Begriff „fused filament fabrication (FFF)" etabliert, der fortlaufend als Synonym für die filamentbasierte Materialextrusion fungiert. FFF evolvierte aus der RepRap-Bewegung, die es sich zum Ziel setzte, einen kostengünstigen Open-Source-FFF-Drucker zu entwickeln, der sich selbst zu replizieren im Stande ist [31, 144]. Im Zuge der RepRap-Bewegung und dem Auslaufen des FDM-Patents [45] hielten zunehmend kleinere, kostengünstigere FFF-Drucker Einzug in den Massenmarkt, die primär im Prototypenbau Anwendung finden. Die FFF-Drucker zeichnen sich dabei durch einfache Handhandhabung aus und erlauben anwendungsspezifische Adaptionen des Prozesses oder der Anlagentechnik [92, 156]. Sowohl für FFF- als auch FDM-Drucker erfolgt die Zuführung des strangförmigen Ausgangsmaterials mithilfe von Transporträdern, die über einen Schrittmotor angetrieben werden (s. Abbildung 4a). Die Transporträder schieben das Filament in eine Schmelzeinheit, in der es in einen hinreichend niedrigviskosen

Zustand überführt und durch Nachschieben des noch festen Materials aus der Auftragsdüse gepresst wird [92]. Das Filament wird dazu während des Bauprozesses von einer
Spule abgespult und weist typischerweise einen Durchmesser von 1,75 oder 2,85 mm auf
[156]. Im Hinblick auf die Materialförderung findet zudem eine Unterscheidung zwischen
Direkt- und Bowden-Extruder statt. Die Transporträder sind demnach entweder direkt
oberhalb der Schmelzeinheit inklusive Auftragsdüse (Direkt-Extruder, s. Abbildung 4a)
oder getrennt hiervon (Bowden-Extruder) an der Baukammer montiert [120].

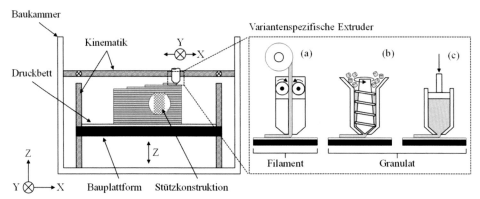

Abbildung 4: Verfahrensprinzip der Materialextrusion inklusive einer Zuordnung der variantenspezifischen
Extruder: (a) filament-, (b) schnecken- und (c) kolbenbasierte Materialextrusion in Anlehnung an
[111, 252, 270]

Bedingt durch die hohen Materialkosten (€/kg) für Filamente lässt sich in der polymerbasierten Materialextrusion ein Trend hin zur additiven Fertigung von Bauteilen aus deutlich
kostengünstigeren Standard-Kunststoffgranulaten erkennen (vgl. [43, 147, 175]). Auch im
Sinne der Nachhaltigkeit ist dieser Ansatz von Vorteil, da rezyklierter Kunststoff direkt in
Form von Granulaten, Flocken oder Mahlgut extrudiert werden kann [35, 205, 276]. Mit
Fokus auf das verwendete Ausgangsmaterial, das typischerweise als Granulat vorliegt,
wird diese Verfahrensvariante generisch auch als „fused granular fabrication (FGF)" be-
zeichnet [13, 162, 205]. In Analogie zum Spritzgießen finden hierfür Schneckenextruder
(s. Abbildung 4b) Anwendung, die im Vergleich zu FFF höhere Aufbauraten erzielen können [147]. Die Zuführung des Ausgangsmaterials erfolgt demnach mittels Förderschnecke, die das eingespeiste Granulat (z. B. über einen Trichter) zur Auftragsdrüse transportiert. Während des Materialtransports wird dieses sowohl infolge thermischer Beanspruchung als auch mechanischer Scherbelastung aufgeschmolzen und homogenisiert sowie
anschließend durch den schneckeninduzierten Druck über eine Auftragsdüse extrudiert
[252, 256].

Im Vergleich zum FGF-Verfahren liegt bei einer kolbenbasierten Materialextrusion ein
diskontinuierlicher Extrusionsprozess vor, der durch die Länge des Kolbenhubs und des
vorab eingefüllten Ausgangsmaterials begrenzt ist. Hierfür wird eine definierte Menge des
granularen Ausgangsmaterials in einen beheizten Zylinder platziert und mittels Kolben
durch eine Auftragsdüse extrudiert (s. Abbildung 4c). Die Kolbenbewegung kann dabei
entweder mechanisch oder mittels Gaszufuhr erfolgen [239]. Die Form des Ausgangsmaterials ist grundsätzlich von sekundärer Bedeutung, da dieses vor Druckbeginn ganz (vgl.

[252]) bzw. zu großen Teilen (vgl. [260]) aufgeschmolzen wird. Aufgrund des füllmen-
genabhängigen Druckprozesses sowie potenzieller Materialdegradationen [273] ist der
Anwendungsbereich für die kolbenbasierte Materialextrusion mit Kunststoffgranulaten
stark limitiert. Aus diesem Grund wird in den folgenden Abschnitten der Fokus auf das
FFF- bzw. FGF-Verfahren gelegt. Für eine detaillierte Betrachtung sowie Einordnung der
kolbenbasierten Materialextrusion sei auf Kapitel 2.1.3 verwiesen.

Kinematikvarianten

Neben den variantenspezifischen Extrudern weisen MEX-Fertigungsanlagen Unterschiede in ihrer Kinematik auf, welche die Interaktion von Bauplattform und Extruder
koordiniert. Eine Unterscheidung gelingt mithilfe des kartesischen, des Delta- und Polar-
sowie des roboterarmbasierten Kinematiksystems [145, 266]. Das kartesische Kinematiksystem ist am weitesten verbreitet und basiert auf dem gleichnamigen Koordinatensystem,
das jedem Punkt im zur Verfügung stehenden Bauraum eine X-, Y- und Z-Koordinate
zuweist [120]. Zur Schichtgenerierung führen typischerweise sowohl die Bauplattform als
auch der Extruder Verfahrbewegungen in einer der drei Koordinatenachsen aus (s.
Abbildung 5).

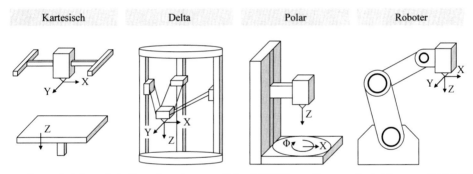

Abbildung 5: Schematische Darstellung der wesentlichen MEX-Kinematiksysteme in Anlehnung an [145, 266]

Die Zuordnung der beiden Hardwarekomponenten zu den jeweiligen Achsen kann – abhängig vom vorliegenden Fertigungssystem – unterschiedlich ausfallen. Ebenso wie beim
kartesischen Kinematiksystem lässt sich bei der Delta-Kinematik jeder Punkt im Bauraum
mit einer X-, Y- und Z-Koordinate beschreiben, der durch entsprechendes Verfahren der
3- oder 6-Achs-Parallelkinematik angesteuert wird [145]. Das Kinematiksystem hat seinen
Ursprung in „pick-and-place"-Anwendungen (z. B. Verpackungsindustrie) und ist prädestiniert für schnelle Verfahrbewegungen des Extruders [120] oder der Bauplattform [147].
MEX-Fertigungssysteme mit einer Delta-Kinematik sind folglich dadurch charakterisiert,
dass einzig die Bauplattform oder der variantenspezifische Extruder die Verfahrbewegungen in X-, Y- und Z-Achse ausführt (s. Abbildung 5).

Entgegen der beiden der beiden zuvor genannten Kinematiksysteme basiert die Polar-Ki-
nematik auf Polarkoordinaten. Jeder Punkt einer zweidimensionalen Bauteilebene lässt
sich infolgedessen mit der Distanz zu einem Ursprung und dem Winkel Φ zu einer Refe-
renzrichtung eindeutig beschreiben (vgl. [120]). Hierzu führt z. B. die kreisrunde Bauplattform sowohl die translatorischen als auch die rotatorischen Verfahrbewegungen aus.
Die dritte Dimension entsteht im Anschluss durch Verfahren des Extruders in Z-Richtung
(vgl. [145, 266]). Weiterhin findet der Einsatz von Roboterarmen zunehmend sowohl in

der metall- als auch in der polymerbasierten additiven Fertigung Anwendung [251]. Ein Anwendungsgebiet in der polymerbasierten Materialextrusion stellt z. B. der Herstellung von Großstrukturen dar [145]. Grundsätzlich gibt es zur Beschreibung der Verfahrbewegungen eines Industrieroboters mehrere Koordinatensysteme. Oftmals fungiert ein kartesisches Koordinatensystem als sogenanntes Raumkoordinatensystem, das um ein Gelenkkoordinatensystem zur Stellung der Gelenkachsen ergänzt wird [24].

Materialpalette

Grundvoraussetzung für die Verarbeitung von Filamenten und Granulaten mittels Materialextrusion ist ein thermoplastisches Verhalten des polymeren Ausgangswerkstoffes, um ein Aufschmelzen und erneutes Erstarren der extrudierten Materialstränge zu gewährleisten [85, 92]. Infolgedessen ist die prinzipiell zur Verfügung stehende Materialpalette durch die Thermoplaste (TP) bzw. die thermoplastischen Elastomere (TPE) begrenzt.

Im Vergleich zur filamentbasierten Materialextrusion besteht mit dem FGF-Verfahren die Möglichkeit, thermoplastische Standardgranulate aus dem Spritzgießen zu verwenden (vgl. [147, 180]). Diese lassen sich gemäß Abbildung 6 entsprechend ihres Dauergebrauchstemperaturbereichs in drei Gruppen unterteilen.

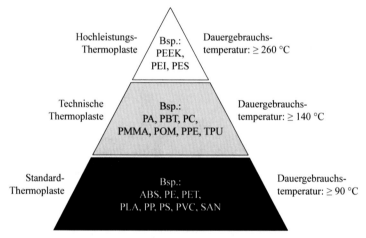

Abbildung 6: Thermoplastische Kunststoffe klassifiziert anhand ihrer Dauergebrauchstemperatur in Anlehnung an [104]

Allgemein ist das verfahrensspezifische Potenzial von FGF neben der hohen Materialverfügbarkeit vor allem in dem Preis der Kunststoffgranulate auszumachen. Auch Filamente für kostengünstige FFF-Fertigungssysteme sind typischerweise um bis zu Faktor 10 teurer als vergleichbare Kunststoffgranulate [277]. Dennoch wird ein Großteil der polymeren Ausgangsmaterialien mittels FFF verarbeitet, was insbesondere mit der höhen Marktakzeptanz der kostengünstigen Desktop-FFF-Drucker zu begründen ist. So machen Kunststofffilamente insgesamt 20,6 % des Weltmarktes für Ausgangsmaterialien in der additiven Fertigung aus [277]. Dies umfasst vor allem die Thermoplaste ABS, PA, PC, PEEK, PEI, PLA und PP sowie thermoplastische Elastomere wie TPU [277]. Die Materialpalette für FFF wird darüber hinaus zunehmend erweitert wie verschiedene wissenschaftliche Studien zu Rezyklaten [47, 287] und Biopolymeren [39] erkennen lassen.

Ein weiterer Forschungsschwerpunkt besteht in der Herstellung funktionalisierter Filamente (bzw. Funktionsmaterialien) durch Hinzugabe von Füllstoffen (z. B. Kohlenstoffnanoröhrchen oder Kurzfasern aus Carbon), die der Optimierung der mechanischen sowie elektrischen Eigenschaften dienen [105, 166]. Weiterhin lässt sich ein Trend zu hochgefüllten Filamenten mit metallischen und keramischen Partikeln erkennen (s. Kapitel 2.3).

2.1.3 Abgrenzung der kolbenbasierten Materialextrusion

Analog zum FFF- und FGF-Verfahren wird in der kolbenbasierten Materialextrusion ein thermoplastisches Ausgangsmaterial aufgeschmolzen und durch eine Auftragsdüse extrudiert (vgl. [64]). In Abhängigkeit des Ausgangsmaterials (gefüllt/ungefüllt) kann ferner zwischen einer ein- und mehrstufigen kolbenbasierten Materialextrusion unterschieden werden. Letztere wird um einen Sinterschritt zur Einstellung der grundlegenden Werkstoffeigenschaften ergänzt (vgl. [64]). Davon abzugrenzen ist das sogenannte „Bioprinting", das verschiedene additive Fertigungsverfahren zusammenfasst, die primär in der Gewebezucht (engl.: tissue engineering, kurz: TE) Anwendung finden [118]. Wenngleich im Bioprinting ebenso kolbenbasierte Extrusionsprozesse zum Einsatz kommen, fungieren als Ausgangsmaterialien vor allem Hydrogele, die sich von den thermoplastischen Ausgangsmaterialien der Materialextrusion unterscheiden [64, 254]. Dies gilt ebenfalls für kolbenbasierte Extrusionsprozesse, die metallische wie keramische Pasten bzw. Schlicker verarbeiten und fortlaufend unter dem Begriff „Pastenextrusion" zusammengefasst werden. Sowohl das Bioprinting als auch die Pastenextrusion sind jedoch keine genormten AM-Verfahren [64, 254]. Beide werden in den nachfolgenden Absätzen im Hinblick auf die Unterschiedsmerkmale zur kolbenbasierten Materialextrusion erläutert.

Kolbenbasierte Materialextrusion
Wie anhand Tabelle 1 zu erkennen ist, findet eine kolbenbasierte Materialextrusion unter Verwendung rein thermoplastischer Ausgangsmaterialien kaum Anwendung in der Praxis, was primär auf die folgenden variantenspezifischen Nachteile zurückzuführen ist (vgl. [252]):

- *Thermische Degradation:* Lange Verweilzeiten bei erhöhten Temperaturen schädigen den Kunststoff [188] und führen zu einer Verschlechterung der mechanischen Eigenschaften.

- *Unterschiedliche Schmelzviskosität:* Infolge inhomogener Temperaturverteilungen entlang des Zylinders können Unterschiede in der Schmelzviskosität entstehen, woraus Diskontinuitäten im Extrusionsprozess entstehen.

- *Begrenzte Materialmenge:* Bedingt durch die begrenzte Füllmenge muss der Extrusionsprozess zur Herstellung größerer bzw. mehrerer Bauteile zwecks erneuter Befüllung unterbrochen werden, was die Prozessdauer erhöht.

- *Lufteinschlüsse:* In der Polymerschmelze eingeschlossene Luftblasen führen zu temporären Abbrüchen im Extrusionsprozess und somit auch zu einer höheren Restporosität im Bauteil.

Tabelle 1: Übersicht über kolbenbasierte Extrusionsprozesse inklusive einer materialspezifischen Verfahrenszuordnung

Verfahren	Ausgangsmaterial			Sintern	Material	Studien (chronologisch)
	TP	Hydrogel	Paste			
Kolbenbasierte Materialextrusion	●	○	○	○	PEGT, PBT	Woodfield et al. [278]
	●	○	○	○	PCL	Valkenaers et al. [252]
	●	○	○	○	PP	Volpato et al. [260]
	●	○	○	●	316L	Greulich et al. [117]
	●	○	○	●	316L	Kupp et al. [153]
	●	○	○	●	17-4 PH, ZrO_2	Scheithauer et al. [222]
	●	○	○	●	17-4 PH	Annoni et al. [17]
	●	○	○	●	Cu	Ren et al. [206]
	●	○	○	●	316L	Strano et al. [241]
	●	○	○	●	Al_2O_3	Rane et al. [203]
Bioprinting	○	●	○	○	Gelatine/Chitosan	Yan et al. [285]
	○	●	○	○	Gelatine/Hepatocyte	Wang et al. [269]
	○	●	○	○	Alginat	Fedorovich et al. [81]
	○	●	○	○	tetraPAc	Skardal et al. [236]
	○	●	○	○	Alginat	Cohen et al. [44]
	○	●	○	○	Alginat	Schuurman et al. [230]
	○	●	○	○	Matrigel	Snyder et al. [238]
	○	●	○	○	Alginat	Fedorovich et al. [82]
	○	●	○	○	Alginat	Shim et al. [233]
	○	●	○	○	Agarose	Duarte et al. [66]
Pastenextrusion	○	○	●	●	17-4 PH	Lobovsky et al. [163]
	○	○	●	●	Cu	Yan et al. [284]
	○	○	●	●	Kaolinit	Revelo et al. [209]
	○	○	●	●	$BaTiO_3$	Kim et al. [148]
	○	○	●	●	$C_5H_7NaO_3$	Ordoñez et al. [189]
	○	○	●	●	$BaTiO_3$	Renteria et al. [207]
	○	○	●	●	Kaolinit	Revelo et al. [208]

○ Nicht Erfüllt
● Erfüllt

Ein weitaus größeres Anwendungsgebiet ist hingegen in der mehrstufigen kolbenbasierten Materialextrusion von thermoplastischem Feedstock zu identifizieren. Hierbei erfolgt zunächst die additive Fertigung dreidimensionaler Bauteilgeometrien, die anschließend – analog zum Pulverspritzguss (siehe Kapitel 2.2) – zu fast vollständig dichten metallischen oder keramischen Bauteilen gesintert werden [93, 206].

Die Werkstoffeigenschaften des Sinterteils korrelieren dabei mit dem jeweiligen Metall-bzw. Keramikpulver. Potenziell thermisch degradierte polymere Binderanteile werden im Zuge der Folgeprozessschritte zur Bauteilverdichtung eliminiert.

Bereits zu Beginn der 1990er Jahre wurde von Geiger et al. [93] mit dem „multi jet solidification (MJS)" ein Verfahren zur kolbenbasierten Materialextrusion von thermoplastischen Feedstocksystemen vorgestellt sowie mehrfach validiert [116, 117, 153]. Ein ähnlicher Ansatz ist den Ausarbeitungen von Annoni et al. [17] und Giberti et al. [102] zu entnehmen, in denen ein kolbenbasiertes Fertigungssystem („Ephestus") zur Verarbeitung von Feedstock durch Kombination einer kommerziell erhältlichen Spritzeinheit mit einer daran angepassten 5-Achs-Parallelkinematik vorgestellt wurde. Eine Validierung der Funktionsfähigkeit dieses Anlagenkonzepts erfolgte in den Ausarbeitungen von Strano et al. [241] sowie Rane et al. [203]. Weitere Ansätze zur mehrstufigen kolbenbasierten Materialextrusion sind den Ausarbeitungen von Scheithauer et al. [222] zur Herstellung von Multi-Material-Bauweisen aus 17-4 PH und ZrO_2 sowie Ren et al. [206] zur Untersuchung des Einflusses verschiedener Prozessparameter auf die Verarbeitung eines Kupfer-Feedstocks zu entnehmen. Beide Studien verwenden entwickelte Eigenbauten zur kolbenbasierten Materialextrusion, in denen der Feedstock in Spritzen [206] oder spritzenähnlichen Kartuschen [224] aufgeschmolzen und über eine Auftragsdüse (⌀ = 2 mm) respektive Nadel (⌀ = 0,8 mm) extrudiert wird.

Bioprinting
Unter dem Begriff „Bioprinting" lassen sich eine Vielzahl laser-, tropfen- und extrusionsbasierter additiver Fertigungsverfahren zusammenfassen [118]. Als Hauptanwendungsgebiet für das Bioprinting gilt die Gewebezucht, sodass die entsprechenden Strukturen im Bereich weniger Zentimeter zu verorten sind [29, 48, 118]. Zur Verarbeitung der Hydrogele kommen dabei vor allem düsenbasierte Extrusionsverfahren zum Einsatz [142, 168]. Hierfür müssen die Hydrogele nicht durch einen Aufschmelzprozess in den zur Extrusion hinreichend niedrigviskosen Zustand überführt werden, was einen signifikanten Unterschied zur Materialextrusion darstellt (vgl. [64]). Auch wenn der Extrusionsprozess u.a. mithilfe eines mechanisch angetriebenen Kolbens erfolgt [48, 244], ist das kolbenbasierte Bioprinting aufgrund des verwendeten Ausgangsmaterials von der kolbenbasierten Materialextrusion abzugrenzen (s. Tabelle 1).

Pastenextrusion
Analog zum Bioprinting kommen in der Pastenextrusion kolbenbasierte Extrusionsprozesse zum Einsatz, die vor allem der Herstellung keramischer Bauteile dienen, wie anhand Tabelle 1 zu erkennen ist. Die Pastenextrusion ist in der hier vorliegenden Arbeit durch die Verarbeitung metallischer wie keramischer Pasten bzw. Schlicker definiert, die mittels Kolben durch eine Spritze in einem schichtweisen Bauprozess extrudiert werden [163, 208, 209, 231]. Der Herstellungsprozess endet mit einem an die additive Formgebung anknüpfenden Sinterschritt, sodass auch bei der Pastenextrusion ein mehrstufiger Fertigungsprozess vorliegt [189, 207, 231]. Ein typisches Anwendungsgebiet für die Pastenextrusion ist z. B. die Herstellung von piezoelektrischen oder dielektrischen Bauelementen [148, 207].

2.1.4 Verfahrensspezifische Prozesskette

Die Prozesskette der Materialextrusion lässt sich variantenübergreifend analog zu Abbildung 7 in das Generieren der virtuellen Schichtinformationen im Zuge der Datenvorbereitung, deren physische Umsetzung im Bauprozess sowie das Durchführen bauteilspezifischer Nachbearbeitungsschritte zusammenfassen (vgl. [85]).

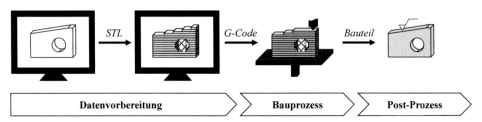

Abbildung 7: Schematische Darstellung der MEX-Prozesskette basierend auf [85]

Datenvorbereitung

Zu Beginn der Datenvorbereitung steht ein vollständiges 3-D-Volumenmodell zur Verfügung, das im CAD-Programm konstruiert, aus generierten Messdaten aufbereitet (z. B. Reverse Engineering) oder über eine Content-Plattform bezogen wird [85, 92]. Das typischerweise im Konstruktionsprogramm generierte 3-D-CAD-Modell wird anschließend in das Schnittstellenformat STL (engl.: standard tesselation language) konvertiert, das sich als Quasi-Industriestandard in der additiven Fertigung durchgesetzt hat [64, 254]. Im Zuge der STL-Konvertierung wird die Oberflächengeometrie des zu fertigenden dreidimensionalen Bauteils mittels Dreiecksnetz bestehend aus unterschiedlich großen, planen Dreiecken (Facetten) angenähert [92]. Für jede Dreiecksfacette werden drei Eckpunkte mit X-, Y- und Z-Koordinate inklusive des nach außen gerichteten Normalenvektors hinterlegt.

Der generierte STL-Datensatz wird anschließend in eine Slicing-Software überführt, die das digitale Objekt in zweidimensionale Schichten schneidet (engl.: slice). Ein Großteil gängiger Slicing-Software (z. B. Slic3r) ist dabei kostenfrei im Internet erhältlich [85]. Innerhalb der Slicing-Software besteht die Möglichkeit, die Bauteile zunächst im digital abgebildeten Bauraum zu positionieren, zu orientieren sowie zu skalieren. Im Anschluss erfolgt über das Festlegen der wesentlichen Prozessparameter das Generieren der Schichtinformationen. Diese haben einen maßgeblichen Einfluss auf die resultierenden Bauteileigenschaften und sind in Abhängigkeit der Bauteilgeometrie, der Fertigungsanlage sowie des verwendeten Materials zu wählen (vgl. [270, 272]). Die für diese Arbeit wesentlichen Prozessparameter lassen sich wie folgt zusammenfassen (vgl. [85, 136]):

- *Schichthöhe (h_s) und Spurbreite (b_s):* Beide Parameter bestimmen die Querschnittsfläche der abgelegten Bahnen in Aufbaurichtung (Z-X-Richtung). Vor allem erstere hat einen maßgeblichen Einfluss auf die erzielbare Auflösung (steigt mit abnehmender Schichthöhe) und Produktivität (steigt mit zunehmender Schichthöhe).

- *Bauteilfüllung:* Hierunter lassen sich mehrere Prozessparameter wie das Füllmuster (z. B. geradlinig), der Füllmusterwinkel (z. B. 45°) und der Füllgrad (0 bis 100 %) zusammenfassen, die in ihrer Gesamtheit die Bauteilfüllung bestimmen.

- *Flussrate:* Die Flussrate beschreibt den extrudierten Volumenstrom an der Auftragsdüse infolge des schrittgesteuerten Materialvorschubs (Standard: 100 %).

- *Druckgeschwindigkeit (v):* Die Geschwindigkeit der Auftragsdüse, mit der die Bauteilkontur samt -füllung generiert wird.

- *Retraction (vorrangig FFF):* Die Geschwindigkeit und Distanz des Filamenteinzugs zum Vermeiden von Fadenbildungen und Materialanhäufungen beim Verfahren der Auftragsdüse.

- *Extrusionstemperatur (ET):* Die materialspezifische Temperatur, mit der das Ausgangsmaterial in der Schmelzeinheit aufgeschmolzen und über die Auftragsdüse extrudiert wird.

- *Temperatur Bauplattform und -raum:* Abhängig von der Fertigungsanlage können die Bauplattform und der Bauraum auf eine materialspezifische Temperatur geheizt werden, um Bauteilverzug entgegenzuwirken.

Auf Basis der festgelegten Prozessparameter erfolgt im Slicing-Prozess die Bahnplanung (s. Abbildung 8). Das Ergebnis dieses Prozesses wird als Maschinencode (G-Code) abgespeichert und der Fertigungsanlage z. B. via Anschlusskabel, Speicher- oder Netzwerkkarte übermittelt [85]. Innerhalb der Fertigungsanlage wird der G-Code an die im Mikrocontroller integrierte Firmware übergeben. Diese interpretiert die im G-Code hinterlegten Kommandozeilen und wandelt diese in entsprechende Verfahrbewegungen um [120]. Weiterhin regelt die Firmware vorab eingestellte Prozessparameter wie z. B. die Extrusionstemperatur und übermittelt diese in Echtzeit an eine Kontrollapplikation, die ihrerseits auch G-Code-Kommandozeilen direkt an die Fertigungsanlage übertragen kann [120]. Kontrollapplikationen können entweder als fest mit der Fertigungsanlage verbundene Bedienelemente oder als Steuerungssoftware vorliegen, die über ein Netzwerk oder analog per USB mit der jeweiligen Fertigungsanlage verbunden sind (vgl. [122, 286]).

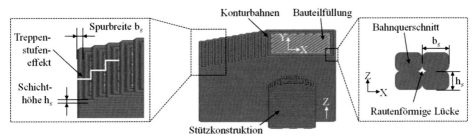

Abbildung 8: Exemplarische Darstellung der Bahnplanung inklusive einer Auflistung wesentlicher Prozessparameter in Slic3r; der für MEX stark ausgeprägte Treppenstufeneffekt (vgl. [85]) sowie die typischen rautenförmigen Lücken infolge der ellipsenförmigen Bahnquerschnitte (vgl. [159]) sind explizit hervorgehoben

Bauprozess
Im Rahmen des Bauprozesses werden die vorab generierten Schichtinformationen physisch umgesetzt. Hierzu findet ein koordiniertes Zusammenspiel aus Materialzuführung und Vorschubgeschwindigkeit der Bewegungsachsen statt, dessen Steuerung über die Firmware erfolgt [120]. Während des Bauprozesses erfolgt die Strangablage gemäß der im G-Code hinterlegten Bahnplanung. Die Materialablegestrategie innerhalb der Bauebene (X-Y-Ebene) beginnt in der Regel mit den Konturbahnen und endet mit der Bauteilfüllung. Die abgelegten Bahnen weisen verfahrensspezifisch einen ellipsenförmigen Querschnitt auf (s. Abbildung 8), woraus richtungsabhängige Bauteileigenschaften (z. B. für die Zugfestigkeit) resultieren. Mechanisch beanspruchte Bauteile sind demzufolge so im Bauraum zu orientieren, dass diese später entlang der Schichten und nicht innerhalb der Interdiffusionszonen beansprucht werden (vgl. [36, 107]). Eine Minderung der infolge der ellipsenförmigen Bahnquerschnitte resultierende Porosität (s. Abbildung 8, rautenförmige Lücken) kann mithilfe verschiedener Prozessparameter wie einer geringeren Druckgeschwindigkeit [268] oder höheren Extrusionstemperatur [267] erfolgen. Eine niedrigere Druckgeschwindigkeit geht indes mit einer Abnahme der Produktivität einher, die anlagen- und variantenspezifisch teils stark variiert. Während im FFF-Verfahren typische Aufbauraten zwischen 10 und 100 cm^3/h zu verorten sind [106], können im FGF-Verfahren Aufbauraten von über 4000 cm^3/h erreicht werden [40].

Post-Prozess
Der Bauprozess endet mit der Entnahme des additiv gefertigten Bauteils von der Bauplattform. Der daran anknüpfende Post-Prozess umfasst je nach Bauteilgeometrie und -anforderung das Entfernen von Stützkonstruktionen sowie das Erreichen zulässiger Toleranzbereiche und Oberflächenqualitäten [256]:

- *Entfernung von Stützkonstruktionen:* Das Entfernen von Stützkonstruktionen erfolgt entweder mechanisch oder durch Auswaschen [85]. Die Art der Entfernung wird durch das jeweilige Stützmaterial bestimmt, das entweder aus dem verwendeten Baumaterial (mechanische Entfernung) oder einem zusätzlichen, löslichen Stützmaterial besteht (Auswaschen).

- *Erreichen geometrischer Genauigkeiten:* Je nach Bauteilanforderung sind Folgeprozesse zum Erreichen vorgegebener geometrischer Toleranzen erforderlich. Hierfür finden in der Regel subtraktive Verfahren Anwendung, wofür in der Bauteilkonstruktion sowohl ein entsprechendes Aufmaß als auch die Zugänglichkeit des Werkzeugs zu berücksichtigen ist.

- *Veredelung von Bauteiloberflächen:* Die Oberflächenveredelung umfasst Nachbearbeitungsschritte, die sich in das Glätten und Beschichten unterteilen lassen – oftmals liegt auch eine Kombination beider Varianten vor [85]. Bauteilglättungen können mithilfe chemischer Verfahren wie das Abdampfen mit Chemikalien, mechanischer Abtragprozesse sowie gezielter Wärmeeinbringung erfolgen [85]. Eine Bauteilglättung ist z. B. erforderlich, um den für MEX stark ausgeprägten Treppenstufeneffekt (s. Abbildung 8) zu reduzieren. Darüber hinaus umfasst die Bauteilveredelung das Beschichten von Oberflächen durch z. B. Auftragen von Lacken oder Abscheiden dünner Metallschichten, um u.a. die Widerstandsfähigkeit gegenüber Umwelteinflüssen oder die mechanischen Eigenschaften zu erhöhen [85].

2.2 Metallpulverspritzguss

Neben der Materialextrusion fungiert die pulvermetallurgische Prozessroute des Metallpulverspritzgusses als Verfahrensgrundlage für die sinterbasierte Materialextrusion. Hierzu wird dieser zunächst in den Pulverspritzguss eingeordnet (Kapitel 2.2.1) sowie anschließend anhand der einzelnen Prozessschritte (Kapitel 2.2.2 bis 2.2.6) erläutert.

2.2.1 Einführung in den Pulverspritzguss

Der Pulverspritzguss (engl.: powder injection molding, kurz: PIM) stellt als Fertigungsverfahren eine Kombination aus Kunststoffspritzgießen und Sintern dar und ist gemäß DIN 8580 [58] in Teilen sowohl der Hauptgruppe „Urformen" als auch „Stoffeigenschaft ändern" zuzuordnen [149]. Die wesentlichen Prozessschritte in PIM sind durch die Feedstockherstellung, das Spritzgießen, das Entbindern und Sintern sowie der abschließenden Nacharbeit gekennzeichnet [18, 149]. Wie in Abbildung 9 dargestellt, wird zunächst der Feedstock bestehend aus einem Pulverwerkstoff und einem Kunststoffbinder durch Mischen und Granulieren hergestellt. Der granulierte Feedstock wird anschließend mittels Spritzgießen zu einem Grünteil geformt. In einem daran anknüpfenden Entbinderungsschritt findet die sukzessive Entfernung der Kunststoffbestandteile aus dem Grünteil statt. Die im resultierendem Braunteil verbleibenden Metall- bzw. Keramikpartikel werden daraufhin zu einem rein metallischen bzw. keramischen Bauteil gesintert. Am Sinterteil erfolgen in der Praxis häufig noch verfahrens- oder anforderungsspezifische Nachbearbeitungsschritte, die für das Endprodukt (Fertigteil) erforderlich sind [149].

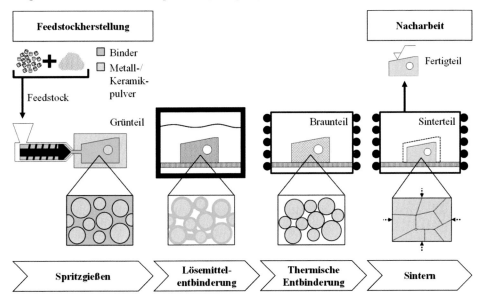

Abbildung 9: PIM-Prozesskette am Beispiel der lösemittelbasierten Entbinderung in Anlehnung an [18, 101, 242]

Je nach Pulverwerkstoff lässt sich zwischen Metall- und Keramikpulverspritzguss (engl.: ceramic injection molding, kurz: CIM) unterscheiden [149]. Etwa 90 % aller PIM-Bauteile sind metallisch und demzufolge MIM zuzuordnen [99]. Allgemein hat der Pulverspritzguss seine Vorteile in der Serienfertigung mittlerer bis größerer Stückzahlen mit kleinen bis mittleren Stückgewichten [149]. So wiegt ein typisches MIM-Bauteil in etwa 10 g und wird 200.000-mal pro Jahr produziert [100]. Dabei vereint PIM die Vorteile des Kunststoffspritzgießens und Sinterns, indem einerseits eine reproduzierbare Formgebung filigraner Bauteilgeometrien mit hoher Oberflächengüte gewährleistet wird. Andererseits lassen sich die finalen Bauteileigenschaften gezielt während des Sintervorgangs einstellen. Prozessspezifische Herausforderungen sind demgegenüber sowohl in der Minimierung des Ausschusses als auch in einer Verbesserung der Maßhaltigkeitskontrolle zu identifizieren. Beides ist durch die Integration von Sensorik und geschlossenen Regelkreisen realisierbar, jedoch verläuft die Adaption bereits vorhandener Industrielösungen verhältnismäßig langsam [100]. Weitere Herausforderungen bestehen in der Reduzierung der TTM wie auch der wirtschaftlichen Kleinserienfertigung. Diesbezüglich können vor allem additive Fertigungsverfahren, die anstelle des Spritzgießens zur Formgebung der Grünteile eingesetzt werden, Abhilfe schaffen (s. Kapitel 2.3).

Trotz dieser Herausforderungen wächst insbesondere der MIM-Markt stetig. So wurde der weltweite Verkauf von MIM-Bauteilen in 2019 (vor COVID-19) mit 2,5 Mrd. US $ sowie jährlichen Wachstumsraten zwischen 10 und 20 % geschätzt [275]. Mehr als die Hälfte der Teileproduktion ist dabei im asiatischen Raum zu verorten, in dem MIM vor allem für die „3Cs" zum Einsatz kommt. Die 3Cs stehen für Teile, die dem Computer-, Kommunikations- (engl.: communications) und Unterhaltungselektroniksektor (engl.: consumer electronics) zuzuordnen sind. Ein bekannter Anwender ist z. B. das taiwanesische Unternehmen Foxconn, das u.a. das Apple iPhone produziert [99]. Global betrachtet ist PIM am stärksten in der Luftfahrt und der Medizin vertreten [100]. Hier werden primär verhältnismäßig kleine Produktionsvolumina, die in einem Bereich von 10.000 Teilen pro Jahr anzusetzen sind, zu hohen Stückkosten hergestellt [99]. Typische Luftfahrt- bzw. Medizinanwendungen sind z. B. Einlässe oder Düsen respektive chirurgische Werkzeuge oder Klammern [100].

2.2.2 Feedstockherstellung

Gemäß Abbildung 9 erfolgt zu Beginn der PIM-Prozesskette die Herstellung eines hochgefüllten Feedstocks, der in MIM zu großen Teilen aus Metallpulver besteht, das in einem polymeren Bindersystem gebunden ist. Elementare Voraussetzung für die Zusammensetzung des Feedstocks sind dessen rheologische Eigenschaften für den Formgebungsprozess (vgl. [78]).

Metallpulver
Typische Metallpulver sind rostfreie und niedriglegierte Stähle, Werkzeugstähle, Kupfer- und Titanlegierungen, Hartmetalle, weichmagnetische Legierungen sowie Refraktärmetalle [126]. Bei der Auswahl der Metallpulver sind folgende Charakteristika zu berücksichtigen [78, 101, 126]:

- *Partikelform:* Die Form der Pulver sollte sphärisch sein, da dies die Packungsdichte, die Sinterfähigkeit, die Dichte des Sinterteils und die Fließfähigkeit beim Spritzgießen erhöht.

- *Partikelgröße:* Im Hinblick auf z. B. die Sinterfähigkeit und Oberflächenqualität kommen häufig Partikel mit einer Partikelgrößenverteilung von D90 < 22 µm für ein Großteil der verwendeten Legierungen sowie D90 < 5 µm für Refräktar- und Hartmetalle zum Einsatz.

- *Partikeldichte:* Zur Maximierung des Metallpulveranteils im Bindersystem sollte die Packungsdichte möglichst hoch sein. Hierfür eigenen sich z. B. sphärische Pulver oder eine Kombination aus kleinen und großen Partikeln.

- *Oberflächenreinheit:* Eine hohe Oberflächenreinheit gewährleistet eine gleichmäßige Interaktion mit den Binderbestandteilen und fördert zugleich die Sinterfähigkeit.

- *Agglomerationen:* Anhäufungen im Pulver sind zu vermeiden; dies gilt insbesondere bei Refraktärmetallen (z. B. Wolfram) und anderen chemisch hergestellten Partikeln.

- *Interpartikuläre Reibung:* Die Reibung zwischen den Partikeln sollte einerseits hoch sein, um die Stabilität während der Entbinderung zu gewährleisten, andererseits ist diese niedrig, z. B. mithilfe der Partikelgröße, zu wählen, um ein gutes Fließverhalten bei der Formgebung zu erzielen.

- *Explosivität:* Mit abnehmender Partikelgröße steigt die Oberflächenenergie und somit die Explosionsgefahr; dies gilt es insbesondere für z. B. Titanpulver zu berücksichtigen.

Typische Herstellungsverfahren für Metallpulver sind mechanische Zerkleinerungsverfahren mit oder ohne Phasenumwandlung [149, 221]. Vor allem Ersteres, die Gasverdüsung im Speziellen, findet große Anwendung in MIM und ist durch die Produktion sphärischer Partikel mit sowohl hoher Oberflächenreinheit als auch Packungsdichte gekennzeichnet [126]. Die Gasverdüsung kommt u.a. zur Herstellung von Edelstählen und Titanlegierungen zum Einsatz [149]. Hierzu wird eine Metallschmelze durch eine Düse gepresst und mittels Inertgasstrahl zu Pulver zerstäubt [149]. Typische Inertgase sind Argon, Helium oder Stickstoff [126]. Des Weiteren hat das Carbonylverfahren technische Bedeutung zur Herstellung von insbesondere feinen Eisen- und Nickelpulvern mit hoher Reinheit erlangt. Zur Carbonylbildung reagiert das jeweilige Metall mit Kohlenmonoxid unter hohem Druck und Temperatur. Das resultierende Kondensat wird erforderlichenfalls gereinigt sowie anschließend erneut in einen gasförmigen Zustand überführt und durch einen Zersetzungsprozess unter Druck in das entsprechende Metallpulver umgesetzt. Die erzeugten kugelförmigen Partikel weisen üblicherweise einen schalenförmigen Aufbau sowie Partikelgrößen in einem Bereich von 2 bis 15 µm auf [221].

Bindersystem
Neben der Auswahl eines geeigneten Metallpulvers sind entsprechende Binderkomponenten zu identifizieren. Generell hat das Bindersystem einen maßgeblichen Einfluss auf die Partikelverteilung im Feedstock, das Spritzgießen, die Maße des resultierenden Grünteils sowie die Bauteileigenschaften im Sinterteil [78]. Hierfür muss das Bindersystem eine Vielzahl thermisch- wie zeitabhängiger Eigenschaften im Laufe der Prozesskette erfüllen, weshalb in der Regel ein Mehrkomponentensystem bestehend aus Polymeren, Wachsen und Additiven vorliegt [78, 113]. Die Hauptkomponente mit 50 bis 90 Vol.-% wird gleich zu Beginn der Entbinderung aus dem Grünteil entfernt wird [97, 109]. Hierfür werden

häufig niedermolekulare, niedrigschmelzende Wachse wie Paraffin- oder Carnaubawachs verwendet, die der Erhöhung der Fließfähigkeit dienen [10, 78]. Weitere bekannte Vertreter für Polymere der Hauptkomponente sind PEG [38, 42] und POM [20, 240]. Die zweite Komponente, die typischerweise mit 0 bis 50 Vol.-% im Bindersystem enthalten ist, bildet nachdem dem Entfernen der niedrigschmelzenden Komponente das „Rückgrat" (engl.: backbone) und wird vor dem Sintern thermisch zersetzt [97, 109]. Exemplarische thermoplastische Backbone-Polymere sind EVA [10], PE [132], PMMA [42], PP [150] oder PS [167]. Weiterhin werden dem Bindersystem Additive wie Dispergatoren zur besseren Partikelverteilung sowie Weichmacher und Schmiermittel zur Erhöhung der Fließfähigkeit hinzugegeben, deren Anteil typischerweise in einem Bereich von 0 bis 10 Vol.-% zu verorten ist [78, 97, 109]. Die Anforderungen an die ausgewählten Binderkomponenten sind demnach vielfältig und exemplarisch hinsichtlich des Fließverhaltens, der Interaktion mit dem Metallpulver, dem Entbindern sowie der Herstellung in Tabelle 2 aufgelistet.

Tabelle 2: Auflistung exemplarischer, idealer Bindermerkmale basierend auf [101]

Fließverhalten	Pulverinteraktion	Entbindern	Herstellung
• Viskosität bei Formgebungstemperatur < 10 Pas	• Niedriger Kontaktwinkel	• Mehrkomponentensystem mit unterschiedlichen Zersetzungseigenschaften	• Kein thermischer Abbau bei zyklischer Wiedererwärmung
• Geringe temperaturbedingte Viskositätsänderungen während des Spritzgießens	• Anhaftung an Pulver		
	• Chemisch inert zum Pulver	• Korrosionsfreie sowie ungiftige Zersetzungsprodukte	• Kostengünstig und hohe Verfügbarkeit
• Hohe Viskositätsänderungsrate beim Abkühlen	• Thermische Stabilität während Mischen und Formgebung	• Zersetzungstemperatur oberhalb der Misch- und Prozesstemperaturen beim Spritzgießen	• Hohe Gleitfähigkeit
• Steif und fest nach Abkühlung			• Hohe Festigkeit und Steifigkeit
• Niedermolekulare Verbindungen, die zwischen Partikel passen und sich beim Fließen nicht orientieren		• Vollständige Zersetzung vor dem Sintern	• Hohe Wärmeleitfähigkeit
			• Niedriger thermischer Ausdehnungskoeffizient
		• Niedriger Kohlenstoffgehalt nach dem Ausbrennen	• Kurze, nicht orientierte Kettenlängen

Mischen und Granulieren

Mit der anforderungsgerechten Auswahl der Binderkomponenten wie auch des Metallpulvers werden diese in einem Misch- und Knetvorgang bei erhöhter Temperatur homogenisiert sowie anschließend granuliert. Das Mischen, Homogenisieren und abschließende Granulieren erfolgt in Abhängigkeit der produzierten Menge entweder in einem Batch- oder einem kontinuierlichen Prozess [109]. Während für kleinere Materialmengen häufig Doppel-Z-Kneter Anwendung finden, werden für größere Produktionsvolumina Doppelschneckenextruder eingesetzt [121]. Zwingende Voraussetzung für das Pulver-Binder-Gemisch ist eine homogene Verteilung von Metallpulver und Binder, um spätere Entmischungen während des Spritzgießens sowie unkontrollierter Schrumpfung entgegenzuwirken [101]. Die Vermeidung von Entmischungen dient überdies der Fehlerprävention bezüglich visueller Defekte, hoher Porosität sowie Verzug und Rissen im Sinterteil (vgl. [246]). Des Weiteren ist die Viskosität von wesentlicher Bedeutung für den Feedstock. Diese muss in einem für den Formgebungsprozess niedrigen Bereich sein, die trotz hoher

Pulverbeladung ein fehlerfreies Spritzgießen der Grünteile gewährleistet [78]. Zu niedrige Pulverbeladungen verringern sowohl die Sinterfähigkeit des Feedstocks als auch die Dichte im Sinterteil [109]. Demgegenüber können zu hohe volumetrische Pulveranteile in einer Viskosität resultieren, die das Spritzgießen erschwert bzw. verhindert [101]. Typische Pulverbeladungen in MIM-Feedstocksystemen sind in einem Bereich zwischen 50 und 65 Vol.-% zu verorten [109]. Ein wichtiger Kennwert zur Bestimmung der maximalen Pulverbeladung ist das Verhältnis von Feedstock- zu Binderviskosität, die sogenannte relative Viskosität. Diese steigt nichtlinear mit zunehmender Pulverbeladung und weist kurz vor Erreichen der kritischen Pulverbeladung einen signifikant starken Anstieg auf. Folglich wird die Fließfähigkeit des Feedstocks massiv gehemmt, sodass Pulverbeladungen in einem Bereich unterhalb dieses Grenzwertes auszuwählen sind [101, 121].

Charakterisierung der Fließeigenschaften
Die rheologischen Eigenschaften der Feedstocksysteme, allen voran die Viskosität, bestimmen maßgeblich die Formfüllung beim Spritzgießen. Während des Formgebungsprozesses sind Schergeschwindigkeiten von 10^2 bis 10^5 s^{-1} üblich. In diesem Scherbereich sollte die Viskosität unterhalb 1000 Pas liegen [101]. Die Viskosität des MIM-Feedstocks wird insbesondere durch die Schergeschwindigkeit, Temperatur sowie Partikeleigenschaften beeinflusst [78]. Zur Bestimmung des materialspezifischen Fließverhaltens kommen häufig Hochdruck-Kapillarheometer zum Einsatz, da die eingestellten Prüfbedingungen hinsichtlich Schergeschwindigkeit und Viskosität dem Fließverhalten des Feedstocks beim Füllen der Werkzeugkavität stark ähneln [78]. Das Funktionsprinzip eines kolbenangetriebenen Kapillarheometers ist schematisch in Abbildung 10 dargestellt. Der Feedstock wird zunächst aufgeschmolzen, komprimiert und anschließend mittels Kolbenkraft durch eine Kapillardüse extrudiert. Dabei werden der Druckverlust und der Volumenstrom gemessen [101].

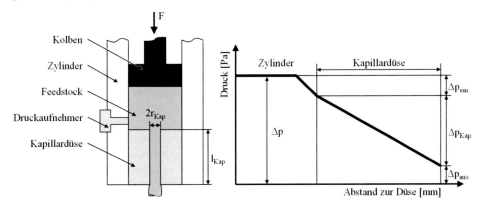

Abbildung 10: Schematische Darstellung eines Kapillarrheometers (links) sowie des Druckverlaufs in Fließrichtung (rechts) in Anlehnung an [101, 115, 135]

Mithilfe der Messwerte können anschließend sowohl die Schubspannung als auch die Schergeschwindigkeit gemäß Gleichung (2.1) und (2.2) berechnet werden [63]. Hierbei handelt es sich um „scheinbare" Werte, da Gleichung (2.1) den Ein- (Δp_{ein}) und Auslaufdruckverlust (Δp_{aus}), die vom Druckabfall in der Kapillare (Δp_{Kap}) zu subtrahieren sind, nicht berücksichtigt und Gleichung (2.2) nur für newtonsche Fluide Gültigkeit besitzt [50, 115].

$$\tau = \frac{\Delta p \cdot r_{Kap}}{2 \cdot l_{Kap}} \qquad\qquad (2.1)$$

$$\dot{\gamma} = \frac{4 \cdot Q}{\pi \cdot r_{Kap}^3} \qquad\qquad (2.2)$$

τ	Schubspannung [Pa]
Δp	Druckverlust [Pa]
r_{Kap}	Radius der Kapillardüse [mm]
l_{Kap}	Länge der Kapillardüse [mm]
$\dot{\gamma}$	Schergeschwindigkeit [s^{-1}]
Q	Volumenstrom [mm^3/s]

MIM-Feedstock weist in der Regel jedoch ein nicht-newtonsches Fließverhalten auf, sodass für die Schubspannung und die Schergeschwindigkeit Korrekturen vorzunehmen sind [101]. Für eine Zusammenfassung verschiedener Korrekturverfahren sei an dieser Stelle auf die DIN-Norm 53014 Teil 2 [57] verwiesen. Unter Zuhilfenahme der korrigierten Werte lässt sich die „wahre" Viskosität gemäß Gleichung (2.3) berechnen [63]:

$$\eta = \frac{\tau}{\dot{\gamma}} \qquad\qquad (2.3)$$

η	Viskosität [Pas]
τ	Schubspannung [Pa]
$\dot{\gamma}$	Schergeschwindigkeit [s^{-1}]

Der Zusammenhang zwischen Viskosität und Schergeschwindigkeit wird häufig mittels Fließkurven dargestellt. Für einen Großteil der MIM-Feedstocksysteme zeigen diese ein scherverdünnendes bzw. pseudoplastisches Fließverhalten, in dem die Viskosität mit zunehmender Schergeschwindigkeit abnimmt [101]. Typischerweise begünstigt ein stärker ausgeprägtes pseudoplastisches Fließverhalten den Spritzgießprozess, da dies Entmischungen entgegenwirkt – vor allem bei höheren Schergeschwindigkeiten [179]. Für eine mathematische Beschreibung dieser Schersensitivität sei an dieser Stelle auf das Cross-WLF-Modell verwiesen [41, 146]. Des Weiteren hat die Temperatur einen wesentlichen Einfluss auf die Viskosität des Feedstocks, die mit zunehmender Temperatur abnimmt [78]. Um temperaturbedingte Prozessinstabilitäten im Spritzgießprozess zu vermeiden, sollte der Feedstock eine geringe Temperatursensitivität aufweisen. So reduziert eine konstante, niedrige Viskosität während des Spritzgießens, die erst im Zuge der Abkühlung signifikant ansteigt, den Bauteilverzug [101].

Ein weiterer Einflussfaktor besteht in dem vorliegenden Pulver hinsichtlich Größe, Form und Packungsdichte. So haben kleinere Partikel einen Anstieg der Viskosität zur Folge, der auf eine Erhöhung der Oberflächenenergie wie auch der interpartikulären Reibung der

Partikel zurückzuführen ist [78]. Eine Verringerung der Viskosität kann indes über eine Kombination aus kleinen und großen Partikeln erfolgen, die so angepasst sind, dass sie für gegebene Pulverbeladungen die Packungsdichte erhöhen. Feedstocksysteme mit hohen Packungsdichten benötigen folglich weniger Binder, um die für den Spritzguss hinreichend niedrige Viskosität zu gewährleisten [78]. Ebenso hat die Form der Partikel einen Einfluss auf die Packungsdichte und somit auch auf die Viskosität. So führen nicht-sphärische, irreguläre Pulverformen zu einer geringeren Packungsdichte wie auch einer hohen interpartikulären Reibung, woraus eine Erhöhung der Viskosität folgt [78, 101].

2.2.3 Spritzgießen

Die Herstellung der Grünteile aus einem hinreichend fließfähigen Feedstock erfolgt mittels Spritzgießen. Der Aufbau einer Spritzgießmaschine besteht für gewöhnlich aus einer Spritz- und Steuereinheit sowie einem zweiteiligen Werkzeug, das in einer Schließeinheit eingesetzt ist [18]. Branchentypisch sind horizontale Schneckenkolben-Spritzgießmaschinen, die im Wesentlichen den Maschinen entsprechen, die auch im Kunststoffspritzguss Anwendung finden [101, 109]. Wegen des metallischen Füllgehalts unterliegen in MIM eingesetzte Spritzgießmaschinen jedoch einem erhöhten abrasiven Verschleiß, sodass Maschinenkomponenten wie z. B. die Förderschnecke zusätzlich gehärtet werden [128]. Darüber hinaus kann die Schneckengeometrie bestehend aus Einzugs-, Kompressions- und Meteringzone an das hochgefüllte Ausgangsmaterial angepasst werden [143]. Da der Feedstock in der Regel schersensitiv und schlechter komprimierbar ist als ein rein polymerer Werkstoff, werden die Förderschnecken in MIM so ausgelegt, dass deren Verdichtungsverhältnis geringer ist [128]. Weiterhin ist die Werkzeugfertigung an den Metallpulverspritzgussprozess anzupassen, wie dem nachfolgenden Abschnitt zu entnehmen ist.

Werkzeugfertigung

Grundsätzlich sind MIM-Werkzeuge sehr ähnlich zu denjenigen, die im Kunststoffspritzguss zum Einsatz kommen [226]. Einer der größten Unterschiede besteht jedoch in der Überdimensionierung der Kavität, um den verfahrensspezifischen Bauteilschrumpf zu berücksichtigen [101]. Werkzeugfertiger verwenden hierfür oftmals einen Aufmaßfaktor, der gemäß Gleichung (2.4) bestimmt wird [226]. Ein weiterer Unterschied in der Werkzeugfertigung für MIM besteht in der Einhaltung enger Toleranzbereiche, um einen Grat an der Trennlinie zwischen den beiden Werkzeughälften zu vermeiden [101]. Eine Beschädigung der Trennlinie kann indes durch abrasiven Verschleiß des Werkzeugs infolge des hohen metallischen Füllgehalts im Feedstock resultieren. In MIM-Werkzeugen sind daher in den entsprechenden Bereichen Werkzeugstähle oder Hartmetalle vorgesehen [226].

$$Z = \frac{1}{1 - \delta} \tag{2.4}$$

Z   Aufmaßfaktor [-]

δ   Empirischer Schrumpf [-]

Der einfachste Aufbau eines MIM-Werkzeugs besteht aus einer Zweiplattenschließeinheit mit einem darin integrierten zweiteiligen Werkzeug [226]. Die Düse der Spritzeinheit wird zu Beginn des Spritzzyklus der Angussbuchse in der festen Werkzeugaufspannplatte (WAP) zugeführt und der hinreichend niedrigviskose Feedstock in das sich dahinter befindende Werkzeug bzw. die darin enthaltene Kavität eingespritzt (vgl. [143]). Die Temperatur der Kavität wird durch im Werkzeug eingelassene Kühlkanäle, in denen entweder Wasser oder Öl zirkuliert, kontrolliert (s. Abbildung 11). Diese muss einerseits hinreichend niedrig sein, um ein schnelles Erstarren des Feedstocks nach dem Einspritzen zu gewährleisten. Für eine vollstände Füllung der Kavität ist andererseits eine hinreichende hohe Temperatur notwendig. Nach dem Einspritzen und Erstarren des Grünteils wird dieses durch ein Zurückfahren der beweglichen WAP und dem damit verbundenen hinteren Werkzeugteil ausgestoßen. Das Werkzeug sollte generell so ausgelegt sein, dass der hintere Teil höhere Adhäsionskräfte zum Grünteil aufweist, damit dieses mittels Auswerfer vom Werkzeug getrennt werden kann [226]. Nach der Grünteilentnahme erfolgt ein erneutes Schließen des Werkzeugs und der nächste Spritzzyklus wird eingeleitet (vgl. [101]).

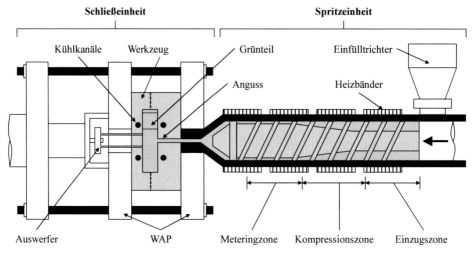

Abbildung 11: Schematische Darstellung einer Schneckenkolben-Spritzgießmaschine während des Einspritzvorgangs in Anlehnung an [18, 128, 143]

MIM-Werkzeuge haben einen wesentlichen Einfluss auf die Stückkosten, die mit zunehmender Stückzahl und somit Amortisierung des Werkzeugs abnehmen [21, 204]. Die initialen Werkzeugkosten können dabei je nach Bauteilgeometrie und Anzahl der Kavitäten bis zu 100.000 US $ betragen. Die Vorlaufzeit für die Herstellung von Serienwerkzeugen ist ferner in einem Bereich zwischen 4 bis 12 Wochen zu verorten [195]. Um die TTM zu reduzieren, wird in MIM die Produktentwicklung mitunter direkt an diesen durchgeführt, was jedoch mit einer Erhöhung der Vorlaufkosten und des Entwicklungsrisikos einhergeht [127]. Zur Kosten- und Risikominimierung kommen daher oftmals Prototypenwerkzeuge zum Einsatz, die der frühzeitigen Absicherung relevanter Bauteileigenschaften dienen sowie Rückschlüsse auf das finale Design des Serienwerkzeugs zulassen. Prototypenwerkzeuge können dabei weniger als ein Viertel der eigentlichen Serienwerkzeugkosten betragen und die Durchlaufzeit für Funktionsteile um die Hälfte reduzieren [127].

Diese weisen mitunter eine vereinfachte Geometrie auf, da aufgrund der geringen Teileanzahl (< 1.000 Stück) komplexe Bauteilmerkmale auch im Nachgang hinzugefügt werden können. Als Werkzeugmaterialien fungieren zudem einfach zu verarbeitende Metalle wie z. B. ungehärteter H13-Werkzeugstahl [127].

Um den Einfluss des Prototypenbaus auf die TTM weiter zu reduzieren, ist weiterhin ein Trend hin zum Einsatz additiver Fertigungsverfahren im Prototypenbau von MIM-Werkzeugen zu erkennen. Hierbei handelt es sich primär um polymerbasierte AM-Verfahren wie exemplarisch den Ausarbeitungen von Hemrick et al. [131] und Altaf et al. [14] zu entnehmen ist. In beiden Studien werden wiederverwendbare Formeinsätze mittels „stereolithography (SLA)" respektive FDM hergestellt und hinsichtlich ihrer Eignung für MIM evaluiert. Eine Untersuchung zu polymeren Werkzeugeinsätzen mit Zykluszahl 1 ist in den Ausarbeitungen von Zhang et al. [288] dokumentiert. Dazu wird das Grünteil in der sogenannten „freeform injection molding (FIM)"-Prozesskette in eine mittels SLA hergestellte Werkzeugform gespritzt, deren vollständige Auflösung durch ein Lösemittel vor dem Entbinderungsschritt erfolgt.

Formgebung
Mit dem Vorhandensein des Serienwerkzeugs beginnt der eigentliche Formgebungsprozess, das Spritzgießen. Neben dem Spritzgießwerkzeug haben weitere Parameter wie die Partikeleigenschaften, das Bindersystem, die Feedstockviskosität wie auch die Maschineneinsatzbedingungen einen Einfluss auf das Prozessergebnis. Ein einzelner Spritzzyklus kann dabei zwischen 5 und 60 Sekunden variieren [101] und lässt sich in insgesamt vier Prozessschritte unterteilen [18, 101, 109]:

- *Dosieren:* Der Feedstock wird über einen Einfülltrichter der Spritzeinheit zugeführt, in der das granulare Ausgangsmaterial mittels Förderschnecke zur Düse transportiert wird und ein Aufschmelzen der polymeren Bestandteile des Feedstocks erfolgt.

- *Einspritzen:* Der plastifizierte Feedstock wird unter hohem Druck und mithilfe einer schnellen Vorwärtsbewegung der als Kolben fungierenden Förderschnecke durch die Düse in das Werkzeug gespritzt.

- *Werkzeug öffnen:* Nach Abkühlen des hergestellten Grünteils werden Düse und Werkzeug durch eine Rückfahrbewegung der Spritzeinheit voneinander wegbewegt. Letzteres fährt auf und das Grünteil wird durch einen Auswerfer ausgestoßen.

- *Grünteile entnehmen:* Die oftmals äußerst filigranen, fragilen Grünteile werden abschließend händisch oder mittels Robotersystem aus der Form entnommen und der Zyklus erneut gestartet.

Bereits nach dem Spritzgießen weisen Grünteile einen geringen Schrumpf auf, der mithilfe des PVT-Verhaltens des geschmolzenen Binder-Pulver-Gemisches abgeschätzt werden kann. Gerade bei der Entwicklung neuer Feedstocksysteme ist dies für die Bestimmung des Aufmaßfaktors beim Werkzeugbau von wesentlicher Bedeutung [128]. Neben dem Schrumpf können die hergestellten Grünteile direkt nach dem Spritzgießen oder erst in den Folgeprozessschritten diverse Bauteilfehler aufweisen. Hierzu gehören u.a. Hohlräume, Bindenähte, Rissbildung oder Verzug, die sich oftmals durch eine Anpassung der

Zeit-, Temperatur- und Druckverhältnisse im Spritzzyklus beheben lassen [101]. Für eine Auflistung bekannter, durch spritzgussinduzierter Grünteilfehler inklusive potenzieller Ursachen und Lösungen sei an dieser Stelle auf die Ausarbeitungen von Heaney und Greene [128] verwiesen.

2.2.4 Entbindern

Ein wesentlicher Unterschied zum Kunststoffspritzgießen besteht in dem restlosen Entfernen der polymeren Bestandteile aus dem Spritzgussteil. Das Entbindern stellt dabei einen Zwischenschritt zwischen dem Spritzgießen und dem Sintern dar, das mit einem vom Binder befreiten Braunteil abschließt [130]. In der Praxis finden eine rein thermische, lösemittelbasierte oder katalytische Entbinderung Anwendung. Alle drei Varianten haben vor dem Beginn des Sinterns einen finalen thermischen Entbinderungsschritt gemein [109, 130]. Grundsätzlich birgt das Entbindern der Grünteile ein hohes Fehlerpotenzial z. B. hinsichtlich Rissbildung, Bauteilverzug oder Kontaminierungen [101]. Für eine tabellarische Auflistung typischer Defekte inklusive potenzieller Ursachen sowie Lösungen sei an dieser Stelle auf die Ausarbeitungen von German und Bose [101] verwiesen.

Thermische Entbinderung
Die rein thermische Entbinderung beschreibt das Verdampfen des Binders bzw. die thermische Zersetzung organischer Binderkomponenten zu flüchtigen Komponenten, die mithilfe eines Gasstroms von der Bauteiloberfläche wegbewegt werden [221]. Die entfernten Dämpfe werden anschließend kondensiert und einer Binderfalle gesammelt. Mit der vollständigen Entfernung des Binders endet die thermische Entbinderung und der Sintervorgang wird durch eine Erhöhung der Temperatur initiiert [109]. Folglich handelt es sich hierbei um einen einstufigen Prozess, der prinzipiell kein Umsetzen der Bauteile zum Sintern erfordert. Generell ist die thermische Entbinderung für eine Vielzahl unterschiedlicher Bindersysteme geeignet und besticht durch ihre Einfachheit, Sicherheit sowie Umweltfreundlichkeit [109, 201]. Des Weiteren lässt sich das Entbinderungsergebnis durch unterschiedliche Prozessatmosphären so optimieren, dass Sinterteile z. B. äußerst niedrige Kohlenstoffgehalte aufweisen [130]. Nachteilig sind hingegen die langen Prozesszeiten von bis zu 60 Stunden [109]. So geht eine zu rasche Entbinderung mit einer Gasentwicklung in Bereichen einher, die noch keine Verbindung mit der Oberfläche durch Porenkanäle besitzen, was eine Poren- und Rissbildung im Sinterteil zur Folge hat [221].

Lösemittelentbinderung
Eine weitere Variante zur Entfernung von Binderkomponenten ist die lösemittelbasierte Entbinderung, die schematisch in Abbildung 12 dargestellt ist. Die Effektivität dieser Variante korreliert stark mit der jeweiligen Bauteilgeometrie, insbesondere mit dem Verhältnis von Oberfläche zu Volumen, da das Lösemittel das Bauteil durchdringen muss. Dieses liegt entweder gasförmig oder flüssig als z. B. Aceton, Ethanol, Hexan oder Heptan vor und entfernt lediglich die lösliche Binderkomponente bei Temperaturen unter 100 °C [101, 248]. Die Formstabilität des nunmehr porösen Bauteils ist anschließend durch die nichtlösliche Komponente, das Backbone-Polymer, gegeben. Dieses wird kurz vor dem Sintern thermisch zersetzt und entweicht über die Porenkanäle aus dem Bauteil (vgl. [8]). Vorteilhaft an dieser Variante sind die in Relation zur rein thermischen Entbinderung geringeren Einsatztemperaturen bei der Lösemittelextraktion, was Bauteildefekten wie z. B. Verzug vorbeugt [109]. Nachteilig sind indes die eingesetzten organischen Lösemittel, die

zum Teil gesundheits- bzw. umweltgefährdend und dementsprechend handzuhaben sind [248]. Bei der Lösemittelextraktion mit Flüssigkeiten besteht bei zu niedrigen Temperaturen zudem die Gefahr der Rissbildung, da die lösliche Binderkomponente das Lösemittel aufnimmt und dadurch aufquillt [130]. Ferner ist bei flüssigen Lösemitteln darauf zu achten, dass die Bauteile vor der finalen thermischen Zersetzung des Backbone-Polymers getrocknet werden [109].

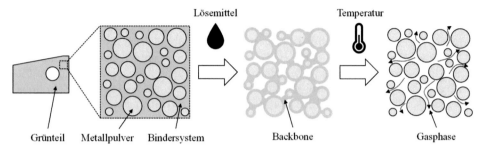

Abbildung 12: Schematische Darstellung der Lösemittelentbinderung sowie der abschließenden thermischen Zersetzung der restlichen polymeren Bestandteile in Anlehnung an [111, 130]

Katalytische Entbinderung
Ebenso wie die rein thermische und lösemittelbasierte Entbinderung hat sich das Entbindern unter Zuhilfenahme eines Katalysators etabliert – vor allem für POM-basierte Bindersysteme. Ein bekanntes kommerzielles POM-Bindersystem ist im Feedstock Catamold der Firma BASF SE enthalten [109]. Bei der katalytischen Entbinderung wird der POM-Anteil im Bindersystem mittels gasförmiger Salpetersäure unter Temperatureinwirkung zur Formaldehyd umgesetzt, das ebenfalls gasförmig vorliegt und aus dem Bauteil entweicht [130]. Da diese chemische Reaktion unterhalb der Schmelztemperatur von POM verläuft, wird die Entstehung einer Flüssigphase und somit eine gravitative Verformung im Bauteil verhindert. Die im Anschluss an die katalytische Entbinderung noch vorhandenen organischen Polymerreste oder Dispergatoren werden thermisch vor dem Sinterschritt aus dem Bauteil entfernt [88]. Die katalytische Entbinderung besticht gegenüber den zuvor beschriebenen Varianten dabei vor allem durch kurze Prozesszeiten. Wie auch bei der lösemittelbasierten Entbinderung sind die eingesetzten Stoffe und Zersetzungsprodukte jedoch gesundheitsgefährdend, sodass entsprechende Sicherheitsmaßnahmen zu treffen sind [109].

2.2.5 Sintern

Das aus dem Entbinderungsschritt hervorgehende poröse Braunteil wird anschließend durch eine Wärmebehandlung unterhalb der materialspezifischen Schmelztemperatur gesintert. Ausgehend von der theoretischen Dichte des metallischen Pulvers können die resultierenden Sinterteile eine Restporosität von kleiner 1 % erreichen (vgl. [101]). Die Verringerung der Porosität durch das Zusammenwachsen der Pulverpartikel geht jedoch mit einem ausgeprägten Schrumpf einher, der herkömmlich in einem Bereich zwischen 10 bis 20 % zu verorten ist [101, 149].

Auf mikroskopischer Ebene ist der Sintervorgang durch das Bewegen von Atomen zum Schließen der Poren zwischen den Metallpartikeln gekennzeichnet (vgl. [101]). Wie in Abbildung 13 schematisch dargestellt, lässt sich der Sinterschritt dabei in vier Phasen anhand der jeweils vorherrschenden Temperatur und Zeit unterteilen.

In der ersten, initialen Phase sind die losen Metallpartikel lediglich durch Van-der-Waals-Kräfte an den Kontaktpunkten miteinander verbunden [228]. Durch eine Erhöhung der Temperatur wandern die Atome von den Partikeloberflächen zu den Kontaktpunkten mit benachbarten Partikeln und erhöhen dort den Zusammenhalt durch Wachstum eines Sinterhalses (zweite Phase). In dieser Phase sind primär Oberflächentransportmechanismen (z. B. Oberflächendiffusion) durch Bewegung von Atomen an der Oberfläche hin zum Kontaktpunkt bzw. Sinterhals vorherrschend [22]. Mit wachsendem Sinterhals in der dritten Phase bewegen sich die Partikelzentren aufeinander zu, was einen Schrumpf zur Folge hat. In dieser Phase sind Stofftransportmechanismen (z. B. Korngrenzendiffusion) zwischen den Partikeln vorherrschend, die ein Wachstum des Sinterhalses sowie Schließen der Poren bewirken [22]. Während die Dichte in den beiden vorherigen Phasen diffusionsgetrieben stark ansteigt, verlangsamt sich die Sintergeschwindigkeit asymptotisch in Phase vier. In dieser Phase erfolgt die Eliminierung vieler Korngrenzen, was dem Sintern entgegenwirkt und zu Kornwachstum führt (s. Abbildung 13).

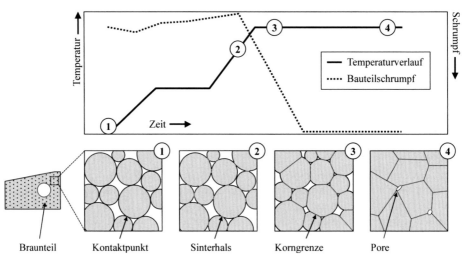

Abbildung 13: Schematische Darstellung des diffusionsgetriebenen Verdichtungsprozesses sowie des damit einhergehenden Sinterschrumpfs bei zunehmender Temperatur und Zeit [22, 101] in Anlehnung an [228]

Die Beschleunigung des Verdichtungsprozesses in den Phasen zuvor wird im Wesentlichen durch die Partikelgröße bestimmt. Je kleiner die Partikelgröße, desto höher ist die Oberflächenenergie und damit auch die Sinterkinetik [101]. Grundsätzlich beschleunigt ebenso eine sich während des Sinterns bildende flüssige Phase die Stofftransportvorgänge. Sofern diese allein im Festkörper stattfinden, liegt ein sogenanntes Festphasensintern vor. Sobald unterschiedliche Metallpulver mit stark voneinander abweichenden Schmelzpunkten gesintert werden, entsteht zusätzlich eine flüssige Phase [149]. Reagiert die Flüssigphase auch nur begrenzt mit dem höherschmelzenden Metallpulver, bewirkt dies eine schnelle Verdichtung der Partikel durch Kapillarkräfte [22]. Dies geht allgemein mit Kosten- und Produktivitätsvorteilen einher, sodass ein Großteil der in PIM durchgeführten Sinterfahrten, wie z. B. bei W-Ni-Fe, in Anwesenheit einer Flüssigphase abläuft [101].

Der in Abbildung 13 dargestellte Sintervorgang ist dabei stets auf das Material hinsichtlich der vorherrschenden Atmosphäre abzustimmen. Die hohe Oberflächenenergie der in MIM üblichen kleinen Partikelgrößen führt zu einer Oxidation an den Oberflächen, dessen Ausmaß von der Reaktivität des Materials und der Atmosphäre abhängt. Die Reaktivität selbst steigt sowohl durch eine Verringerung der Partikelgröße als auch durch eine Erhöhung der Temperatur. Aus diesem Grund sind insbesondere reaktive Metalle wie z. B. Titan, das eine hohe Affinität zu Sauerstoff und Kohlenstoff besitzt [68], vor der Umgebungsluft durch die Wahl geeigneter Atmosphären zu schützen [22]. Ungeeignete Atmosphären haben demgegenüber Bauteildefekte wie z. B. Rissbildung zur Folge. Allgemein gelten unerwünschte Reaktionen mit der Sinteratmosphäre sowie eine unzureichende Maßhaltigkeit als größte Fehlerquellen beim Sintern [101]. Für eine tabellarische Auflistung bekannter Sinterfehler inklusive möglicher Ursachen sowie Lösungsansätze sei an dieser Stelle auf die Ausarbeitungen von German und Bose [101] verwiesen.

2.2.6 Nacharbeit

Nach dem Sintern sind die Sinterteile prinzipiell einsatzbereit und weisen Endproduktcharakter auf. Zusätzliche Nachbearbeitungsschritte sind stets mit einer Erhöhung der Stückkosten verbunden und folgerichtig auf ein Minimum zu reduzieren. Andererseits befinden sich MIM-Teile in stetiger Konkurrenz zu alternativen Produktionstechnologien wie dem Feinguss, dem Pressen und Sintern sowie zunehmend auch der additiven Fertigung, sodass mitunter Nachbearbeitungsschritte erforderlich sind [258]. In Abhängigkeit des Anforderungsprofils lassen sich diese wie folgt zusammenfassen [149, 258]:

- *Erhöhung der Maßhaltigkeit:* Die Vielzahl unterschiedlicher Einflussfaktoren auf den Sinterschrumpf erschweren exakte Vorhersagen des Bauteilverzugs. Um die Maßhaltigkeit im Endprodukt zu gewährleisten, werden sowohl prozessbedingte Verformungen mechanisch begradigt als auch Maßabweichungen mechanisch mittels Fräsen oder Schleifen reduziert.

- *Verbesserung der mechanischen Eigenschaften:* Um Anforderungen z. B. hinsichtlich Fatigue gerecht zu werden, kann nach der Sinterfahrt eine zusätzliche Wärmebehandlung wie z. B. das „hot isostatic pressing (HIP)" erfolgen. Hierbei wird die Restporosität der Sinterteile durch eine Kombination aus hohem Druck (100 bis 200 MPa) und Temperatur (900 bis 1300 °C) vollständig eliminiert, was zu einer Verbesserung des Ermüdungsverhaltens beiträgt [101].

- *Optimierung der Bauteiloberflächen:* Oberflächenoptimierungen dienen u.a. einer Reduzierung der Oberflächenrauheit durch Gleitschleifen, Kugelstrahlen und Polieren (manuell/automatisiert). Durch eine Kombination dieser Verfahren lassen sich Mittenrauwerte von bis zu Ra < 0,01 µm erzielen. Weiterhin werden Oberflächen durch Einfärbungen oder korrosionsmindernde Beschichtungen optimiert.

■ *Reduzierung der Werkzeugkosten:* Die Kosten für Spritzgießwerkzeuge korrelieren mit der Bauteilkomplexität, sodass eine Reduktion letzterer mit geringeren Werkzeugkosten einhergeht. Das Entfernen von Bauteilmerkmalen, die erst nach dem Spritzgießen durch z. B. eine mechanische Nacharbeit am Grünteil hinzugefügt werden, reduziert somit die Komplexität des Werkzeugs und damit die Kosten.

2.3 Sinterbasierte Materialextrusion

In diesem Kapitel erfolgt zunächst eine Einordnung der sinterbasierten Materialextrusion in die mehrstufigen additiven Fertigungsverfahren für metallische Verbundwerkstoffe (Kapitel 2.3.1). Im Anschluss findet eine Erläuterung der Verfahrensgrundlagen hinsichtlich der unterschiedlichen Verfahrensvarianten (Kapitel 2.3.2) sowie typischen Anwendungsgebiete (Kapitel 2.3.3) statt. Abschließend werden kommerziell erhältliche Industrielösungen entlang der verfahrensspezifischen Wertschöpfungskette beschrieben (Kapitel 2.3.4).

2.3.1 Einordnung in die sinterbasierte additive Fertigung

Die sinterbasierte additive Fertigung basiert zu großen Teilen auf den Folgeprozessen des Metallpulverspritzgusses mit dem signifikanten Unterschied, dass die Formgebung der Grünteile mit polymerbasierten AM-Verfahren erfolgt (vgl. [64]). In Abhängigkeit des jeweiligen additiven Formgebungsverfahren liegt das Metallpulver dabei entweder gebunden in festen oder flüssigen Kunststoffmatrizen oder als loses Pulver im Pulverbett vor [182].

Zu Beginn des stets mehrstufigen Herstellprozesses wird das verfahrensspezifische Ausgangsmaterial in einem Schicht-für-Schicht-Bauprozess zu einem Grünteil durch Polymeradhäsion verbunden. Wie in Abbildung 14 dargestellt, durchläuft das additiv gefertigte Grünteil anschließend einen Entbinderungsschritt, in dem das Entfernen der polymeren Binderkomponenten erfolgt. Analog zu MIM wird das resultierende Braunteil daran anknüpfend in einem Sinterschritt zu einem rein metallischen Bauteil gesintert. Die größten Unterschiede zu MIM sind demnach in der additiven Formgebung der Grünteile zu verorten, die im Folgenden entsprechend des verfahrensspezifischen Ausgangsmaterials näher erläutert werden. Hierbei liegt der Fokus auf kommerziell erhältliche Systemlösungen (vgl. [178, 182]), die eine Einordnung in die DIN EN ISO/ASTM 52900 [64] im Hinblick auf die polymerbasierte additive Formgebung erlauben.

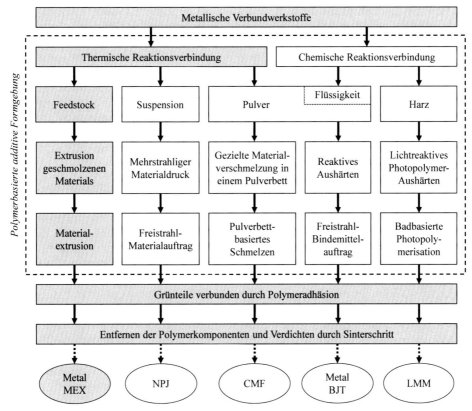

Abbildung 14: Klassifizierung der sinterbasierten additiven Fertigungsverfahren in Anlehnung an [64] sowie Zuordnung generischer wie proprietärer Verfahrensbezeichnungen basierend auf [25, 124, 141, 283]

Suspension

Die Herstellung von Grünteilen aus flüssigen Suspensionen wurde von der Firma XJet Ltd. unter der Bezeichnung „NanoParticle Jetting (NPJ)" kommerzialisiert [283]. Dazu werden im NPJ-Verfahren zwei Suspensionen tropfenförmig über einen Druckkopf bestehend aus einer Vielzahl kleiner Düsen auf ein Druckbett aufgetragen. Eine Suspension enthält dabei metallische Nanopartikel und fungiert als Baumaterial, eine zweite besteht aus „Stützpartikeln" [182]. Durch hohe Temperaturen innerhalb der Baukammer verdampft ein Großteil der flüssigen Phase und der Zusammenhalt der Partikel erfolgt durch den verbleibenden Binder. Nach dem Druckprozess werden die Stützkonstruktionen durch ein Lösemittel entfernt und die Metallpartikel im Rahmen einer abschließenden Wärmebehandlung zu einem metallischen Bauteil mit Dichten oberhalb 97 % gesintert [182, 277].

Pulver

Als Formgebungsverfahren mit dem aktuell höchsten industriellen Reifegrad gilt das BJT-Verfahren mit Metallpulvern, für das nachfolgend aufgrund mehrerer Anbieter am Markt die generische Verfahrensbezeichnung „Metal BJT" eingeführt wird [25, 182, 210]. Im Metal BJT wird ein metallisches Pulver im Pulverbett mithilfe eines selektiv aufgetragenen flüssigen Bindemittels, das über einen Druckkopf appliziert wird, entsprechend der

Schichtinformationen zu einem Grünteil verklebt [182]. Da hierfür keine Stützkonstruktionen erforderlich sind, lassen sich mehrere Grünteile innerhalb des Bauraums übereinanderstapeln. Der Ausnutzungsgrad des zur Verfügung stehenden Bauraumvolumens lässt sich zudem mithilfe von Algorithmen durch das sogenannte Nesting weiter optimieren, was sowohl die Kosteneffizienz als auch die Produktivität erhöht [210]. Nach dem Druckprozess werden die Grünteile in einem Ofen ausgehärtet, um eine hinreichende Grünteilfestigkeit für die Entpulverung zu gewährleisten. Die anschließende Entbinderung der Grünteile erfolgt rein thermisch in einem zusätzlichen Entbinderungsofen oder direkt im Sinterofen [177, 250]. Zum Ende des Metal-BJT-Prozesses findet wie auch in MIM eine Verdichtung der stark porösen Braunteile durch einen Sinterschritt statt [25, 250]. Die erzielbare Dichte der Metal-BJT-Teile beträgt bis zu 99 % [182].

Eine weiteres pulverbettbasiertes Formgebungsverfahren zur Grünteilherstellung ist das „cold metal fusion (CMF)" der Firma Headmade Materials GmbH, das ebenfalls unter der Bezeichnung „Metal SLS" geführt wird [124]. Im CMF-Verfahren wird ein Pulverwerkstoff, in dem die Metallpartikel in einer Kunststoffmatrix gebunden sind, mittels konventioneller SLS-Anlagentechnologie zu Grünteilen verarbeitet. Demnach erfolgt die Polymeradhäsion durch das selektive Verschmelzen der Kunststoffmatrix im Pulverbett (vgl. [64]). Wie auch im Metal BJT sind für die Grünteilherstellung keine Stützkonstruktionen erforderlich, da das umliegende Pulver kritische Überhänge abstützt. Folgerichtig sind auch mit dem CMF-Verfahren Produktivitätssteigerungen durch ein Übereinanderstapeln und Nesting möglich. Die im Pulverkuchen eingeschlossen Grünteile werden nach dem Druckprozess von dem losen, nicht verschmolzenen Pulver befreit und mithilfe eines Lösemittels entbindert. Restbestandteile des Binders werden mit zunehmender Temperatur im Sinterofen thermisch zersetzt und die Metallpartikel wachsen zu einem dichten metallischen Bauteil zusammen. Die erzielbaren Bauteildichten sind für gewöhnlich oberhalb 96 % zu verorten [124].

Harz
Analog zum Metal BJT und CMF bedarf auch das von der Firma Incus GmbH kommerzialisierte „lithography-based metal manufacturing (LMM)" keiner Stützmaterialien, sodass sich auch hier die Produktivität und Kosteneffizienz mittels Nesting-Algorithmen optimieren lässt [141]. Die Grünteilherstellung ist dabei durch Auftragen eines proprietären Harzgemisches durch einen Klingenbeschichter gekennzeichnet, das mithilfe eines Projektors entsprechend des zu generierenden Schichtquerschnittes ausgehärtet wird. Das Ausgangsmaterial besteht aus lichtaushärtenden Harzen, Wachsen, Additiven sowie Metallpulver mit Füllgehalten von bis zu 55 Vol.-% [178]. Im Anschluss an den Druckprozess werden die Grünteile vom umliegenden Material durch Wärmezufuhr befreit und der organische Binder im Grünteil durch eine rein thermische Entbinderung zersetzt, ehe das verbleibende Metallpulver bei höheren Temperaturen zu Bauteilen mit bis zu 99 % der theoretischen Dichte gesintert wird [141, 178].

Feedstock
Verglichen mit den zuvor beschriebenen sinterbasierten AM-Verfahren erlaubt einzig die schnecken- und kolbenbasierte Materialextrusion eine direkte Verarbeitung des granularen MIM-Feedstocks [111, 153]. Der Fokus in der sinterbasierten Materialextrusion liegt hingegen auf der Verwendung hochgefüllter Filamente, die mittels FFF verarbeitet werden

(vgl. [111, 182]). Ebenso wie MIM-Feedstock weisen diese ein Mehrkomponenten-Bindersystem auf, das jedoch an filamentspezifische Anforderungen, wie z. B. eine hinreichende Elastizität zum Aufspulen, angepasst ist [111]. Eine dritte Verfahrensvariante sieht die Verwendung von Stäben vor, die ein Aufspulen des Ausgangsmaterials obsolet machen und anlog zum FFF-Verfahren mittels Transporträder in die Schmelzeinheit geschoben werden [250]. Für die Gesamtheit der genannten MEX-Verfahrensvarianten wird im Hinblick auf die sinterbasierte additive Fertigung nachfolgend der generische Begriff „Metal MEX" eingeführt. Eine detaillierte Beschreibung der Verfahrensgrundlagen ist dem folgenden Kapitel zu entnehmen.

2.3.2 Verfahrensgrundlagen

Verglichen mit den in Abbildung 14 aufgeführten sinterbasierten AM-Verfahren weist Metal MEX die höchste Verfahrensanalogie zu MIM auf, da der verwendete Feedstock ähnlich bis gleich ist [111]. Die Metal-MEX-Prozesskette umfasst somit bis auf den additiven Formgebungsprozess die gleichen Prozessschritte wie MIM [242]. Als additiver Formgebungsprozess findet indes die Materialextrusion Anwendung, die je nach Verfahrensvariante unterschiedliche Ausgangsmaterialformen mit dahingehend angepassten Fördersystemen verarbeitet (vgl. [111, 182, 242]).

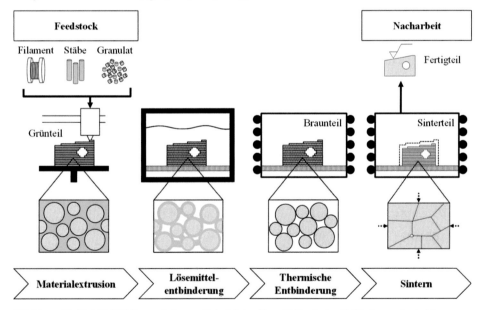

Abbildung 15: Metal-MEX-Prozesskette am Beispiel der lösemittelbasierten Entbinderung in Anlehnung an [111, 242]

Wie in Abbildung 15 dargestellt, erfolgt unabhängig von der Form des Feedstocks zunächst die additive Grünteilfertigung. Die AM-Grünteile werden – analog zu MIM-Teilen – anschließend entweder katalytisch, lösemittelbasiert oder rein thermisch entbindert, ehe die Verdichtung der nunmehr stark porösen Braunteile durch eine finale Wärmebehandlung erfolgt [242]. Die Längenmaße der resultierenden Sinterteile sind für gewöhnlich in einem Bereich zwischen 15 bis 150 mm zu verorten [182]. Darin enthalten ist der sinterbedingte Schrumpf, der häufig 16 bis 20 % beträgt und oftmals in Aufbaurichtung infolge der auf das Bauteil wirkenden Schwerkraft stärker ausgeprägt ist als in Bauebene [26, 72, 182].

Mit der Realisierung der Sinterteile findet je nach Kundenanforderung eine Nacharbeit am Sinterteil statt. Vor allem die Oberflächenrauheit ist aufgrund der MEX-typischen Schichthöhen von 0,1 bis 1 mm als besonders hoch einzustufen und stellt einen verfahrensspezifischen Nachteil dar [182]. Neben einer Oberflächenglättung der Sinterteile (vgl. [51]) besteht zusätzlich die Möglichkeit, eine mechanische Nacharbeit (z. B. Schleifen, Sandstrahlen oder Laserpolieren) bereits am Grünteil vorzunehmen. Dies verspricht einen deutlich geringen Nachbearbeitungsaufwand aufgrund des hohen Kunststoffanteils im Vergleich zum rein metallischen Sinterteil [34, 111, 262]. Die Grünteilnacharbeit kann ferner die Entfernung der Stützkonstruktionen beinhalten (s. Kapitel 2.1.4). Davon ausgenommen sind Stützkonstruktionen, die für den Sintervorgang erforderlich sind. Hierfür finden häufig keramische Stützmaterialien oder Trennschichten Anwendung, die aufgrund höherer Schmelzpunkte keine stoffschlüssige Verbindung mit dem Sinterteil eingehen [182, 250]. Eine Einteilung der insgesamt drei Verfahrensvarianten der sinterbasierten Materialextrusion gelingt mithilfe des Feedstocks, der als Filament, Stab oder Granulat vorliegen kann (s. Abbildung 15).

Filament (Metal FFF)
Der Gebrauch von Filamenten als Ausgangsmaterial für Metal MEX bzw. FFF ist die derzeit am stärksten verbreitete Variante zur Herstellung von Grünteilen mittels Materialextrusion, da hierfür bereits eine Vielzahl kostengünstiger FFF-Drucker auf dem Markt vorhanden ist (vgl. [33]). Analog zu Kunststofffilamenten liegen diese in den marktüblichen Durchmessern 1,75 oder 2,85 mm vor [27], wenngleich sich die generelle Zusammensetzung signifikant von diesen unterscheidet. So besteht ein wesentlicher Unterschied in dem hohen metallischen Füllgehalt, der typischerweise in einem Bereich zwischen 45 bis 65 vol. % zu verorten ist [7, 46, 114, 211, 280]. Derart hohe Füllgehalte gehen jedoch mit einer Versprödung der Filamente einher (vgl. [112]), weshalb den Bindersystemen z. B. Elastomere [49] oder amorphe Polyolefine [174] hinzugefügt werden, wodurch eine hinreichende Flexibilität zum Aufspulen gewährleistet wird. Genaue Angaben zu Bindersystemen sind in der Fachliteratur jedoch häufig nicht veröffentlicht, um Wettbewerbsvorteile am Markt aufzubauen bzw. zu konservieren (vgl. [211, 279, 280]).

Stab (BMD)
Das von der Firma Desktop Metal Inc. kommerzialisierte Verfahren „bound metal deposition (BMD)" egalisiert die Dependenz zwischen Duktilität und Füllgehalt der Metall-Kunststofffilamente durch Verwendung hochgefüllter Stäbe, die in Kartuschen gelagert werden. Während des Extrusionsprozesses werden die Stäbe nacheinander der Schmelzeinheit zugeführt und durch Nachschieben der noch festen Stäbe durch die Auftragsdüse extrudiert [53, 250]. Ein Aufspulen des Ausgangsmaterials ist somit nicht erforderlich, was prinzipiell MIM-ähnliche Bindersysteme und Füllgehalte ermöglicht (vgl. [53]). Mit Ausnahme der Form des Ausgangsmaterials besteht jedoch eine große Ähnlichkeit zu Metal FFF. So ist der Extrusionsprozess in beiden AM-Verfahren durch das Nachschieben des noch festen Ausgangsmaterials über ein mechanisches Antriebssystem zur Schmelzeinheit gekennzeichnet [52, 229]. Das Verfahrensprinzip lässt sich wie auch das FFF-Ver-

fahren folglich als Kolbenextrusion verstehen, in dem das jeweils noch feste Ausgangs-material als Kolben fungiert (vgl. [111]). Gleichwohl findet sowohl im BMD- als auch FFF-Verfahren eine kontinuierliche Materialzufuhr statt, sodass beide Verfahren von die-ser abzugrenzen sind.

Granulat (Metal FGF)

Entgegen der zuvor genannten Verfahrensvarianten besteht mit der Verarbeitung granula-rer Ausgangsmaterialien die Möglichkeit, eine Vielzahl etablierter MIM-Feedstocksys-teme zu verwenden [182]. Im Vergleich zu hochgefüllten Filamenten sind entsprechende MIM-Granulate wesentlich günstiger (bis zu Faktor 7,5 für z. B. 316L [182]). Des Weite-ren steht hierfür bereits umfangreiches Prozesswissen zum Entbindern und Sintern zur Verfügung [181]. Die Verarbeitung von MIM-Granulat mittels FGF (Metal FGF) erlaubt ferner eine komplementäre Grünteilherstellung in bestehenden MIM-Prozessketten. Infol-gedessen können kleine, für den Spritzguss unwirtschaftliche Stückzahlen additiv gefertigt werden, was Kosten- und Zeitvorteile in der Produktentwicklung sowie Kleinserienferti-gung verspricht (vgl. [161, 180]). Eine derartige komplementäre Nutzung ist mittels Metal FFF und BMD nicht möglich. Die hierfür verwendeten Feedstocksysteme sind an das je-weilige additive Fertigungsverfahren angepasst (Metal FFF) oder proprietär (BMD) und unterscheiden sich somit vom MIM-Serienmaterial (vgl. [111]). Dessen Verarbeitung ist einzig mittels FGF sowie der kolbenbasierten Materialextrusion möglich. Für letztere sind jedoch keine Fertigungsanlagen am Markt erhältlich.

2.3.3 Anwendungsgebiete

Allgemein eignet sich Metal MEX insbesondere für niedrig- bis mittelkomplexe Bauteil-geometrien in geringer Stückzahl, wie anhand Abbildung 16 zu erkennen ist. Hieraus er-geben sich Schnittmengen mit konventionellen Produktionstechnologien wie der spanen-den Fertigung und dem Feinguss, die sich u.a. durch die realisierbare Bauteilkomplexität unterscheiden [181]. Eine weitere Schnittmenge lässt sich mit dem stärksten am Markt etablierten Metall-AM-Verfahren, dem Laserstrahlschmelzen mit Metallen (PBF-LB/M [64]), identifizieren [181]. Wesentliche Unterschiede in diesem Schnittmengenbereich stellen die charakteristischen Bauteilgrößen, -kosten und -qualitäten sowie die erzielbaren Aufbauraten dar (vgl. [181, 182]). Während mittels PBF-LB/M grundsätzlich größere Bauteile mit besseren Materialeigenschaften und Aufbauraten mit bis zu 1000 cm³/h [237] realisierbar sind, verspricht Metal MEX vor allem Kostenvorteile bei der Verwendung von MIM-Serienmaterial im Einzel- bis Kleinseriensegment (< 1.000 Stk./a) [181]. Ähnlich hohe Aufbauraten sind prinzipiell auch mittels Metal BJT erreichbar, was im Vergleich zum PBF-LB/M mit geringeren Kosten (€/cm³) einhergeht [182]. Metal BJT vermag so, die Lücke zu großserientauglichen Produktionstechnologien wie MIM zu schließen und weist ebenso eine geringe Schnittmenge mit Metal MEX im für diesen Verfahren höchsten Stückzahl- und Komplexitätsbereich auf (vgl. [181]).

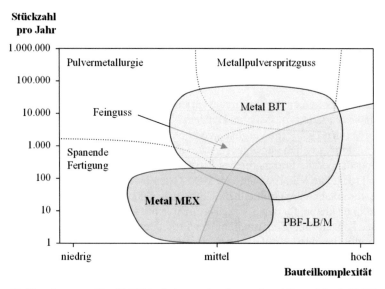

Abbildung 16: Einordnung von Metal MEX in die konventionellen sowie etablierten Metall-AM-Verfahren in Anlehnung an [181] und basierend auf [137, 149, 193, 194, 214]

Basierend auf der in Abbildung 16 dargestellten Einordnung lassen sich potenzielle Anwendungsgebiete für Metal MEX insbesondere dort identifizieren, wo niedrig- bis mittelkomplexe Metallbauteile in geringen Stückzahlen zum Einsatz kommen. Ein Beispiel ist im Maschinenbau zur Herstellung von Prototypen, Vorrichtungen und Werkzeugen zu verorten (vgl. [54, 134]). Weiterhin ermöglicht Metal MEX die wirtschaftliche Fertigung von Ersatzteilen in Stückzahl 1 oder sogar Kleinstserien [181]. Ersteres kommt z. B. in der Automobilbranche für Fahrzeugkomponenten zum Einsatz, sofern Ersatzteile nicht mehr vorrätig sind und die entsprechenden Bauteilinformationen fehlen [172]. Ebenso werden Schweißvorrichtungen oder Abschirmungen für elektronische Komponenten hergestellt [134]. Potenzielle Anwendungsgebiete sind zudem im Schiff- und Schienenfahrzeugbau zu identifizieren, da die Bauteile hier die für Metal MEX geeigneten Stückzahlen sowie Bauteilkomplexitäten aufweisen (vgl. [181]). Gleichwohl sind aktuell nur wenige Industrieanwendungen bekannt, da der industrielle Reifegrad von Metal MEX im Vergleich zu Metall-AM-Verfahren wie PBF-LB/M deutlich geringer ist [183]. Eine große industrielle Hürde diesbezüglich stellt der komplexe Sinterprozess sowie das hierfür erforderliche Prozesswissen dar (vgl. [182]).

2.3.4 Verfügbare Industrielösungen

Derzeit lassen sich entlang der vertikalen Wertschöpfungskette für Metal MEX insgesamt vier Geschäftsmodelle (GM) am Markt identifizieren [181]. Geschäftsmodell 1 (GM 1) umfasst Materiallieferanten, die Ausgangsmaterialien sowohl in Form von Filamenten (vgl. [27]) als auch Granulaten (vgl. [73]) bereitstellen.

Erstere erlauben prinzipiell eine Verarbeitung mittels kostengünstiger FFF-Anlagentechnik, die in einem Preisbereich von 5 bis 10 T€ zu verorten ist [182]. Besonders spröde Filamente drohen jedoch durch die oftmals verwendeten gezahnten Transporträder für die Materialförderung zu brechen. Aus diesem Grund werden zusätzlich FFF-Fertigungsanlagen wie der HAGE3D 84L [119] mit speziell angepassten Extrusionsköpfen am Markt angeboten.

Anlagensysteme, die vorranging der Grünteilherstellung dienen, sind dem Geschäftsmodell 2 (GM 2) zuzuordnen. Aufgrund der Vielzahl bereits vorhandener MIM-Feedstocksysteme lässt sich diesbezüglich ein Trend hin zu FGF-Druckern erkennen (s. Tabelle 3, GM 2, FGF). Verglichen mit herkömmlichen FFF-Druckern sind diese Fertigungsanlagen für gewöhnlich in einem deutlich höheren Preisbereich (80 bis 120 T€) zu verorten [182]. Ein großer Vorteil von Anlagensystemen wie die ExAM 255 [11], dem EPEIRE T-MIM [79] oder der Pam Series M [197] besteht jedoch in der Verarbeitung kostengünstiger MIM-Feedstocksysteme, was eine komplementäre Nutzung in bestehenden MIM-Prozessketten erlaubt.

Der Zukauf von Anlagentechnik zum Entbindern und Sintern für den Aufbau eigener Prozessketten ist dem Geschäftsmodell 3 (GM 3) zuzuordnen. In diesem Geschäftsmodell agieren vor allem Firmen, die im Pulverspritzguss etabliert sind und ihr Produktportfolio um Anlagensysteme für die sinterbasierte additive Fertigung erweitert haben (vgl. [37, 165, 184, 281]).

Komplettlösungen für Metal MEX werden indes einzig von den beiden US-Unternehmen Desktop Metal Inc. [55] und Markforged Inc. [171] angeboten, wie Tabelle 3 (GM 4) zu entnehmen ist. Um Kunden an die Komplettlösungen zu binden, kommen hierfür proprietäre Materialen sowie geschlossene Anlagentechnik zum Einsatz, was Anbieter der übrigen Geschäftsfelder weitestgehend von diesem Kundenstamm abschirmt [182]. Die entsprechenden Investitionskosten liegen zwischen 100 und 300 T€ [1, 182], was in einem Preisbereich kostengünstiger PBF-LB/M-Anlagen zu verorten ist (vgl. [182]). Weitere Komplettlösungen werden von den Firmen Raise3D Technologies Inc. und Xerion Berlin Laboratories GmbH angeboten. Im Gegensatz zu den Industrielösungen von Markforged Inc. und Desktop Metal Inc. besteht hier prinzipiell die Möglichkeit, Materialien über Drittanbieter wie z. B. der BASF New Business GmbH [202] oder der PT+A GmbH zu beziehen (vgl. [164]).

Tabelle 3: Marktüberblick über kommerziell erhältliche Lösungen entlang der Metal-MEX-Wertschöpfungskette (M = Material, AM = additive Grünteilfertigung, E&S = Entbindern und Sintern) sowie Einordnung in Geschäftsmodelle

GM	MEX-Variante	Unternehmen, Produktname	Wertschöpfungskette			Quellen
			M	AM	E&S	
	FFF	AM Extrusion GmbH, AM-X	●	○	○	[15]
	FFF	BASF New Business GmbH, Ultrafuse 316L	●	○	○	[27]
1	FFF/FGF	Element22 GmbH, -	●	○	○	[72, 73]
	FFF/FGF	PT+A GmbH, -	●	○	○	[199, 200]
	FFF	The Virtual Foundry Inc., Filamet	●	○	○	[245]
	FGF	3D-figo GmbH, FFD150H	○	●	○	[2]
	FGF	AIM3D GmbH, ExAM 255	○	●	○	[11]
	FGF	ARBURG GmbH + Co. KG, Freeformer	○	●	○	[19]
2	FGF	EPEIRE3D, EPEIRE T-MIM	○	●	○	[79]
	FFF	HAGE3D GmbH, 84L	○	●	○	[119]
	FGF	Metallum3D Inc., Pellet Extrusion 3D Printer	○	●	○	[176]
	FGF	Pollen AM Inc., Pam Series M	○	●	○	[197]
	FFF	Triditive, AMCELL	○	●	○	[249]
	-	Carbolite Gero GmbH & Co. KG, GPCMA /174	○	○	●	[37]
3	-	LÖMI GmbH, EDA-AM	○	○	●	[165]
	-	Nabertherm GmbH, HT 64/17 DB100	○	○	●	[184]
	-	Xerion Berlin Laboratories GmbH, FF Extended	○	○	●	[281]
	BMD	Desktop Metal Inc., Studio System	●	●	●	[55]
4	FFF	Markforged Inc., Metal X System	●	●	●	[171]
	FFF	Raise3D Technologies Inc., MetalFuse	●	●	●	[202]
	FFF	Xerion Berlin Laboratories GmbH, Fusion Factory	●	●	●	[282]

○ Nicht vorhanden

● Vorhanden

3 Forschungsbedarf und Lösungsweg

Aus dem Stand der Wissenschaft und Technik lässt sich ableiten, dass Metal MEX vor allem für die bedarfsgerechte Fertigung niedrig- bis mittelkomplexer Bauteilgeometrien Kostenvorteile verspricht. Hierfür stehen bereits eine Vielzahl kommerziell erhältlicher Systemlösungen entlang der gesamten Wertschöpfungskette – vom Ausgangsmaterial bis zum Sinterofen – zur Verfügung. Ein Großteil dieser Systemlösungen ist jedoch für Anwender konzipiert, denen mithilfe der sinterbasierten Materialextrusion ein kostengünstiger Einstieg in die additive Metallfertigung gelingen soll. Dieser Einstieg ist entweder durch den Zukauf von Teillösungen entlang der Metal-MEX-Wertschöpfungskette oder Komplettlösungen gekennzeichnet. Der Zukauf von Teillösungen beschränkt sich dabei primär auf die additive Grünteilfertigung [182]. Gleichwohl stellen der Aufbau einer Entbinder- und Sinterinfrastruktur sowie das für den erfolgreichen Betrieb notwendige Prozesswissen die größte Hürde für die weitere Industrialisierung von Metal MEX dar [181, 182]. Sowohl das Prozesswissen als auch die entsprechende Anlagentechnik sind im Metallpulverspritzguss bereits vorhanden. Für diesen Anwenderkreis sind jedoch einzig AM-Fertigungsanlagen (s. Tabelle 3, GM 2, FGF) geeignet, die eine direkte Verarbeitung des Serienmaterials erlauben, für die bereits bestehende Prozessrouten zum Entbindern und Sintern zur Verfügung stehen. Derartige Anlagensysteme ermöglichen eine komplementäre Nutzung in Bereichen, in denen das konventionell verwendete Spritzgießen zur Grünteilherstellung mit hohen Stückkosten und Entwicklungszeiten verbunden ist [242].

3.1 Konkretisieren des Forschungsbedarfs

Die wesentlichen Voraussetzungen für die angestrebte komplementäre Nutzung sind die Verwendung des MIM-Serienmaterials sowie das Erzielen einer hinreichenden Bauteilqualität im Sinterteil. Wie in Kapitel 2.3.2 dargestellt, ist die für eine komplementäre Nutzung erforderliche Verarbeitung des Serienmaterials einzig mittels schnecken- und kolbenbasierter Materialextrusion möglich. Erstere erlaubt verfahrensspezifisch hohe Aufbauraten und damit einhergehend schnelle Verfahr- bzw. Druckgeschwindigkeiten [40, 147]. In der Fachliteratur ist hingegen dokumentiert, dass eine Erhöhung der Druckgeschwindigkeit mit einer Reduktion der Grünteildichte und damit höheren Restporosität im Sinterteil einhergeht [234]. Der Vorteil von FGF als komplementäres Formgebungsverfahren in MIM-Prozessrouten beschränkt sich somit vorrangig auf die Verarbeitung des granularen Serienmaterials. Diesbezüglich ist zu berücksichtigen, dass die Korngröße der MIM-Granulate einen Einfluss auf die Materialförderung und somit auch die Stabilität des Extrusionsprozesses hat. So kann eine zu grobe Granulierung ein unzureichendes bzw. ungleichmäßiges Erweichen in der Einzugszone sowie eine zu feine Granulierung ein Verstopfen des Einfülltrichters zur Folge haben [28, 242]. Ferner stellen die Anlagenkosten eine hohe finanzielle Einstiegshürde für MIM-Anwender dar. Verglichen mit FFF-Druckern, die in Metal MEX Anwendung finden, sind diese teils Faktor 10 höher [182]. Dies ist primär auf die komplexen und infolgedessen teuren Förderschnecken zurückzuführen (vgl. [86]). Die entsprechenden Druckköpfe sind dazu oftmals in äußerst stabilen Kinematiksystemen zum Verfahren der Bewegungsachsen integriert.

L. Waalkes, *Potenzialerschließung und -bewertung der sinterbasierten Kolbenextrusion*, Light Engineering für die Praxis,
https://doi.org/10.1007/978-3-662-66883-2_3

FFF-Drucker weisen demgegenüber deutlich niedrigkomplexere Druckköpfe auf, die in kostengünstigen Hardware- sowie größtenteils Open-Source-Softwarelösungen integriert sind. Für MIM-Anwender hat das kostengünstige FFF-Verfahren jedoch den Nachteil, dass das eigene Serienmaterial nicht verarbeitbar ist. Vergleichbare Metall-Kunststofffilamente sind wesentlich teurer als der industriell verwendete MIM-Feedstock und erfordern zudem Anpassungen der Entbinder- und Sinterprozessrouten (s. Kapitel 2.3.2). Eine komplementäre Nutzung ist somit nur bedingt möglich und mit einem signifikanten Mehraufwand verbunden.

Im Vergleich zur Filament- und Schneckenextrusion weisen die Metal-MEX-Komplettlösungen die höchsten Anlagenkosten auf (s. Kapitel 2.3.4). Die hohen Investitionen sind vor allem auf die integrierte Entbinder- und Sinteranlagentechnik zurückzuführen. Da MIM-Anwender generell über hochperformante, industrielle Entbinderungsanlagen und Sinteröfen verfügen, stellt diese zusätzliche Anlagentechnik folglich einen Mehrkostenaufwand dar. Weiterhin ist die gesamte Anlagentechnik geschlossen und auf proprietäre Materialsysteme abgestimmt. Die Nutzung eigener, wesentlich günstigerer Materialsysteme bleibt MIM-Anwendern somit verwehrt. In der Konsequenz ist die Eignung derartiger Systemlösungen zur komplementären Nutzung als insgesamt niedrig einzustufen, die zugleich mit der höchsten finanziellen Einstiegshürde verbunden sind.

Abbildung 17: Einordnung verschiedener Metal-MEX-Lösungen hinsichtlich der Anlagenkosten sowie der Eignung als komplementäres Formgebungsverfahren für MIM-Anwender

Der Zielquadrant für die Verwendung von MEX als komplementäres Formgebungsverfahren zur Verarbeitung von MIM-Feedstock ist gemäß Abbildung 17 in der Kolbenextrusion zu verorten. Gegenüber der Verarbeitung von reinen Polymerschmelzen egalisieren sowohl der MIM-Feedstock als auch die darstellbaren Bauteilgrößen die wesentlichen Nachteile der Kolbenextrusion (s. Kapitel 2.1.3). So besteht MIM-Feedstock nur zu Teilen aus Polymerkomponenten, die nach der Formgebung sukzessive entfernt werden. Ferner weisen die Bindersysteme oftmals niedrigschmelzende Komponenten wie Paraffinwachse auf [78], sodass eine Verarbeitung bei niedrigen Prozesstemperaturen möglich ist, die einer thermischen Degradation entgegenwirken. Überdies sind typische Bauteilgrößen sowohl in MIM als auch in Metal MEX häufig in einem Bereich unterhalb 200 mm einzuordnen [125, 182, 227], was vor allem auf entbinder- und sinterspezifische Restriktionen zurückzuführen ist. Folglich ist davon auszugehen, dass mit der begrenzten Extrusionsmenge mindestens ein Bauteil pro Zylinderbefüllung herstellbar ist. Für eine Kleinserienfertigung sind hingegen mehrere Zylinderbefüllungen erforderlich, was unweigerlich die Druckzeit erhöht. Allgemein stellt die Druckzeit in Metal MEX jedoch nur einen Teil der Durchlaufzeit dar. Diese wird maßgeblich durch das Entbindern und Sintern bestimmt, sodass die Druckzeit weniger stark ins Gewicht fällt. Vielmehr sind freie Ofenplätze zum Sintern der gedruckten Teile entscheidend für die Durchlaufzeit.

Die Kolbenextrusion eignet sich somit primär als komplementäres Formgebungsverfahren für MIM-Anwender. Der wesentliche Vorteil gegenüber der Filamentextrusion besteht in der Verarbeitung des granularen Serienmaterials. Die komplexen Druckköpfe der Schneckenextruder können dabei durch einfache Stempel- bzw. Kolbengeometrien zur Materialförderung ersetzt werden. Ein Einfluss der Korngröße ist diesbezüglich auszuschließen, da die Materialförderung typischerweise im aufgeschmolzenen Zustand erfolgt. Die Verwendung eines Kolbens zur Materialförderung weist ferner eine hohe Verfahrensanalogie zum FFF-Verfahren auf. Hier fungiert ebenfalls das noch feste Filament als Kolben, das durch den schrittgesteuerten Materialvorschub in eine Schmelzeinheit geführt wird und dort das bereits aufgeschmolzene Material durch eine Auftragsdüse extrudiert. Die Integration eines schrittgesteuerten Kolbenextruders in typische FFF-Hardware- und Softwarelösungen bietet somit prinzipiell die Möglichkeit, das Kostenpotenzial von FFF-Druckern zu nutzen. Darüber hinaus können Kolbenextruder aufgrund der Ähnlichkeit zu Kapillarrheometern zur Durchführung rheologischer Messungen und somit zur Charakterisierung der Fließeigenschaften der verwendeten Feedstocksysteme Anwendung finden.

Ein Überblick über bereits publizierte Ansätze zur kolbenbasierten Feedstockextrusion (s. Kapitel 2.1.3) zeigt, dass lediglich in den Ausarbeitungen von Ren et al. [206] eine Eigenentwicklung zur schrittgesteuerten Feedstockextrusion mittels Kolbenextruder dokumentiert ist. Inwieweit eine Integration in typische FFF-Hardware- und Softwarelösungen stattgefunden hat, ist nicht beschrieben. Weitere Eigenentwicklungen zur kolbenbasierten Feedstockextrusion sind den Ausarbeitungen von Scheithauer et al. [224] und Annoni et al. [17] zu entnehmen. Ersteres wurde jedoch zu einem piezogesteuerten Anlagensystem weiterentwickelt [223, 225]. Das Anlagenkonzept „Ephestus" [203] weist demgegenüber eine kommerzielle Spritzeinheit auf, in der neben einem Kolbenextruder auch eine Förderschnecke integriert ist [17]. Folglich wird eine analog zum FFF-Verfahren schrittgesteuerte Materialextrusion mit keiner der beiden Fertigungsanlagen umgesetzt. Eine weitere Fertigungsanlage zur kolbenbasierten Feedstockextrusion wurde in den Ausarbeitungen von Geiger et al. [93] vorgestellt und Mitte der 1990er Jahre kommerzialisiert [274]. Die auf dem MJS-Verfahren basierende Fertigungsanlage RP-Jet 200 ist kommerziell jedoch nicht mehr erhältlich und berücksichtigt nicht das Kostenpotenzial herkömmlicher FFF-Drucker.

Zusammenfassend lässt sich festhalten, dass der in Abbildung 17 identifizierte Zielquadrant und das damit einhergehende Kostenpotenzial für MIM-Anwender nur defizitär betrachtet wurde. Für den abgeleiteten Forschungsbedarf lässt sich daher folgende Forschungshypothese formulieren:

> Die Kolbenextrusion mit einem Feedstock-Extruder, der in typische FFF-Hardware- und Softwarelösungen integriert ist, eignet sich als kostengünstiges, komplementäres Formgebungsverfahren in etablierten Entbinder- und Sinterprozessrouten.

3.2 Darstellung des Lösungswegs

Für die systematische Beantwortung der abgeleiteten Forschungshypothese fungiert eine industriell genutzte Ti-6Al-4V-MIM-Prozesskette der Element22 GmbH (nachfolgend: MIM-Anwender) als Referenzprozess. Die darauf basierende Potenzialerschließung und -bewertung der sinterbasierten Kolbenextrusion lässt sich gemäß Abbildung 18 in zwei Abschnitte unterteilen.

Das übergeordnete Ziel der Potenzialerschließung ist es, anlagenseitig eine Grünteilqualität zu gewährleisten, die eine Substitution des Spritzgießprozesses für geringe Stückzahlen erlaubt. Dazu bedarf es zunächst einer methodischen Anlagenentwicklung, die den Aufbau eines Prototyps unter Berücksichtigung des FFF-Kostenpotenzials fokussiert. Der resultierende Anlagenprototyp stellt die Grundlage dieser Arbeit dar und wird anschließend im Rahmen einer experimentellen Prozessentwicklung validiert. Im Zentrum der Prozessentwicklung steht die Grünteildichte, da diese einen wesentlichen Einfluss auf die spätere Bauteilqualität hat und maßgeblich durch den Formgebungsprozess bestimmt wird. Weiterhin erfolgt die systematische Erarbeitung anlagenspezifischer Konstruktionsregeln, um die Formhaltigkeit der additiv gefertigten Grünteile zu gewährleisten. Die Potenzialerschließung beinhaltet somit drei Teilziele, die sich wie folgt zusammenfassen lassen:

- *Teilziel 1:* Entwicklung und Aufbau eines Anlagenprototyps zur kolbenbasierten Feedstockextrusion unter Berücksichtigung des FFF-Kostenpotenzials
- *Teilziel 2:* Herstellung dichter Grünteile unter Ausschluss anlagenspezifischer Prozessinstabilitäten
- *Teilziel 3:* Vermeidung von Formabweichungen im Grünteil mithilfe anlagenspezifischer Konstruktionsregeln

Die daran anknüpfende Potenzialbewertung dient der Evaluierung des Anlagenkonzepts als komplementäres Formgebungsverfahren im Referenzprozess. Hierfür werden zunächst diejenigen Bauteileigenschaften quantifiziert, auf die das additive Formgebungsverfahren einen signifikanten Einfluss hat. Ein Vergleich mit Spritzgussteilen aus dem Referenzprozess ermöglicht daraufhin, die Eignung der anlagenspezifischen Sinterteilqualität für Funktionsprototypen und Serienteile zu bewerten. Generell eröffnen additiv gefertigte Funktionsprototypen und Serienteile Einsparungspotenziale in der Produktentwicklung (Fokus: Markteinführungszeit) respektive Einzel- bis Kleinserienfertigung (Fokus: Stückkosten). Eine Bewertung dieser Einsparungspotenziale im MIM-Produktionsbetrieb erfolgt abschließend mithilfe einer exemplarischen Demonstratoranwendung. Die Potenzialbewertung beinhaltet somit zwei Teilziele, die sich wie folgt zusammenfassen lassen:

- *Teilziel 4:* Nachweis einer eignungsgerechten Sinterteilqualität der AM-Teile durch einen Vergleich mit Spritzgussteilen
- *Teilziel 5:* Nachweis einer Zeit- und Kostenreduktion im MIM-Produktionsbetrieb durch die komplementäre Nutzung der sinterbasierten Kolbenextrusion

Der Lösungsweg zur Potenzialerschließung und -bewertung der sinterbasierten Kolbenextrusion umfasst somit fünf Teilziele entlang der MIM-Prozesskette, deren konsekutive Erarbeitung die nachfolgende Kapitelstruktur vorgibt (s. Abbildung 18).

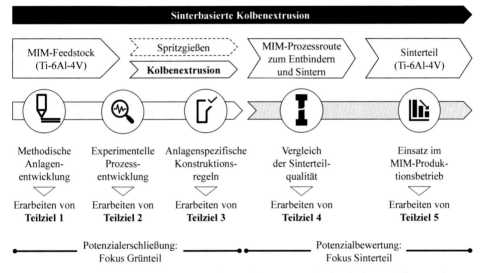

Abbildung 18: Lösungsweg zur Potenzialerschließung und -bewertung der sinterbasierten Kolbenextrusion

4 Methodische Anlagenentwicklung

Das folgende Kapitel schafft die Grundlage für die Potenzialerschließung der sinterbasierten Kolbenextrusion, indem ein prototypischer Anlagenaufbau methodisch entwickelt und in die digitale FFF-Prozesskette eingebunden wird. Sowohl das zugrunde liegende konstruktionsmethodische Vorgehen (Kapitel 4.1) als auch die daran anknüpfende Entwicklung der wesentlichen Anlagenmodule (Kapitel 4.2) erfolgt auf Basis typischer FFF-Hardwarekomponenten, um das damit verbundene Kostenpotenzial zu erschließen (vgl. [263]). Die konstruktiv forcierte Analogie zu FFF-Druckern dient anschließend als Ausgangspunkt für die Integration des Anlagenprototyps in die digitale FFF-Prozesskette. Hierzu erfolgt – basierend auf einer Modellbildung – eine anlagenspezifische Anpassung etablierter Open-Source-Softwarelösungen zur Datenvorbereitung und Prozesssteuerung (Kapitel 4.3).

4.1 Konstruktionsmethodisches Vorgehen

Das konstruktionsmethodische Vorgehen zur Entwicklung des Anlagenprototyps ist schematisch in Abbildung 19 zusammengefasst. Demzufolge findet zunächst eine Definition der Entwicklungsaufgabe statt, in der konkrete technische wie wirtschaftliche Ziele definiert werden. Anschließend wird eine für FFF-Drucker typische Produktarchitektur eingeführt, die als Basis für die Entwicklung des Anlagenprototyps fungiert. In einem dritten Schritt erfolgt die Bewertung des damit einhergehenden Entwicklungsaufwands hinsichtlich der Bearbeitungstiefe, was die Grundlage für die Modulentwicklung in Kapitel 4.2 darstellt.

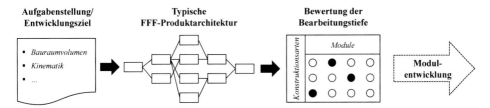

Abbildung 19: Schematische Darstellung des zugrunde liegenden konstruktionsmethodischen Vorgehens für den Anlagenprototyp

4.1.1 Aufgabenstellung

Der Anlagenprototyp ist in Analogie zu marktüblichen FFF-Druckern zu entwickeln, um auf kostengünstige Hardwarekomponenten und Softwarelösungen zurückgreifen zu können. Signifikanter Unterschied zum FFF-Verfahren besteht in der Art der Materialextrusion, die für den zu entwickelnden Anlagenprototyp mithilfe eines schrittmotorangetriebenen Kolbens erfolgen soll. Die Konstruktion eines derartigen Kolbenextruders sowie dessen Integration in eine für das FFF-Verfahren typische Produktarchitektur und digitale Prozesskette sind die zentralen Ziele der Aufgabenstellung. Weitere, wesentliche technische wie ökonomische Ziele lassen sich wie folgt zusammenfassen:

L. Waalkes, *Potenzialerschließung und -bewertung der sinterbasierten Kolbenextrusion*, Light Engineering für die Praxis, https://doi.org/10.1007/978-3-662-66883-2_4

- *Bauraumvolumen:* Typische Bauteilgrößen für die sinterbasierte Materialextrusion sind in einem Bereich von 15 bis 150 mm [182] zu verorten. Größere Grünteile sind problemlos additiv herstellbar, stellen aber Herausforderungen für das nachfolgende Entbindern und Sintern dar. Das minimale Bauraumvolumen wird somit auf 200 x 200 x 100 mm festgelegt.

- *Kinematik:* Da ein Großteil der FFF-Drucker ein kartesisches Kinematiksystem aufweist (s. Kapitel 2.1.2), wird auch dieses für den Anlagenprototyp als technisches Ziel festgelegt. Hierbei empfiehlt es sich, alle Verfahrbewegungen auf die Bauplattform zu konzentrieren, um die bewegte Masse des Kolbenextruders auf ein Minimum zu reduzieren.

- *Druckbett- und Extrusionstemperatur:* Zur Steigerung der Adhäsion zwischen Objektträger und teilfertigem Bauteil sowie zur Verzugsminderung während des Druckprozesses soll das Druckbett auf mindestens 110 °C beheizbar sein. Um ferner ein breites Spektrum an unterschiedlichen Feedstocksystemen verarbeiten zu können, soll eine Extrusionstemperatur von mindestens 230 °C erreichbar sein (vgl. [26, 72]).

- *Open-Source-Software*: Zur Steuerung des Anlagenprototyps sind kostenlos im Internet erhältliche Open-Source-Softwarelösungen für die Firmware, Datenvorbereitung sowie für die grafische Benutzeroberfläche (engl.: graphical user interface, kurz: GUI) zu verwenden. Für die ausgewählten Softwarelösungen soll ferner umfangreiches Nutzerwissen im Internet zur Verfügung stehen. Weitere Softwarelösungen sind frei wählbar.

- *Anlagenkosten:* Da es sich bei der zu entwickelnden Anlage um einen prototypischen Aufbau handelt, werden ausschließlich die anfallenden Materialkosten betrachtet. Diese sollen 5.000 € nicht überschreiten, was der unteren Preisgrenze herkömmlicher FFF-Fertigungsanlagen entspricht, die im Metal FFF Anwendung finden [182]. Frei wählbare Softwarelösungen (Bsp.: Betriebssystem) sowie damit verknüpfte Geräte (Bsp.: Computer) sind folgerichtig von der Kostenbetrachtung exkludiert und stets auf ein Minimum zu reduzieren.

4.1.2 Typische FFF-Produktarchitektur

Gemäß Aufgabenstellung wird nachfolgend die Produktarchitektur eines marktüblichen, kostengünstigen FFF-Druckers abgeleitet. Generell beschreibt die Produktarchitektur die Zusammenführung aus Funktions- und Produktstruktur sowie die Transformationsbeziehungen zwischen diesen beiden. Eine übersichtliche Darstellung der Produktarchitektur gelingt mithilfe der „METUS-Raute". In dieser werden ausgehend von einer abstrakten, funktionsorientierten Sichtweise eine Gesamtfunktion sowie die entsprechenden (Teil-)Funktionen definiert, die zusammen die Funktionsstruktur ergeben. Die Grenze zwischen Funktions- und Produktstruktur bildet die Komponentenebene, in der eine Zuordnung der (Teil-)Funktionen zu den entsprechenden Komponenten stattfindet. Letztere werden anschließend zu Modulen zusammengefasst, deren Gesamtheit das Produkt darstellt [83].

Das Ableiten einer typischen FFF-Produktarchitektur dient einerseits der Reduzierung des Entwicklungsaufwands für den Anlagenprototyp. So können all diejenigen modulspezifischen Baugruppen und damit einhergehenden funktionalen Zusammenhänge, die nicht dem Kolbenextruder zuzuordnen sind, teils vollständig übernommen werden oder als Grundlage für Variationen bzw. Anpassungen fungieren. Andererseits gewährleistet eine Betrachtung der Produktarchitektur, dass der zu entwickelnde Anlagenprototyp zu großen Teilen auf marktüblichen FFF-Druckern basiert, was den Zugang zu kostengünstigen Hardwarekomponenten und Softwarelösungen gewährleistet. Dies bietet wiederum die Grundlage, das in Kapitel 3.1 identifizierte Kostenpotenzial auf den Anlagenprototyp zu übertragen.

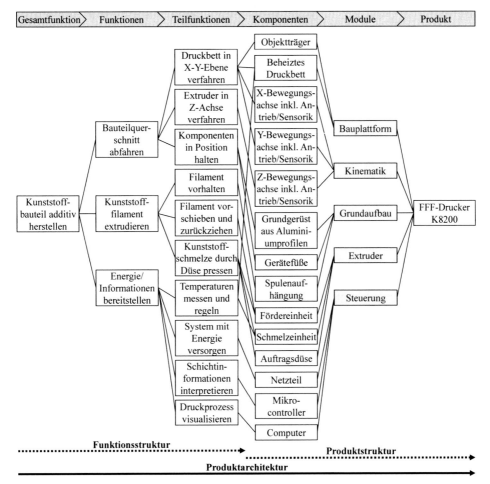

Abbildung 20: Funktions- und Produktstruktur für FFF-Drucker K8200 dargestellt als METUS-Raute in Anlehnung an [83]

Als technisches Anlagenvorbild wird aufgrund der Vielzahl an Ausbau- und Erweiterungsmöglichkeiten der Bausatz K8200 der Velleman Group nv ausgewählt. Insbesondere die Integration von Extruder-Eigenentwicklungen in dessen mechanischen Grundaufbau ist bereits mehrfach in der Fachliteratur dokumentiert (vgl. [173, 216]). Weiterhin verfügt der FFF-Drucker über ein Bauvolumen von 200 x 200 x 200 mm, ein kartesisches Kinematiksystem, ein beheiztes Druckbett und basiert zudem vollständig auf Open-Source-Software [257]. Ferner handelt es sich um ein äußerst kostengünstiges Anlagensystem, das zum Kaufzeitpunkt einen um mehr als Faktor 10 günstigeren Anlagenpreis aufweist als die in der Aufgabenstellung definierte Kostengrenze.

Die für den FFF-Drucker K8200 abgeleitete Produktarchitektur ist Abbildung 20 zu entnehmen. Vor allem in der Komponentenebene wurde der Detaillierungsgrad dabei auf ein für die Veranschaulichung der gesamten Produktarchitektur sinnvolles Maß begrenzt und einzelne Komponenten folglich zu Baugruppen zusammengefasst.

4.1.3 Bewertung der Bearbeitungstiefe

Anhand der K8200-Produktstruktur ist ersichtlich, dass sich die exemplarische FFF-Fertigungsanlage aus fünf maßgebenden Modulen zusammensetzt. Eine Bewertung dieser Module hinsichtlich ihrer konstruktiven Bearbeitungstiefe erfolgt im Weiteren anhand der jeweils vorliegenden Konstruktionsart. Die insgesamt drei Konstruktionsarten zugeordnet zu den entsprechenden Konstruktionsphasen lassen sich mit zunehmendem Entwicklungsaufwand bzw. Bearbeitungstiefe wie folgt zusammenfassen [70, 84, 185]:

1. *Variantenkonstruktion:* Diese Konstruktionsart liegt vor, sobald die abgeleiteten Module bzw. darin enthaltenen Komponenten/Baugruppen lediglich final auszuarbeiten sind. Ein Entwurf liegt somit bereits vor, sodass lediglich die Konstruktionsphase „Ausarbeiten" durchzuführen ist.

2. *Anpassungskonstruktion:* Bei einer Anpassungskonstruktion sind einzelne Komponenten bzw. Baugruppen komplett neu zu gestalten. Ein Konzept bzw. eine prinzipielle Lösung liegt hierfür jedoch bereits vor, sodass die Anpassungskonstruktion mit der Konstruktionsphase „Entwerfen" beginnt.

3. *Neukonstruktion:* Sofern keine prinzipielle Lösung für das entsprechende Modul vorliegt, ist der gesamte Konstruktionsprozess beginnend mit der Konzeptphase zu durchlaufen. Dabei kann stets auch die Neukombinationen bereits bekannter Lösungsprinzipien Anwendung finden.

Des Weiteren besteht die Möglichkeit, Module bzw. darin enthaltene Komponenten/Baugruppen vollständig zu übernehmen bzw. zu substituieren, was den Entwicklungsaufwand auf ein Minimum reduziert. Inwiefern die abgeleiteten, maßgebenden Module substituiert, variiert, angepasst oder neu zu konstruieren sind, wird in den nachfolgenden Abschnitten anhand eines Vergleichs der K8200-Produktstruktur mit den modulspezifischen Anforderungen aus der Aufgabenstellung bewertet. Eine Übersicht dieser Bewertung ist Tabelle 4 zu entnehmen.

Tabelle 4: Bewertung der abgeleiteten Module im Hinblick auf die Bearbeitungstiefe

Konstruktionsarten	Module				
	Bauplattform	Kinematik	Grundaufbau	Extruder	Steuerung
Neukonstruktion	○	○	○	●	○
Anpassungskonstruktion	○	●	●	○	○
Variantenkonstruktion	●	○	○	○	○
Substitution	○	○	○	○	●

Bauplattform

Gemäß der Aufgabenstellung soll das auf der Bauplattform montierte Druckbett auf mindestens 110 °C beheizbar sein. Da das technische Anlagenvorbild lediglich eine Beheizung des Druckbetts auf maximal 60 °C vorsieht, ist dieses durch eine entsprechend performantere Silikonheizmatte auszutauschen. Ferner empfiehlt es sich, eine Glasplatte als Objektträger zu verwenden. Glasplatten bieten den Vorteil, dass zusätzliche Haftvermittler (z. B. Haftspray) einfach zu applizieren sowie schnelle Wechsel zwischen den Baujobs realisierbar sind. Weitere Adaptionen sind mit Ausnahme einer Versteifung der Bauplattformhalterung nicht vorzunehmen, sodass die Bearbeitungstiefe lediglich eine erneute Ausarbeitung des Objektträgers vorsieht und demzufolge eine Variantenkonstruktion vorliegt.

Kinematik

Verglichen mit herkömmlichen FFF-Fertigungsanlagen wird bei einer Kolbenextrusion das gesamte zu verarbeitende Ausgangsmaterial im Extruder vorgehalten, sodass Kolbenextruder entsprechend größer zu dimensionieren sind. Damit der Extruder analog zum Anlagenvorbild in Z-Richtung verfahren kann, ist eine überaus steife und somit – in Relation zu FFF-Druckern – potentiell teure Bewegungsachse erforderlich (vgl. [17]). Zur Kostenreduktion empfiehlt es sich daher, dass die Bauplattform alle Verfahrbewegungen in X-, Y- und Z-Richtung ausführt. Hierfür ist lediglich die Z-Achse neu zu gestalten und in das bestehende kartesische Kinematiksystem des K8200 zu integrieren. Zwingende Voraussetzung für die zu gestaltende Bewegungsachse ist ein Verfahrweg von mindestens 100 mm, sodass das festgelegte Mindestbauvolumen eingehalten wird. Da im Vergleich zur Bauplattform ein wesentlicher Teil des Moduls neu zu gestalten ist, liegt für die Kinematik eine Anpassungskonstruktion vor.

Grundaufbau

Um die anzupassende Kinematik in einen mechanischen Grundaufbau integrieren zu können, ist letzterer entsprechend neu zu gestalten. Ein grundlegendes Konzept für die Fixierung der einzelnen Baugruppen ist dem technischen Anlagenvorbild zu entnehmen, sodass die Entwicklungsaufgabe mit der Entwurfsphase beginnt und demzufolge ebenfalls eine Anpassungskonstruktion vorliegt.

Extruder

Entgegen der zuvor genannten Module unterscheidet sich der zu entwickelnde Kolbenextruder signifikant von dem Filamentextruder, der im K8200 verbaut ist. Dieser ist entsprechend der in Abbildung 20 dargestellten Funktionsstruktur für die Materialextrusion von Kunststofffilamenten ausgelegt. Für die kolbenbasierte Materialextrusion von MIM-Feedstock ist somit eine neue modulspezifische Prinziplösung zu erarbeiten, wofür der gesamte Konstruktionsprozess zu durchlaufen ist. Folgerichtig liegt für die Entwicklung des Kolbenextruders eine Neukonstruktion vor, die mit dem höchsten Entwicklungsaufwand einhergeht.

Steuerung

Die Steuerungskomponenten des K8200 setzen sich primär aus einem Netzteil zur Stromversorgung des Mikrocontrollers sowie einem Computer zusammen, der über ein USB-Kabel mit dem Mikrocontroller verbunden ist. Ersteres ist aufgrund einer zu geringen Leistung für die geplanten Anwendungszweck durch ein leistungsstärkeres Schaltnetzteil auszutauschen. Zusätzlich empfiehlt es sich, den mitgelieferten Mikrocontroller durch einen Arduino Mega 2560 inklusive RAMPS 1.4 Board aufgrund des hierfür vorhandenen umfänglichen Nutzerwissens zu substituieren. Für die Steuerung besteht somit kein Entwicklungsaufwand, da lediglich eine Substitution der in ihr enthaltenen Hardware-Komponenten erfolgt. Die softwareseitige Einbindung und Steuerung der zu entwickelnden Module ist hingegen wesentlicher Bestandteil der digitalen Prozesskettenintegration und wird gesondert in Kapitel 4.3 betrachtet.

4.2   Modulentwicklung

Für die Entwicklung der abgeleiteten Module sind in Abhängigkeit der jeweils vorliegenden Konstruktionsart unterschiedliche Konstruktionsphasen zu durchlaufen. Eine phasenspezifische Zuordnung der Module ist in Abbildung 21 gegeben.

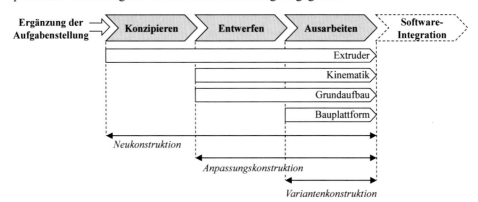

Abbildung 21: Zuordnung der identifizierten Module zu den Konstruktionsphasen in Anlehnung an [70]

Folglich ist allein für das Extruder-Modul ein neues Lösungskonzept in der Konzeptphase zu identifizieren. Für die übrigen maßgebenden Module ist dieses bereits durch das Anlagenvorbild vorgegeben, sodass diesbezüglich lediglich eine Ergänzung stattfindet. Eine detaillierte modulspezifische Beschreibung der einzelnen Konstruktionsphasen, angefangen mit einer Ergänzung der Aufgabenstellung für die Konzeptphase, ist den nachfolgenden Abschnitten zu entnehmen. Grundlage für die Gesamtheit der Entwicklungsarbeiten bildet das etablierte Modell zur Produktentwicklung nach VDI-Richtlinie 2221 [255].

4.2.1 Ergänzung der Aufgabenstellung

Wie in Abbildung 21 dargestellt, ist einzig für die Neukonstruktion des Extruders die Konzeptphase („Konzipieren") zu durchlaufen. Ziel dieser Konstruktionsphase ist es, eine prinzipielle Lösung bzw. ein Lösungskonzept zu identifizieren. Um die Lösungssuche zu vereinfachen, wird die Aufgabenstellung aus Kapitel 4.1.1 um eine zusätzliche tabellarische Auflistung der für die Extruder-Neukonstruktion relevanten technisch-wirtschaftlichen Anforderungen erweitert. Der grundsätzliche Aufbau einer Anforderungsliste ergibt sich nach Feldhusen et al. [84] aus der Identifikation, der Organisation, der Rückverfolgung sowie dem Inhalt. Der Übersicht halber wird die modulspezifische Anforderungsliste auf die Identifikation und Beschreibung des Inhaltes begrenzt. Die dementsprechend aufgelisteten Anforderungen werden zusätzlich durch eine Einteilung in „Forderung (F)" und „Wunsch (W)" priorisiert. Diejenigen Anforderungen, die zwingend zu erfüllen sind, gelten nachfolgend als Forderung. Wünsche hingegen müssen nicht zwingend erfüllt werden, sollten aber nach Möglichkeit – z. B. unter Zugeständnis eines zulässigen Mehraufwands – berücksichtigt werden [84]. Die Anforderungsliste zur weiteren Spezifikation und Beschreibung der Entwicklungsaufgabe für den Kolbenextruder ist Tabelle 5 zu entnehmen.

Tabelle 5: Anforderungsliste für Extruder-Neukonstruktion

ID	Beschreibung der Anforderungen	F/W
1	**Aufbau**	
1.1	Standardisierte Schnittstellen und Komponenten	F
1.2	Zugänglichkeit für Reinigung: $h \leq 100$ mm	F
1.3	Fassungsvermögen des Zylinders: ≥ 100 cm^3	F
1.4	Schnelle Wiederbefüllung und Reinigung des Zylinders	F
1.5	Hohe Bedienerfreundlichkeit	W
2	**Extrusionsprozess**	
2.1	Präzise Wegsteuerung	F
2.2	Eliminierung von Lufteinschlüssen	F
2.3	Homogene Schmelzviskosität	F
2.4	Quantifizierung der Feedstock-Verdichtung	F
3	**Düsenreinigung**	
3.1	Keine Einschränkung des zur Verfügung stehenden Bauraumvolumens	W
3.2	Keine Beschädigung des teilfertigen Bauteils und der Auftragsdüse	F
3.3	Reinigungszeit: ≤ 20 s	F
3.4	Automatisierte Reinigung ohne manuelle Interaktion	F
4	**Modulkosten**	
4.1	Materialkosten: ≤ 2.500 €	F

Aufbau

Für den generellen Aufbau des Extruder-Moduls ist es somit zwingend erforderlich, standardisierte Schnittstellen und Komponenten zu verwenden, die eine hohe FFF-Kompatibilität sowie prozesssichere Integration in die übrigen Module gewährleisten. Das Extruder-Modul selbst ist im Hinblick auf die Zugänglichkeit für Reinigungsvorgänge so zu konstruieren, dass eine maximale Höhe von 100 mm nicht überschritten wird. Dementsprechend sind die Maße des Zylinders – und der daraus resultierende Kolbenhub – so zu wählen, dass unter Einhaltung der Höhenbegrenzung ein Fassungsvermögen von mindestens 100 cm^3 zur Verfügung steht. Dies entspricht einem Füllgewicht von mehr als 300 g des Referenzmaterials bei Raumtemperatur (RT) und ist oberhalb der Grenze typischer Bauteilgewichte für den Referenz-MIM-Prozess zu verorten (vgl. [74].) Um lange Rüstzeiten infolge von Materialwechseln zu vermeiden, ist zudem konstruktiv eine schnelle Wiederbefüllung und Reinigung des Zylinders vorzusehen. Überdies ist es gewünscht, konstruktiv eine hohe Bedienerfreundlichkeit umzusetzen.

Extrusionsprozess

Die übergeordnete Festanforderung des Extruder-Moduls besteht in der weggesteuerten Kolbenextrusion des aufgeschmolzenen MIM-Feedstocks. Dazu muss die Materialförderung mithilfe eines schrittmotorgesteuerten Zahnradgetriebes erfolgen (vgl. [257]). Dieses schiebt im FFF-Verfahren ein noch festes Filament in eine Schmelzeinheit, wo es das bereits aufgeschmolzene Material durch eine Auftragsdüse presst und somit ebenso als Kolben fungiert. Demgegenüber findet für die Steuerung des Anlagenprototototyps ein permanent fester Kolben mit einem Durchmesser d_K Anwendung. Bedingt durch das festgelegte Zylindervolumen von mindestens 100 cm^3 ist dessen Durchmesser signifikant größer als marktübliche Filamentdurchmesser d_F ($d_K \gg d_F = 1,75$ mm) zu wählen, um die Zylinderhöhe auf ein für eine kompakte Bauweise sinnvolles Maß zu begrenzen. Dies erfordert eine Untersetzung des Schrittmotors, um den vom Kolben pro Schritt verdrängten Volumenstrom präzise mittels FFF-Software steuern zu können. Weitere Voraussetzungen für einen konstanten Extrusionsprozess sind eine homogene Schmelzviskosität sowie die Eliminierung von Lufteinschlüssen. Beides muss in einem definierten Extrusionsbereich vorherrschen, um einen konstanten Volumen- bzw. Massenstrom zu extrudieren (s. Kapitel 2.1.3). Um ferner eine Unterextrusion zu vermeiden, sind Einlaufeffekte unmittelbar vor Druckbeginn zu kompensieren, die infolge einer unzureichenden Verdichtung des aufgeschmolzenen Feedstocks entstehen. Dazu ist das Schmelzgut vorab so stark zu verdichten, dass gleich zu Beginn des Druckjobs der seitens Slicing-Software geforderte Volumenstrom extrudiert wird.

Düsenreinigung

Allgemein besteht beim FFF-Verfahren die Möglichkeit, den Extrusionsprozess kurzzeitig, z. B. für Positionierbewegungen, zu unterbrechen. Hierzu wird das Filament um eine definierte Länge aus der Schmelzzone gezogen, was einen temporären Extrusionsstopp zur Folge hat (s. Kapitel 2.1.4). Bei der Kolbenextrusion ist hingegen anzunehmen, dass ein derartiger Extrusionsstopp aufgrund der größeren Schmelzzone und der Trägheit des Systems zeitlich nur stark verzögert eintreten würde.

Folgerichtig ist im Extruder-Modul konstruktiv eine Düsenreinigung vorzusehen, um überschüssiges Material aufgrund von z. B. Positionierbewegungen entfernen zu können. Dies sollte den zur Verfügung stehenden Bauraum jedoch nicht einschränken und darf sowohl das teilfertige Bauteil als auch die Auftragsdüse während des Reinigungsprozesses nicht beschädigen. Weiterhin ist der Reinigungsprozess auf maximal 20 Sekunden zu begrenzen und im Sinne der Automatisierung ohne Anwenderinteraktion durchzuführen.

Modulkosten
Für die Erfüllung aller modulspezifischen Anforderungen werden maximale Materialkosten von 2.500 € angesetzt, was der Hälfte der angestrebten Anlagenkosten für den gesamten Anlagenprototyp entspricht (s. Kapitel 4.1.1). Somit liegt der Kostenschwerpunkt auf dem Extruder-Modul als zentralen Bestandteil der Anlagenentwicklung.

4.2.2 Konzeptphase

Basierend auf der ergänzten Aufgabenstellung erfolgt in der Konzeptphase zunächst die Erstellung einer Funktionsstruktur für die Gesamtfunktion des Extruder-Moduls „MIM-Feedstock extrudieren". Die sich aus der Gesamtfunktion ableitenden Teilfunktionen werden nachfolgend als Transformationsprozesse dargestellt, die einen Eingangsfluss in einen Ausgangsfluss (Stoff, Energie, Signal) umwandeln [96, 190]. Die in Abbildung 22 aufgeführten Teilfunktionen sind dazu innerhalb der modulspezifischen Systemgrenze angeordnet, die wiederum die Ein- und Ausgangsgrößen der Gesamtfunktion enthält.

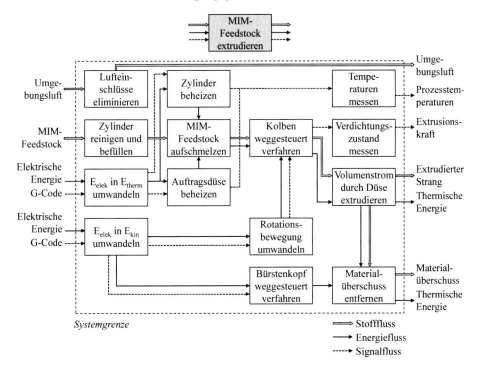

Abbildung 22: Funktionsstruktur des Extruder-Moduls als transformatorische Darstellung der Teilfunktionen

Zur Identifizierung prinzipieller Lösungskonzepte werden die wesentlichen Teilfunktionen zusammen mit potenziellen Teillösungen zu einem morphologischen Kasten zusammengefasst (s. Tabelle 6). Ziel dieses methodischen Hilfsmittels ist es, funktionsspezifische Teillösungen durch Kombination zu Gesamtlösungskonzepte zu verknüpfen (vgl. [255]). Diesbezüglich ist darauf zu achten, dass die entsprechenden Kombinationen kollisionsfrei, also miteinander verträglich sind [95].

Die resultierenden Lösungskonzepte werden anschließend in Anlehnung an VDI-Richtlinie 2225 [253] hinsichtlich ihrer technischen Wertigkeit evaluiert und ein finales Lösungskonzept ausgewählt. Auf eine wirtschaftliche Bewertung wird nachfolgend verzichtet, da in der Konzeptphase noch keine hinreichenden Informationen bezüglich der zu erwartenden Materialkosten vorliegen (vgl. [185]). Gleichwohl erfolgt eine erste Abschätzung über die Berücksichtigung der Komplexität des Aufbaus.

Tabelle 6: Morphologischer Kasten für das Extruder-Konzept

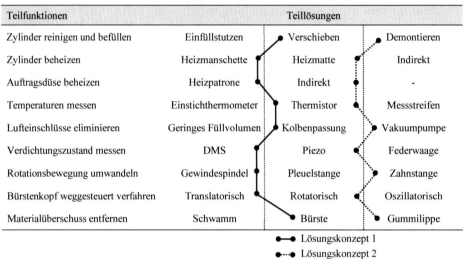

Zur Evaluation der technischen Wertigkeit beider Lösungskonzepte (LK) wird der gewichtete Mittelwert analog zu Gleichung (4.1) gebildet. Hierzu werden beide Lösungskonzepte hinsichtlich der wesentlichen Kriterien „FFF-Kompatibilität", „Rüstzeiten" und „Einfachheit des Aufbaus" mit einer Punktzahl von null (unbefriedigend) bis vier (ideal) bewertet [253]. Die einzelnen Bewertungskriterien sind zudem gewichtet, um ihre Relevanz für die Erfüllung der Aufgabenstellung widerzuspiegeln.

$$x_{1,2} = \frac{\sum_{i=1}^{3} g_i \cdot p_i}{p_{max}}$$ (4.1)

x_i Technische Wertigkeit für Kriterium i [-]

g_i Gewichtungsfaktor für Kriterium i [-]

p_i Punktebewertung für Kriterium i [-]

p_{max} Maximale Punktzahl [-]

Die Kompatibilität mit herkömmlichen FFF-Produktarchitekturen und die Möglichkeit, schnelle Materialwechsel durchführen zu können, gehen mit jeweils 35 % am stärksten in technische Bewertung ein. Beide Bewertungskriterien stellen zusammen mit der Einfachheit des Aufbaus, stellvertretend für eine frühe Abschätzung der Materialkosten (30 %), die zentralen Bestandteile des zu konstruierenden Extruder-Moduls dar. Das Ergebnis der technischen Bewertung ist Tabelle 7 zu entnehmen.

Tabelle 7: Technische Bewertung der identifizierten Lösungskonzepte

Bewertungskriterien			LK 1	LK 2
Nr.	**Bezeichnung**	g_i	p_i	p_i
1	FFF-Kompatibilität	0,35	4	3
2	Rüstzeiten	0,35	3	2
3	Einfachheit des Aufbaus	0,30	3	2
	Technische Wertigkeit x		**0,84**	**0,59**

Beide Lösungskonzepte weisen demnach eine hohe FFF-Kompatibilität auf, was auf die Verwendung typischer FFF-Hardwarekomponenten wie Thermistoren oder Heizpatronen zurückzuführen ist, die sich einfach in bestehende FFF-Softwarelösungen integrieren lassen. Des Weiteren schafft die Verwendung von Schrittmotoren zur Umwandlung der eingespeisten elektrischen in kinetische Energie eine hohe Kompatibilität mit typischen FFF-Druckern. Für die Umwandlung der Rotationsbewegung finden hierfür oftmals Gewindestanden Anwendung, weshalb Lösungskonzept 1 für dieses Bewertungskriterium eine höhere Punktzahl erhält. Überdies besticht Lösungskonzept 1 durch deutliche geringere Rüstzeiten, da das Extruder-Modul für eine erneute Befüllung bzw. Materialwechsel zur Seite verschiebbar ist. Ein schneller Materialwechsel mit geringem Reinigungsaufwand stellt dabei einen verfahrensspezifischen Vorteil von Kolben- gegenüber Schneckenextrudern dar, den es gilt, konstruktiv entsprechend zu berücksichtigen. Hierfür ist der Zugang zum Zylinderinneren als wesentliches Kriterium zu verstehen. Lösungskonzept 2 erhält diesbezüglich eine geringere Punktwertung, da der Zylinder für Rüstvorgänge demontiert werden muss. Ein Verschieben wie bei LK 1 wird aufgrund des komplexeren Aufbaus von LK 2 als konstruktiv schwieriger umzusetzen eingestuft. Der komplexere Aufbau ergibt sich dabei primär aus der Verwendung von Vakuumtechnik für die Eliminierung von Lufteinschlüssen. Demgegenüber ist im ersten Lösungskonzept die Passung zwischen Kolben und Zylinderinnenwand so zu wählen, dass beim Herunterfahren des Kolbens die eingeschlossene Luft entweichen kann (vgl. [260]). Weiterhin wird das Aufkleben von Dehnungsmessstreifen (DMS) an z. B. der Kolbenstange als konstruktiv einfacher realisierbar eingestuft. Insgesamt geht LK 1 demzufolge mit einem deutlich einfacheren Aufbau einher, der entsprechend höher zu bewerten ist. Basierend auf der Punktebewertung in Tabelle 7 ergibt sich für die technische Wertigkeit von LK 1 somit ein Wert von $x_1 = 0,84$ und für LK 2 ein Wert von $x_2 = 0,59$. Als Lösungskonzept für die Extruder-Neukonstruktion wird folgerichtig LK 1 ausgewählt, das die Grundlage für die Gestaltung des Extruder-Moduls in der Entwurfsphase darstellt.

4.2.3 Entwurfsphase

In dieser Konstruktionsphase erfolgt die Gestaltung der maßgebenden Module, angefangen mit dem Extruder-Modul. Dieses stellt den gestaltbestimmenden Funktionsträger des Anlagenprototyps dar, den es beim Entwurf der übrigen Module entsprechend zu berücksichtigen gilt (vgl. [185]). Die Konstruktionsphase endet mit CAD-Entwürfen der maßgebenden Module, die in der Ausarbeitungsphase zu einem Gesamtentwurf zusammengefügt und entsprechend ausgearbeitet werden.

Extruder
Zur Komplexitätsminderung des Aufbaus empfiehlt es sich, die Düsenreinigung und den Zylinder voneinander zu entkoppeln. Der in Abbildung 23 dargestellte Aufbau des Kolbenextruders weist somit große Ähnlichkeiten zu einem Hochdruck-Kapillarrheometer auf, wenngleich der Materialvorschub mithilfe eines für FFF-Drucker üblichen NEMA 17 Schrittmotors (Auflösung: 1,8°) erfolgt. Für die erforderliche Untersetzung des Kolbenhubs findet ein Zahnradgetriebe bestehend aus zwei Zahnrädern Z_1 (35 Zähne) und Z_2 (96 Zähne) Anwendung, wobei Z_2 über eine Trapezgewindespindel (Steigung: 2 mm) mit der Kolbenstange und Z_1 über ein Planetengetriebe (Untersetzungsverhältnis: 49) mit dem Schrittmotor verbunden ist. Für einen Millimeter Verfahrweg des Kolbens, der über die Trapezgewindestage mit Z_2 verbunden ist, lässt sich die Umdrehungszahl des Schrittmotors (S) somit wie folgt berechnen:

$$U_S = U_{Z2} \cdot i_Z \cdot i_P = \frac{0,5}{mm} \cdot \frac{96}{35} \cdot 49 = \frac{67,2}{mm} \qquad (4.2)$$

U_S Umdrehungszahl S pro Millimeter Verfahrweg [1/mm]

U_{Z2} Umdrehungszahl Z_2 pro Millimeter Verfahrweg [1/mm]

i_Z Untersetzungsverhältnis Zahnrandgetriebe [-]

i_P Untersetzungsverhältnis Planetengetriebe [-]

Unter Berücksichtigung der Auflösung des Schrittmotors von 1,8° pro Schritt ergibt sich dadurch für einen Millimeter Verfahrweg des Kolbens folgende Gesamtanzahl an Schritten:

$$N_S = U_S \cdot \frac{360°}{a} = \frac{67,2}{mm} \cdot \frac{360°}{1,8°} = \frac{13440}{mm} \qquad (4.3)$$

N_S Schrittanzahl pro Millimeter Verfahrweg [1/mm]

U_S Umdrehungszahl S pro Millimeter Verfahrweg [1/mm]

a   Auflösung Schrittmotor [°]

Eine derartige Untersetzung hat den Vorteil, dass im Vergleich zu einem nicht untersetzten Schrittmotor eine deutlich präzisere Steuerung des Kolbenhubs gewährleistet ist, da so mehr als Faktor 130 zusätzliche Schritte für den gleichen Verfahrweg zur Verfügung stehen. Zu dessen Stabilisierung ist die Kolbenstange zusätzlich mit einer Linearführung verbunden. Die Kolbenstange selbst bietet genügend Oberfläche, um Dehnungsmessstreifen zur Messung der resultierenden Extrusionskraft infolge des Kolbenvorschubs zu integrieren. Damit währenddessen die Luft zwischen Kolben und der Zylinderinnenwand entweichen kann, weist der am Ende der Kolbenstange montierte Kolben (Durchmesser: 40 mm) keine Dichtung auf, wie der Schnittansicht in Abbildung 23b zu entnehmen ist.

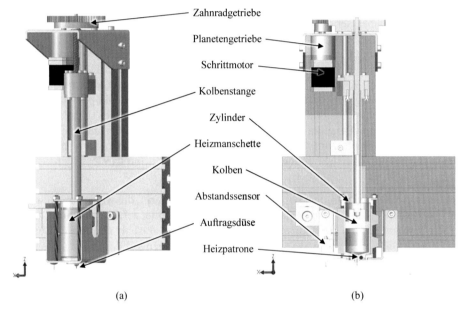

Abbildung 23: (a) CAD-Entwurf des Kolbenextruders; (b) Schnittansicht in Z-X-Ebene [264]

Das maximale Fassungsvermögen zwischen Kolben und Auftragsdüse beträgt insgesamt 105,3 cm^3. Das Aufschmelzen des sich dazwischen befindenden MIM-Feedstocks erfolgt durch zwei Heizmanschetten, die am Zylinder montiert sind, sowie durch eine im Düsenteil integrierte Heizpatrone. Um Materialverluste zu vermeiden, ist letztere durch eine Klebverbindung mit dem Zylinder verbunden. Die Düsenaufnahme weist dabei einen Öffnungswinkel von 15° auf, der einer Totzone (engl.: dead zone), in der das Material stationär verbleibt und nicht fließt [191], konstruktiv entgegenwirkt. Am Ende der Düsenaufnahme ist die Auftragsdüse montiert. Damit zwischen dieser und dem Druckbett zu Beginn des Druckprozesses ein definierter Abstand vorherrscht, ist neben der Auftragsdüse zusätzlich ein Abstandssensor vorgesehen. Dieser egalisiert Unebenheiten der Bauplattform, was insgesamt einer Erhöhung der Druckbettadhäsion und somit der Prozessstabilität dient. Sowohl der Zylinder als auch der Abstandssensor sind dazu an einer verschiebbaren Halterung mittels Schraubverbindung an einem Aluminiumprofil montiert. Der Zylinder lässt sich so für Materialwechsel oder zur erneuten Befüllung durch partielles Lösen der Schraubverbindung in die negative X-Richtung verschieben. Eine erneute Positionierung der Halterung wird durch einen Anschlag sichergestellt.

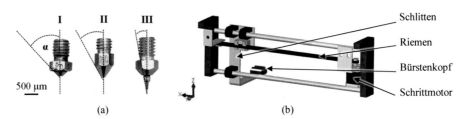

Abbildung 24: (a) Kommerziell erhältliche FFF-Auftragsdüsen in drei verschiedenen Varianten (I, II, III) mit abnehmendem Öffnungswinkel α [263]; (b) CAD-Entwurf der Düsenreinigung

Für die Auftragsdüse wird ein für FFF üblicher Durchmesser von 0,4 mm gewählt. Des Weiteren weist die Düsenspitze einen äußerst spitzen Öffnungswinkel α auf (s. Abbildung 24a, Variante III), um überschüssiges Extrudat im Zuge der Düsenreinigung gezielter aus dem Extrusionsbereich wegführen zu können [263]. Die Reinigung der Auftragsdüse erfolgt mithilfe einer am Grundaufbau montierten Düsenreinigung, deren CAD-Entwurf Abbildung 24b zu entnehmen ist. Die gemäß Lösungskonzept 1 vorgesehene translatorische Reinigungsbewegung wird dabei durch einen angewinkelten Bürstenkopf ausgeführt, der auf einem Schlitten montiert ist. Der Schlitten wird dazu mithilfe eines schrittmotorangetriebenen Riemens entlang der X-Achse verfahren. Derartige Riemenantriebe sind ebenfalls im Anlagenvorbild zum Verfahren der X- und Y-Bewegungsachse verbaut und erlauben generell eine einfache Integration in vorhandene FFF-Softwarelösungen.

Kinematik
Unterhalb des Kolbenextruders befindet sich die Blauplattform, die wiederum mit der Kinematik verbunden ist. Wie in der Aufgabenstellung in Kapitel 4.1.1 spezifiziert, sind alle Verfahrbewegungen auf die Bauplattform zu konzentrieren, die über alle drei Bewegungsachsen gesteuert wird. Eine Analyse des technischen Anlagenvorbilds ergibt, dass hierfür lediglich die Z-Bewegungsachse neu zu gestalten ist, die ursprünglich den Filamentextruder in Aufbaurichtung verfährt. Die Bewegung der Bauplattform in X-Y-Richtung erfolgt demnach mit den bereits vorhandenen Bewegungsachsen, sodass einzig die Z-Bewegungsachse entsprechend anzupassen ist. Hierfür wird die Prinziplösung des Anlagenvorbilds verwendet, die eine Umsetzung der Rotationsbewegung des Schrittmotors mittels Trapezgewindespindel vorsieht. Als Linearführung fungieren Präzisionswellen, die am Aluminiumrahmen der K8200-Kinematik befestigt sind. Die Umsetzung dieser Prinziplösung ist in Abbildung 25a dargestellt. Da die bewegte Masse des K8200-Extruder-Moduls geringer ist als die der Bauplattform samt X-Y-Bewegungsachsen, empfiehlt es sich, die Z-Bewegungsachse des Anlagenprototyps steifer auszulegen. Dazu sind zwei baugleiche, sich gegenüberstehende Baugruppen mit jeweils zwei Linearführungen sowie einer Präzisions-Trapezgewindespindel, die über eine Wellenkupplung mit dem NEMA 17 Schrittmotor verbunden sind, an die bereits vorhandene X-Y-Kinematik montiert. Das Kinematiksystem des Anlagenprototyps stellt dadurch ein Bauraumvolumen von 215 x 215 x 120 mm (X x Y x Z) bereit und ist über Anschlussteile an den Z-Bewegungsachsen mit dem mechanischen Grundaufbau verbunden.

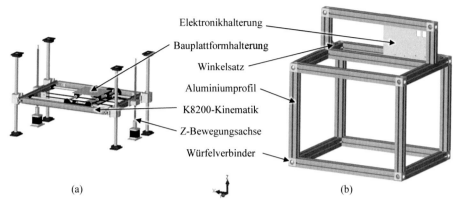

Abbildung 25: (a) CAD-Entwurf der Kinematik; (b) CAD-Entwurf des Grundaufbaus

Grundaufbau

Analog zum Anlagenvorbild fungieren für den Anlagenprototyp Aluminiumprofile als Grundgerüst, die mithilfe von Würfelverbindern verbunden sind. Die Profilstärke der Aluminiumhalbzeuge wird im Gegensatz zum K8200-Bausatz von 27,5 mm auf 40 mm erhöht, um die Steifigkeit des Systems zu optimieren. Die Außenmaße, die durch die Aluminiumprofile begrenzt werden, orientieren sich dabei an den vorangegangenen Modulen. Der Kolbenextruder wird dazu mittig im Grundaufbau platziert, wofür ein zusätzlicher Aluminiumrahmen oberhalb des quaderförmigen Aufbaus vorgesehen ist, dessen Versteifung durch Winkelsätze erfolgt. Wie in Abbildung 25b zu erkennen ist, befinden sich dahinter Anschlussmöglichkeiten (Elektronikhalterung) für die Steuerungskomponenten (z. B. Netzteil). Die Düsenreinigung wird unmittelbar vor dem Kolbenextruder am quaderförmigen Grundaufbau befestigt. Ebenso erfolgt die Befestigung der Kinematik am Aluminiumrahmen, die sich unterhalb des Kolbenextruders befindet. Insgesamt besticht das Grundgerüst so durch einen niedrigkomplexen und somit potenziell kostengünstigen Aufbau.

4.2.4 Ausarbeitungsphase

In der Ausarbeitungsphase erfolgt die Integration der zuvor gestalteten Module zu einem Gesamtentwurf, in dem alle gestalterischen Festlegungen zu dessen Realisierung enthalten sind [255]. Der in Abbildung 26 dargestellte Gesamtentwurf enthält demzufolge ebenfalls die Bauplattform, die auf Basis des bereits vorliegenden Entwurfs des Anlagenvorbilds durch Austausch des Heizbetts, das im K8200-Bausatz gleichzeitig als Objektträger bzw. Druckbett fungiert, variiert wurde. Gemäß Aufgabenstellung wird dieses durch eine performantere Silikonheizmatte ersetzt, die das festgelegte Temperaturminimum erreicht und zwecks Isolierung mittels Keramikfasermatte ummantelt ist. Dadurch ist gewährleistet, dass die Einbringung der Wärmeenergie in die mit der Heizmatte verklebte Aluminiumgussplatte fokussiert wird, auf der eine Glasplatte als Druckbett mithilfe von Klemmen fixiert ist.

Zur Versteifung der Bauplattform mit der Kinematik werden zusätzlich die Rändelmuttern des Anlagenvorbilds durch Stellringe ersetzt. Weiterhin werden zwischen Aluminiumgussplatte und Bauplattformhalterung Druckfedern zum manuellen Einstellen der Druckbettebenheit integriert.

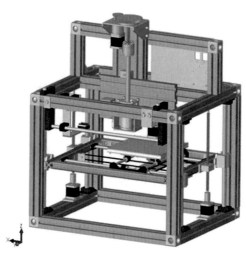

Abbildung 26: Finaler CAD-Entwurf des Anlagenprototyps

Anknüpfend an die Realisierung des CAD-Gesamtentwurfs erfolgt dessen Ausarbeitung zu einem physischen Aufbau. Die Anordnung, Gestalt und Dimensionen der maßgebenden Module sowie die darin enthaltenen Komponenten sind demnach final festgelegt. Die fertigungstechnische Realisierung des CAD-Gesamtentwurfs inklusive der Elektronikkomponenten ist Abbildung 27 zu entnehmen. Um das Kostenpotenzial des entwickelten Anlagenprototyps hervorzuheben, wird in Analogie zum FFF-Verfahren nachfolgend die Verfahrensbezeichnung „piston-based feedstock fabrication (PFF)" eingeführt [263].

Für eine Schätzung der Anlagenkosten des prototypischen PFF-Druckers findet gemäß Kapitel 4.1.1 ausschließlich eine Betrachtung der Materialkosten statt. Hierzu fließen primär die Materialeinzelkosten (MEK), wie bezogene Fertigteile bzw. Zukaufteile und Rohstoffe, die sich genau einer Kostenträgereinheit zurechnen lassen, in die Kostenkalkulation ein [138]. Davon abzugrenzen sind Hilfsstoffe wie z. B. Schrauben, die als Materialgemeinkosten (MGK) zu erfassen sind und zusammengefasst werden. Betriebsstoffe (z. B. Strom), die ebenfalls den MGK zuzuordnen sind, werden aufgrund des hohen Erfassungsaufwandes nicht berücksichtigt (vgl. [138]).

Tabelle 8: Kostenkalkulation für den PFF-Anlagenprototyp

Modul	Zukaufteile	Rohstoffe	Modulkosten	Hilfsstoffe
Extruder	895 €	272 €	1.167 €	
Kinematik	578 €	41 €	619 €	
Grundaufbau	186 €	15 €	201 €	213 €
Bauplattform	154 €	18 €	172 €	
Steuerung	329 €	44 €	373 €	
		Teilkosten	2.532 €	213 €
		Gesamtkosten	**2.745 €**	

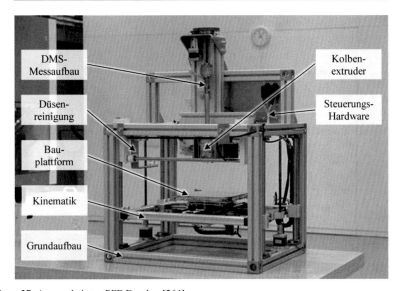

Abbildung 27: Ausgearbeiteter PFF-Drucker [264]

Wie in Tabelle 8 ersichtlich, betragen die Materialgesamtkosten des PFF-Druckers insgesamt 2.745 €, was unterhalb der in der Aufgabenstellung definierten Kostengrenze liegt. Da es sich hierbei um einen Prototyp handelt, sind weitere Kostenarten wie z. B. Fertigungs-, Verwaltungs- oder Vertriebsgemeinkosten exkludiert. Weiterhin sind Endgeräte aus der Kostenkalkulation ausgeschlossen, die entsprechend der verwendeten Softwarelösungen zu beschaffen sind. Häufig stellen die Materialkosten (inklusive Betriebsstoffe) bei produzierenden Unternehmen mit durchschnittlich 50 % jedoch die wichtigste Kostenart dar [138]. Demzufolge ist der geschätzte Anlagenpreis für den PFF-Drucker im unteren Preissegment für vergleichbare Fertigungsanlagen zu verorten, die in Metal FFF Anwendung finden [182].

4.3 Integration in digitale FFF-Prozesskette

Grundsätzlich eröffnet die konstruktionsbedingte Analogie des PFF-Druckers zu marktüblichen FFF-Fertigungsanlagen den Zugang zu etablierten Open-Source-Softwarelösungen entlang der digitalen FFF-Prozesskette. Neben der Verwendung günstiger Hardwarekomponenten trägt die Nutzung freizugänglicher Software zur Datenvorbereitung und
Steuerung des Druckprozesses zur weiteren Kostenoptimierung des PFF-Druckers bei.
Die physische Schnittstelle zu der in Abbildung 28 dargestellten digitalen FFF-Prozesskette stellt der anlagenseitig verbaute Mikrocontroller dar, auf dem die Firmware installiert ist (s. Kapitel 2.1.4). Für eine erfolgreiche Integration sind sowohl die Firmware als
auch die zur Datenvorbereitung erforderliche Slicing-Software anlagenspezifisch anzupassen. Grundlage hierfür ist eine Modellbildung, die Filament- und Kolbenextrusion miteinander vereint.

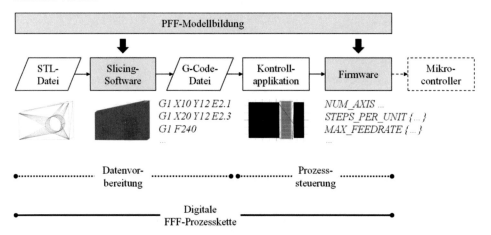

Abbildung 28: Schematische Darstellung der digitalen FFF-Prozesskette; anlagenspezifische Änderungen sind
farblich grau markiert

4.3.1 Modellbildung

Grundlage für das Einbinden des PFF-Druckers in für FFF typische Firmware und Slicing-
Software stellt die schrittgesteuerte Materialextrusion dar. Hierzu muss sowohl während
der Filament- als auch Kolbenextrusion der von der Slicing-Software geforderte Volumenstrom Q_S extrudiert werden. Dieser lässt sich gemäß Gleichung (4.4) als das Produkt
aus Druckgeschwindigkeit und der approximierten Querschnittsfläche der extrudierten
Bahn beschreiben.

$$Q_S = v \cdot A_B \qquad (4.4)$$

Q_S Volumenstrom Slicing-Software [mm³/s]

v Druckgeschwindigkeit [mm/s]

A_B Querschnittsfläche der extrudierten Bahn [mm²]

Im FFF-Verfahren wird zur Realisierung des Volumenstroms ein kreisrundes Filament mit definiertem Durchmesser über schrittmotorangetriebene Transporträder in einen Schmelzbereich geführt. Der Eingangsvolumenstrom $Q_{F,1}$ beschreibt somit das Produkt aus Einzugsgeschwindigkeit und Querschnittsfläche des Filaments, der bei Raumtemperatur einen Massenstrom $q_{m,F}$ verdrängt, wie Gleichung (4.5) zu entnehmen ist. In dem Schmelzbereich wird das Filament daraufhin aufgeschmolzen und durch das nachrückende, noch feste Ausgangsmaterial durch die Auftragsdüse extrudiert (s. Abbildung 29). Zur Herstellung dichter FFF-Bauteile ist es gefordert, dass der Eingangsvolumenstrom $Q_{F,1}$ und der seitens Slicing-Software geforderte Volumenstrom Q_S übereinstimmen (vgl. [186]). Gemäß Gleichung (4.6) besteht somit zwischen $Q_{F,1}$ und Q_S ein isothermes Volumenstromgleichgewicht (VGL) bei RT [186]. Die Slicing-Software hinterlegt dazu im G-Code für jede lineare Verfahrbewegung, in der eine Extrusion erfolgen soll, eine Distanz E, die das Filament mit v_F eingezogen wird, sodass Gleichung (4.6) erfüllt ist. Diesbezüglich ist zu beachten, dass der Volumenstrom $Q_{F,2}$, der unmittelbar nach dem Austritt aus der Auftragsdüse vorherrscht, gemäß Gleichung (4.7) größer ist als der erkaltete Volumenstrom Q_S. Dies ist auf die Abnahme der Dichte zurückzuführen, die das Filament im Zuge der Aufschmelzung erfährt [186].

$$Q_{F,1} = v_F \cdot \pi \cdot \left(\frac{d_F}{2}\right)^2 = \frac{q_{m,F}}{\rho_{RT}} \qquad (4.5)$$

$$\text{VGL} \atop \text{(RT)} \qquad Q_{F,1} = Q_S \Rightarrow v_F = v \cdot \frac{A_B}{\pi \cdot \left(\frac{d_F}{2}\right)^2} \qquad (4.6)$$

$$Q_{F,1} = \frac{q_{m,F}}{\rho_{RT}} < \frac{q_{m,F}}{\rho_{ET}} = Q_{F,2} \qquad (4.7)$$

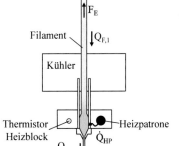

Abbildung 29: Extrusionsprinzip FFF

$Q_{F,1}$ FFF-Eingangsvolumenstrom bei RT [mm³/s]
v_F Filamenteinzugsgeschwindigkeit [mm/s]
d_F Filamentdurchmesser [mm]
$q_{m,F}$ FFF-Massenstrom [g/s]
ρ_{RT} Feedstockdichte bei RT [g/mm³]
Q_S Volumenstrom Slicing-Software [mm³/s]
v Druckgeschwindigkeit [mm/s]
A_B Querschnittsfläche der extrudierten Bahn [mm²]
ρ_{ET} Feedstockdichte bei ET [g/mm³]
$Q_{F,2}$ FFF-Austrittsvolumenstrom bei ET [mm³/s]

Für die Integration des PFF-Druckers in typische FFF-Firmware und Slicing-Software muss analog zur Filamentextrusion ein Volumenstromgleichgewicht zwischen $Q_{P,1}$ und Q_S vorherrschen, das über v_F gesteuert wird [264]. Hierzu wird die Annahme getroffen, dass das noch feste Filament als Kolben fungiert, der das bereits geschmolzene Ausgangsmaterial im Zuge der Vorschubbewegung durch die Auftragsdüse extrudiert. Durch

Gleichsetzen von v_F mit der Kolbengeschwindigkeit v_K ergibt sich der mathematische Zusammenhang aus Gleichung (4.8). Da sich das Ausgangsmaterial während der Kolbenextrusion jedoch stets im aufgeschmolzenen Zustand befindet (s. Abbildung 30), ist das VGL im Gegensatz zur Filamentextrusion bei ET zu verorten, wie Gleichung (4.9) zu entnehmen ist.

$$Q_{P,1} = Q_S \Rightarrow v_K = v \cdot \frac{A_B}{\pi \cdot \left(\frac{d_K}{2}\right)^2} \qquad (4.8)$$

$$\begin{array}{c} \text{VGL} \\ \text{(ET)} \end{array} \qquad Q_{P,1} = Q_{P,2} = \frac{q_{m,P}}{\rho_{ET}} \qquad (4.9)$$

$$Q_{P,3} = \frac{q_{m,P}}{\rho_{RT}} < \frac{q_{m,F}}{\rho_{RT}} = Q_S \qquad (4.10)$$

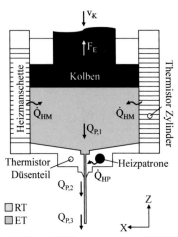

$Q_{P,1}$ PFF-Eingangsvolumenstrom bei ET [mm³/s]

Q_S Volumenstrom Slicing-Software [mm³/s]

v_K Kolbengeschwindigkeit [mm/s]

v Druckgeschwindigkeit [mm/s]

A_B Querschnittsfläche der extrudierten Bahn [mm²]

d_K Kolbendurchmesser [mm]

$Q_{P,2}$ PFF-Austrittsvolumenstrom bei ET [mm³/s]

$q_{m,P}$ PFF-Massenstrom [g/s]

ρ_{ET} Feedstockdichte bei ET [g/mm³]

$Q_{P,3}$ PFF-Austrittsvolumenstrom bei RT [mm³/s]

ρ_{RT} Feedstockdichte bei RT [g/mm³]

$q_{m,F}$ FFF-Massenstrom [g/s]

Abbildung 30: Extrusionsprinzip PFF [264]

Gegenüber der Filamentextrusion bedarf es für die Extrusion von Q_S zusätzlich einer Einstellung der Extrusionskraft F_E, die aus einer Druckbelastung infolge der Materialverdrängung resultiert. Ist diese zu gering, wird das Schmelzgut während des Druckprozesses zunächst verdichtet, was in diesem Zeitraum eine Unterextrusion und somit geringe Grünteildichte zur Folge hat ($Q_{P,1} < Q_S$). Eine zu hohe Extrusionskraft hat hingegen den Nachteil, dass temporär eine starke Überextrusion ($Q_{P,1} > Q_S$) vorherrscht, was die Formstabilität der herzustellenden Bauteile signifikant mindert. Um zu gewährleisten, dass Gleichung (4.8) erfüllt ist, muss die gegen den Kolbenvorschub wirkende Extrusionskraft F_E für eine prozessparameterspezifische Schmelzviskosität eingestellt werden. Diese korreliert im Wesentlichen mit der eingestellten Druckgeschwindigkeit und der Extrusionstemperatur.

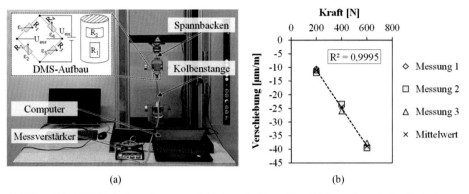

Abbildung 31: (a) DMS-Aufbau eingespannt in Universalprüfmaschine; (b) Darstellung der kraftinduzierten
Verschiebung [264]

Zur Messung der Extrusionskraft sind an der Kolbenstange Dehnungsmessstreifen in einer
Vollbrückenschaltung angeordnet [264]. Die Vollbrücke besteht aus zwei DMS-Paaren
mit jeweils zwei Messstreifen, die einander gegenüberliegend an der Kolbenstange ange-
bracht sind. Wie in Abbildung 31a zu erkennen ist, sind die Messstreifen innerhalb eines
DMS-Paares orthogonal zueinander versetzt. Ein derartiger Aufbau eignet sich besonders
zur Messung einer Druckbelastung, wobei Temperatureinflüsse weitestgehend kompen-
siert werden [123]. Zur Kalibrierung des gewählten DMS-Messaufbaus erfolgt die experimentelle Bestimmung der kraftinduzierten Verschiebung. Dazu wird die Kolbenstange
in einer Universalprüfmaschine (ZwickRoell GmbH & Co. KG, AllroundLine Z010) eingespannt und mit definierter Kraft (200 N, 400 N, 600 N) auf Druck belastet (s. Abbildung
31b). Für jede der drei Referenzkräfte wird eine Messreihe mit jeweils drei Messwerten
mithilfe eines zwischen Kolbenstange und Computer integrierten Messverstärkers (HBM
GmbH, QuantumX MX840B) sowie dazugehöriger Datenerfassungssoftware (HBM
GmbH, catman Easy) aufgenommen. Abbildung 31b zeigt, dass ein linearer Zusammenhang (R^2 = 99,95 %) zwischen dem Mittelwert der gemessenen Verschiebung in Abhängigkeit der jeweils aufgebrachten Kraft besteht. Folgerichtig lässt sich über die gemessene
Verschiebung während der Kolbenextrusion ein entsprechender Wert für die Extrusionskraft F_E ausgeben. Die Extrusionskraft wird dazu mithilfe der proprietären Datenerfassungssoftware catman Easy aufgezeichnet und dient fortlaufend als Kennwert zur Erfas-
sung des jeweils vorherrschenden Verdichtungszustands der Schmelze. Dieser ist vor
Druckbeginn so einzustellen, dass Gleichung (4.8) erfüllt ist.

Auch bei korrekt eingestellter Extrusionskraft ist anhand Gleichung (4.10) ersichtlich,
dass der erkaltete Volumenstrom $Q_{P,3}$ kleiner ist als Q_S. Die Differenz liegt in dem temperaturbedingten Dichteunterschied zwischen dem Eingangs- ($Q_{P,1}$) und dem erkalteten Aus-
gangsvolumenstrom ($Q_{P,3}$) begründet. Die modellspezifische Volumenstromdifferenz
wird im Folgenden jedoch als unkritisch eingestuft. So weisen eine Vielzahl der in MIM
verwendeten Feedstocksysteme, wie auch der in dieser Arbeit verwendete Referenzfeedstock (s. Kapitel 5.1.1), niedrigschmelzende Komponenten wie Paraffinwachse mit
Schmelzpunkten unterhalb 100 °C auf [78]. In Relation zur polymerbasierten Filamentextrusion ist somit anzunehmen, dass eine vergleichsweise niedrige Extrusionstemperatur erforderlich ist (s. Kapitel 3.1), was in einer marginalen Abnahme des spezifischen
Volumens resultiert. Diese wird zudem durch die Temperierung des teilfertigen Bauteils

über das Druckbett und die Wärmeeinbringung der Auftragsdüse zeitlich stark verzögert. Demnach besteht weiterhin die Differenz der Volumenströme aus Gleichung (4.10), was in der Konsequenz dazu führt, dass bei RT $q_{m,P}$ kleiner ist als $q_{m,F}$. Allerdings ist anzunehmen, dass die Volumenabnahme während der Bauteilfertigung aufgrund der vorherrschenden Prozesstemperaturen zu gering ist, um den Schichtaufbau signifikant zu stören. Gleichwohl ist im resultierenden Grünteil ein zusätzliches Untermaß zu erwarten, das es gilt, durch eine entsprechende Erhöhung der Skalierungsfaktoren zur Kompensation des Grünteilschrumpfs zu egalisieren.

Zusammenfassend lässt sich daher festhalten, dass durch das Gleichsetzen von $Q_{P,1}$ und $Q_{F,1}$ über Q_S grundsätzlich die Verwendung FFF-typischer Open-Source-Softwarelösungen möglich ist. Für die Integration des PFF-Druckers bedarf es jedoch weiterer anlagenspezifischer Anpassungen sowohl in der Firmware als auch in der Slicing-Software.

4.3.2 Firmware

Die Firmware ist auf dem Mikrokontroller installiert und setzt durch die Steuerung aller verbauten Schrittmotoren, Thermistoren und Sensoren die Kommandozeilen des G-Codes um. Der Mikrocontroller fungiert somit als physische Schnittstelle zur digitalen FFF-Prozesskette. Dazu wird ihm der G-Code über eine Kontrollapplikation übermittelt, in der durch die manuelle Eingabe von zusätzlichen G-Code-Zeilen Verfahrbewegungen und Temperaturen vor und während des Druckvorgangs adaptiert werden können. Ferner ermöglicht die Kontrollapplikation eine Visualisierung des Druckfortschritts sowie der jeweils vorherrschenden Temperaturen an Düse und Zylinder.

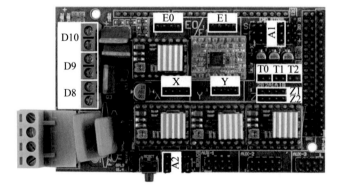

D10	Heizpatrone Düse
D9	SSR Heizmanschette
D8	SSR Heizmatte
E0	Schrittmotor Kolben
E1	Schrittmotor Bürstenkopf
A1	Abstandssensor Tasterkabel
T0	Thermistor Düse
T1	Thermistor Bauplattform
T2	Thermistor Heizmanschette
X	Schrittmotor X-Achse
Y	Schrittmotor Y-Achse
Z1	Schrittmotor Z-Achse 1
Z2	Schrittmotor Z-Achse 2
A2	Abstandssensor Servokabel

Abbildung 32: RAMPS-Belegungsplan für verbaute Elektronikkomponenten

Diese ist auf einem Computer installiert, der über ein USB-Kabel mit dem Mikrocontroller verbunden ist. Sowohl für die Kontrollapplikation als auch für die Firmware werden mit Pronterface (Version 1.6.0) respektive Marlin (Version 1.1.9.1) zwei FFF-typische Open-Source-Softwarelösungen ausgewählt. Als Mikrocontroller fungiert der kostengünstige sowie weitverbreitete Arduino Mega 2560 inklusive RAMPS 1.4 Board. Beide befinden sich zusammen mit den restlichen Steuerungskomponenten hinter dem Extruder-Modul (s. Abbildung 27). Zum Ausführen und Steuern der Verfahrbewegungen sind auf der RAMPS-Erweiterungsplatine insgesamt sechs Schrittmotoren inklusive Treiber integriert, wie dem Belegungsplan in Abbildung 32 zu entnehmen ist. Die Schrittmotoren X, Y, Z1 und Z2 dienen der Bewegung der Bauplattform innerhalb des zur Verfügung stehenden Bauraums. Die beiden übrigen Schrittmotoren führen die Verfahrbewegungen des Kolbens (E0) und des Bürstenkopfs (E1) aus. Für die Gesamtheit der Achsen sind in der Firmware anlagenspezifische Werte für die Anzahl der Schritte pro Millimeter Verfahrweg (Schritte/mm) sowie für die maximale Geschwindigkeit und Beschleunigung zu hinterlegen, um den G-Code korrekt interpretieren zu können. Eine Auflistung der anlagenspezifischen Werte ist Tabelle 9 zu entnehmen.

Tabelle 9: Übersicht über die in Marlin hinterlegten Achsenwerte

Achsen	Schritte pro Millimeter [1/mm]	Max. Geschwindigkeit [mm/s]	Max. Beschleunigung [mm/s²]
X	128	300	1000
Y	128	300	1000
Z1/2	100	7	10
E0	13,44	300	50
E1	91,37	300	500

Der schrittabhängige Verfahrweg der Bewegungsachsen X, Y und E1 lässt sich gemäß Gleichung (4.11) bestimmen (vgl. [198]). Da für die Bewegungsachsen Z1/2 kein Riemenantrieb, sondern Gewindespindeln zur Umwandlung der Rotationsbewegung des Schrittmotors eingesetzt werden, erfolgt eine Substitution des Nenners in Gleichung (4.11) durch die Gewindesteigung.

$$\frac{\text{Schritte}}{\text{mm}} = \frac{N_U \cdot \mu}{x_R \cdot N_Z} \tag{4.11}$$

N_U Schrittanzahl pro Umdrehung des Schrittmotors [-]

μ Anzahl Mikroschritte [-]

x_R Riementeilung [mm]

N_Z Zahnanzahl der Riemenscheibe [-]

Für die Berechnung von E0 ist sowohl in der Firmware als auch in der Slicing-Software eine Anpassung vorzunehmen. Erstere definiert die erforderliche Schrittanzahl für einen Millimeter Filamenteinzug mit der Einzugsgeschwindigkeit v_F. Für einen seitens Slicing-Software festgelegten Volumenstrom Q_S lässt sich v_F gemäß Gleichung (4.6) berechnen. Grundsätzlich sind Filamentdurchmesser (d_F = 1,75 mm) um ein Vielfaches kleiner als der verbaute Kolbendurchmesser (d_K = 40 mm). Für den gleichen Volumenstrom Q_S ist die resultierende Kolbengeschwindigkeit v_K gemäß Gleichung (4.8) demzufolge signifikant geringer als v_F. Derart niedrige Geschwindigkeiten bzw. Beschleunigungen werden von der Firmware nicht unterstützt. Zur Steuerung des Kolbenextruders mit typischen FFF-

Softwarelösungen ist daher ein wesentlich geringerer Ersatzwert für den Kolbendurchmesser d_{KE} ($\ll d_K$) in der Slicing-Software zu definieren. Hierfür ist der Verfahrweg um einen Faktor f künstlich zu verlängern, sodass gilt:

$$V = 1 \text{ mm} \cdot \pi \cdot \left(\frac{d_K}{2}\right)^2 = f \cdot 1 \text{ mm} \cdot \pi \cdot \left(\frac{d_{KE}}{2}\right)^2 \tag{4.12}$$

V   Extrudiertes Volumen für definierte Wegstrecke [mm^3]

f   Faktor zur Verlängerung des Verfahrwegs [-]

d_K Kolbendurchmesser [mm]

d_{KE} Ersatzwert für Kolbendurchmesser [mm]

Im Hinblick auf eine einfache Umrechnung wird ein Verlängerungsfaktor von f = 1000 festgelegt. Somit ergibt sich durch Umstellen von Gleichung (4.12) ein Ersatzkolbendurchmesser von d_{KE} = 1,26491 mm, der eine ähnliche Größenordnung wie d_F aufweist. Letzterer wird in der Slicing-Software durch d_{KE} ausgetauscht, sodass die Schritte pro Millimeter in der Firmware entsprechend anzupassen sind. Aus Kapitel 4.2.3 ist bekannt, dass für einen Millimeter Verfahrweg des Kolbens mit d_K = 40 mm 13.440 Schritte (13440/mm) erforderlich sind. Ein theoretisch auf d_{KE} = 1,26491 mm reduzierter Kolbendurchmesser verdrängt gemäß Gleichung (4.12) das gleiche Volumen bei gleicher Schrittanzahl nach einer Wegstrecke von 1000 mm. In der Firmware ist die Schrittanzahl für einen Millimeter Verfahrweg somit um Faktor f = 1000 zu verringern (13,440/mm, s. Tabelle 9). Hieraus resultiert eine wesentlich höhere Geschwindigkeit v_K, was zu Beschleunigungswerten führt, die von der Firmware unterstützt werden.

Die maximalen Beschleunigungs- und Geschwindigkeitswerte aller Bewegungsachsen werden basierend auf Marlin-Standardeinstellungen so gewählt, dass die Schrittmotoren keine Schritte verlieren und eine möglichst konstante Extrusion vorherrscht. Des Weiteren ist in der Firmware ein Abstandssensor (Antclabs BLTouch Smart V3.1) integriert, um vor Druckbeginn die Ebenheit der Druckbettoberfläche zu vermessen. Anhand der Sensordaten lassen sich so potenzielle Unebenheiten im Druckprozess automatisch nivellieren. Insbesondere in der Grenzschicht zwischen Druckbett und Bauteil resultiert dies in einer Erhöhung der Adhäsion, sodass ein insgesamt robusterer Fertigungsprozess zu erwarten ist.

Die Adhäsion lässt sich überdies durch eine Druckbettheizung steigern. Das Einbringen der Wärmeenergie erfolgt hierzu über eine Silikonheizmatte (D8), die unterhalb des Druckbettes verbaut ist. Für das Aufschmelzen des MIM-Feedstocks finden ferner eine Heizpatrone (D10) sowie zwei Heißmanschetten (D9) Anwendung (s. Abbildung 32). Um die 230-V-Heizelemente D9 und D8 an die 12-V-Ausgänge der RAMPS-Erweiterungsplatine anstecken zu können, sind zusätzliche Halbleiterrelais (engl.: solid state relay, kurz: SSR) zwischengeschaltet. Zum Messen der durch D10, D9, und D8 induzierten Temperaturen ist jeweils ein Thermistor (T0, T1, T2) in unmittelbarer Nähe der Heizelemente verbaut. Die verwendete Zweipunktregelung der verbauten Heizelemente weist dabei eine maximale mittlere Abweichung (Zeitintervall: 180 s) von +1,5 °C für die Zylinderheizelemente (Soll: 230 °C) sowie −0,3 °C für das Druckbettheizelement (Soll: 110 °C) auf. Folgerichtig können die geforderten Temperaturminima mit marginalen Abweichungen über die Firmware geregelt werden. Die materialspezifische Festlegung beider Prozessparameter erfolgt in der Slicing-Software.

4.3.3 Slicing-Software

Wie schematisch in Abbildung 28 dargestellt, findet in der Slicing-Software die Erstellung des bauteilspezifischen G-Codes statt. Dazu wird das herzustellende Bauteil als STL-Datei eingefügt, in Schichten geschnitten und die Bahnplanung für jede Schicht unter Berücksichtigung der eingestellten Prozessparameter generiert. Ebenso wie bei der Kontrollapplikation und Firmware findet hierfür mit Slic3r (Version 1.3.0) eine im FFF weit verbreitete Open-Source-Softwarelösung Anwendung. Neben der Integration des Ersatzwertes d_{KE} ist in Slic3r eine anlagenspezifische Anpassung im Hinblick auf die einzustellende Retractation (s. Kapitel 2.1.4) vorzunehmen. Diese wird gemäß Aufgabenstellung und entgegen herkömmlicher FFF-Drucker aufgrund der Trägheit des Systems deaktiviert. Stattdessen wird überschüssiges Material infolge von Verfahrbewegungen durch eine integrierte Düsenreinigung entfernt. Um die Düsenreinigung zu automatisieren, wird der Slicing-Software über die Option „post-processing scripts" ein Python-Skript hinzugefügt (s. Anhang A.1). Die Ausführung des Python-Skripts erfolgt mit der Erstellung des bauteilspezifischen G-Codes und modifiziert diesen um zusätzliche Zeilen zur Düsenreinigung.

Die Funktionsweise des Skriptes sieht es vor, die Verfahrbewegungen in Bauebene (Extrusionsbewegungen und Leerfahrten) zunächst für jede G-Code-Zeile bis zum Schichtwechsel aufzuaddieren. Die zeilenweise Aufsummierung dieser Verfahrbewegungen dient der Approximation des Materialüberschusses, der mit der Gesamtheit aller Verfahrbewegungen zunimmt. Für jede neu aufzutragende Schicht (n+1), die aus einer Vielzahl von G-Code-Zeilen besteht, wird anschließend eine Gesamtsumme der Verfahrbewegungen berechnet. Sobald die Gesamtsumme einen experimentellen Grenzwert überschreitet, erfolgt eine Düsenreinigung direkt nach dem Schichtwechsel (s. Tabelle 10). Liegt die Gesamtsumme unterhalb dieses Grenzwertes, wird diese zu der Gesamtsumme der darauffolgenden Schichten solange hinzuaddiert, bis ein Überschreiten des Grenzwertes stattfindet. Hierfür durchsucht das Python-Skript den gesamten G-Code nach bewegungsspezifischen Markern, die charakteristisch für die unterschiedlichen Verfahrbewegungen sind. Allgemein sind lineare Verfahrbewegungen gemäß der verwendeten Firmware durch „G1" gekennzeichnet, das stets zu Beginn einer G-Code-Zeile steht. Eine Unterscheidung der Verfahrbewegungen gelingt mithilfe der daran anknüpfenden Werte:

- *Extrusionsbewegungen:* Verfahrbewegungen, in denen eine definierte Materialextrusion zur Herstellung des Bauteilquerschnitts erfolgt. Als Marker fungiert die aktuelle E-Position (engl.: extrusion, kurz: E) in Verbindung mit den abzufahrenden X-Y-Koordinaten. Ein Beispiel lautet: G1 X10.1 Y10.2 E40.1

- *Leerfahrten:* Verfahrbewegungen zum Positionieren der Auftragsdüse innerhalb des herzustellenden Bauteilquerschnitts. Als Marker fungiert das Fehlen der E-Position (an diese Stelle tritt die Vorschubgeschwindigkeit, engl.: feed rate, kurz: F) in Verbindung mit den X-Y-Koordinaten. Ein Beispiel lautet: G1 X10.1 Y10.2 F3000

- *Schichtwechsel:* Verfahrbewegungen zum Herabsenken der Bauplattform, um einen weiteren Bauteilquerschnitt hinzuzufügen. Als Marker fungiert die im Vergleich zur vorherigen Schicht erhöhte Z-Koordinate. Ein Beispiel lautet: G1 Z2.2 F3000

Der Reinigungscode enthält insgesamt 15 G-Code-Zeilen, die beim Überschreiten des Grenzwertes im Anschluss an einen Schichtwechsel automatisch in den G-Code eingefügt werden. Die Integration des Reinigungsskripts in einen exemplarischen G-Code ist der folgenden Tabelle zu entnehmen.

Tabelle 10: Auszug aus einem exemplarischen G-Code inklusive hinzugefügtem Reinigungsskript

Zeile	G-Code	Erläuterung	
...	...		
3352	G1 X70.864 Y66.145 E4.11590		Schicht n
3353	G92 E0		
3354	G1 Z1.640 F30000		Schichtwechsel
3355	G1 X0 Y0 F30000	Verfahren der Bauplattform in Grundposition	
3356	G92 E0	Setzen von E0 = 0 (Kolben)	
3357	T1	Wechsel zu E1 (Bürstenkopf)	
3358	G1 E210 F30000	Ausführen der ersten Reinigungsbewegung	
3359	G1 E250 F800		
3360	G92 E0	Setzen von E1 = 0	
3361	T0	Wechsel zu E0	
3362	G1 E20 F400	Zusätzliche Extrusionsbewegung, um Druckverlust im Zylinder vorzubeugen	Reinigungsskript
3363	G92 E0		
3364	T1	Wechsel zu E1	
3365	G1 E-40 F800	Ausführen der zweiten Reinigungsbewegung und Verfahren in Schlittengrundposition	
3366	G1 E-250 F30000		
3367	G92 E0	Setzen von E1 = 0	
3368	M18 E	Deaktivieren von E1	
3369	T0	Wechsel zu E0	
3370	G1 X69.304 Y65.223 F30000		
3371	G1 F480		Schicht n+1
...	...		

Durch die zusätzlichen Kommandozeilen 3355-3369 wird die Bauplattform für jeden Reinigungsschritt zunächst in eine Grundposition gefahren und die Düse im Zuge einer ersten Reinigungsbewegung in positiver X-Richtung von dem überschüssigen Material befreit. Zur Aufrechterhaltung der erforderlichen Extrusionskraft bzw. des Extrusionsdrucks im Zylinder wird anschließend eine definierte Materialmenge in Luft extrudiert. Daraufhin erfolgt eine zweite Reinigungsbewegung in negativer X-Richtung, die den Schlitten samt Bürstenkopf in seine Grundposition verfahren lässt. Nach Beendigung des Reinigungsskripts fährt die Bauplattform aus ihrer Grundposition zu den gewünschten X-Y-Koordinaten und der Schichtaufbau wird fortgesetzt (s. Kapitel 5.3).

4.4 Zusammenfassung

In diesem Kapitel wurde mit der methodischen Anlagenentwicklung eines Anlagenprototyps die Grundlage für die Potenzialerschließung der sinterbasierten Kolbenextrusion geschaffen. Kern der methodischen Anlagenentwicklung war die Neukonstruktion eines Extruder-Moduls sowie dessen Integration in eine für FFF-Drucker typische Produktarchitektur. Dadurch gelang es, das damit einhergehende Kostenpotenzial auf den prototypischen PFF-Drucker zu übertragen, sodass die Anlagen- bzw. Materialkosten (2.745 €) in einem Bereich marktüblicher FFF-Drucker zu verorten sind. Aufgrund der konstruktionsbedingten Analogie zu FFF-Druckern war es zudem möglich, etablierte Open-Source-Softwarelösungen entlang der digitalen FFF-Prozesskette für die Prozesssteuerung und Datenvorbereitung zu nutzen. Hierfür wurde zunächst eine Modellbildung eingeführt, welche die Filament- mit der Kolbenextrusion über den Eingangsvolumenstrom miteinander vereint. Basierend auf der Modellbildung konnten anschließend anlagenspezifische Anpassungen sowohl in der Firmware als auch der Slicing-Software vorgenommen werden, was eine Integration des PFF-Druckers in die digitale FFF-Prozesskette ermöglichte. Eine Validierung des PFF-Druckers im Hinblick auf eine prozessstabile additive Fertigung dichter Grünteile ist Gegenstand des nachfolgenden Kapitels.

5 Experimentelle Prozessentwicklung

Für die Validierung des PFF-Druckers wird im Folgenden die Prozessstabilität zur Herstellung dichter Grünteile untersucht. Allgemein hat die Grünteildichte einen signifikanten Einfluss auf die resultierende Sinterteilqualität und stellt somit einen wesentlichen Validierungsaspekt dar. Hierzu findet zunächst eine methodische Identifizierung materialspezifischer Prozessparameter auf Basis rheologischer Messungen statt (Kapitel 5.1). Mit den identifizierten Prozessparametern wird anschließend der Einfluss des Zylinderfüllstands auf die Kontinuität des Extrusionsprozesses untersucht. Ziel der Untersuchungen ist es, die Auswirkungen auf die Prozessstabilität zu quantifizieren sowie einen prozessstabilen Extrusionsbereich abzuleiten (Kapitel 5.2). Zur weiteren Erhöhung der Prozessstabilität erfolgt die Bestimmung eines geometrieunabhängigen Grenzwertes für die Düsenreinigung. Dadurch wird innerhalb des identifizierten Extrusionsbereichs sichergestellt, dass für beliebige Bauteilgeometrien Prozessabbrüche infolge des anlagenspezifischen Materialüberschusses vermieden werden (Kapitel 5.3).

5.1 Methodische Prozessparameteridentifikation

Primärer Bestandteil der experimentellen Prozessentwicklung ist die methodische Identifizierung geeigneter Prozessparameter mithilfe im PFF-Drucker durchgeführter rheologischer Messungen. Hierfür erfolgt zu Beginn eine Vorstellung des in dieser Arbeit verwendeten Referenzfeedstocks, ehe eine Beschreibung des methodischen Vorgehens sowie dessen praktische Durchführung stattfindet, die mit einer Quantifizierung der Grünteildichte abschließt (vgl. [264]).

5.1.1 Referenzfeedstock

Als Referenzfeedstock fungiert ein Pulver-Binder-Gemisch, das auch im MIM-Referenzprozess Anwendung findet. Wie in Abbildung 33a zu erkennen ist, liegt dieses gleichförmig granuliert vor, in dem 66 Vol.-% Ti-6Al-4V-Pulver mit einer Partikelgrößenverteilung von D90 = 19 µm enthalten ist. Die vom Materialhersteller angegebene theoretische Dichte des Titanpulvers beträgt bei Raumtemperatur 4,43 g/cm^3 [73]. Für die Formgebung der Grünteile ist das Titanpulver dazu in einem proprietären Bindersystem bestehend aus mehreren Komponenten (s. Kapitel 2.2.2) eingebettet, wie exemplarisch der REM-Aufnahme (LEO Electron Microscopy Ltd., Gemini 1530) in Abbildung 33b zu entnehmen ist. Die Hauptkomponente des Bindersystems besteht aus einem niedrigschmelzenden Paraffinwachs, das während der Formgebung vollständig aufgeschmolzen wird. Die vom MIM-Anwender per Mischungsregel bestimmte Dichte des gesamten Feedstocksystems bestehend aus Binder und Ti-6Al-4V-Pulver beträgt bei Raumtemperatur 3,23 g/cm^3. Die berechnete Feedstockdichte stellt nachfolgend einen wesentlichen Kennwert für die methodische Identifizierung der materialspezifischen Prozessparameter dar und findet zur Bestimmung der relativen Grünteildichte Anwendung.

© Der/die Autor(en), exklusiv lizenziert an
Springer-Verlag GmbH, DE, ein Teil von Springer Nature 2023
L. Waalkes, *Potenzialerschließung und -bewertung der sinterbasierten Kolbenextrusion*, Light Engineering für die Praxis,
https://doi.org/10.1007/978-3-662-66883-2_5

(a)   (b)

Abbildung 33: (a) Makroaufnahme des granulierten Referenzfeedstocks; (b) REM-Aufnahme eines Granulat-
korns bei 1000-facher Vergrößerung [264]

5.1.2 Methodisches Vorgehen

Das methodische Vorgehen basiert auf der Grundannahme, dass eine Schmelzviskosität
über die Druckgeschwindigkeit und Extrusionstemperatur einstellbar ist, die Zustand 2 in
Abbildung 34 herbeiführt. Charakteristisch für diesen Zustand sind vereinzelte Schichtdefekte zwischen den abgelegten Extrusionsbahnen. Eine vollständige Eliminierung dieser
Schichtdefekte, die auf minimale Geometrieänderungen der abgelegten Bahnen zurückzuführen sind, ist in der Materialextrusion nur bedingt möglich (vgl. [235]). So können eine
weitere Reduktion der Schmelzviskosität oder eine Erhöhung des Volumenstroms
Schichtdefekte generell entgegenwirken, dies hat jedoch einen signifikanten Verlust der
Formstabilität zur Folge.

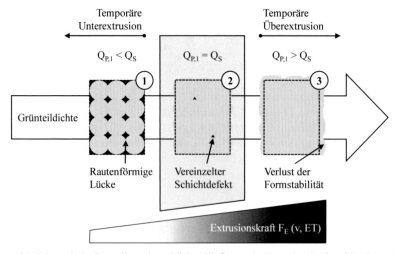

Abbildung 34: Schematische Darstellung des zeitlichen Einflusses der Extrusionskraft auf die Grünteildichte
für eine festgelegte Druckgeschwindigkeit und Extrusionstemperatur (vgl. [264])

Dieser besteht ebenfalls bei einer temporären Überextrusion, wie Zustand 3 in Abbildung 34 zu entnehmen ist. Dieser Zustand herrscht vor, sobald die vorab eingestellte Extrusionskraft so hoch ist, dass der extrudierte Volumenstrom wesentlich größer ist als Q_S. Eine zu geringe Extrusionskraft führt demgegenüber zu einer temporären Unterextrusion (s. Abbildung 34, Zustand 1). Als charakteristisch für eine Unterextrusion gelten in dieser Arbeit die MEX-typischen rautenförmigen Lücken (vgl. [271]), die infolge eines zunehmend kreisrunderen Querschnitts der extrudierten Bahnen entstehen. Sowohl die Anzahl als auch die Form der Lücken unterscheiden sich dabei von den vereinzelten Schichtdefekten in Zustand 2, was insgesamt zu einer Erhöhung der Restporosität im Grünteil beiträgt.

Beide temporären Zustände werden mit zunehmender Extrusionsdauer egalisiert, da sich die Kraft für eine konstante Druckgeschwindigkeit an einen für Q_S charakteristischen Wertebereich annähert. Für eine hohe Grünteildichte bzw. -maßhaltigkeit sind eine Unter- respektive Überextrusion jedoch zu vermeiden. Somit ist es das Ziel des methodischen Vorgehens, eine Grünteildichte gemäß Zustand 2 durch die Wahl einer optimalen Extrusionstemperatur und Druckgeschwindigkeit sowie dazu passender Extrusionskraft zu gewährleisten. Die hierfür erforderlichen theoretischen Grundlagen sowie eine Beschreibung der Prozessparameteridentifikation zugrunde liegenden rheologischen Messungen wie auch Druckversuche sind den folgenden Abschnitten zu entnehmen.

Theoretische Grundlagen
Zur Identifizierung optimaler Prozessparameter für den Referenzfeedstock ist zunächst ein geeignetes Prozessfenster für die Druckgeschwindigkeit und Extrusionstemperatur zu bestimmen. Aus diesem wird anschließend ein optimales Wertepaar sowie eine dazu passende Extrusionskraft ausgewählt. Die Begrenzung des materialspezifischen Geschwindigkeits- und Temperaturintervalls erfolgt mithilfe experimentell bestimmter Massenströme. Während das Temperaturintervall direkt aus den Massenströmen hervorgeht, ist das Geschwindigkeitsintervall gemäß Gleichung (5.1) und (5.2) zu berechnen.

$$Q_{P,3} = Q_S \Rightarrow \frac{q_{m,exp}(F_E, ET)}{\rho_{RT}} = v_{theo} \cdot A_B \qquad (5.1)$$

$$v_{theo} = \frac{q_{m,exp}(F_E, ET)}{\rho_{RT} \cdot A_B} \qquad (5.2)$$

$Q_{P,3}$ PFF-Ausgangsvolumenstrom bei RT [mm³/s]

Q_S Volumenstrom Slicing-Software [mm³/s]

$q_{m,exp}$ Experimentell bestimmter Massenstrom bei RT [g/s]

ρ_{RT} Feedstockdichte bei RT [g/mm³]

v_{theo} Theoretisch umsetzbare Druckgeschwindigkeit [mm/s]

A_B Querschnittsfläche der extrudierten Bahn [mm²]

Hierzu wird der erkaltete Volumenstrom $Q_{P,3}$ analog zu Gleichung (5.1) als Quotient aus dem gemessenen Massenstrom und der Feedstockdichte bei RT ermittelt. Ersterer korreliert mit der jeweils vorherrschenden Extrusionskraft und -temperatur. Gemäß Modellbildung ist der resultierende Volumenstrom $Q_{P,3}$ geringer als Q_S, was auf den temperaturbedingten Dichteunterschied zwischen ET und RT zurückzuführen ist. Ein Volumenstrom $Q_{P,3}$, der identisch zu Q_S ist, geht folgerichtig mit einer Überextrusion einher. Für die Definition des Geschwindigkeitsintervalls wird diese bewusst forciert, um Messungenauigkeiten zu egalisieren, die eine Unterextrusion begünstigen. Eine typische Messungenauigkeit besteht z. B. in der Approximation der Querschnittsfläche der extrudierten Bahnen (vgl. [129]). Hierfür wird die entsprechende Querschnittsfläche A_B als Rechteck angenommen, das sich aus dem Produkt der in der Slicing-Software eingestellten Schichthöhe und Spurbreite ergibt und positiv mit einer Überextrusion korreliert. Weitere Messungenauigkeiten bestehen hinsichtlich der berechneten Feedstockdichte wie auch der manuell applizierten Extrusionskraft zum Bestimmen der Massenströme. Auf eine schrittgesteuerte Kolbenextrusion wird verzichtet, da zu Beginn der rheologischen Messungen keine Kenntnisse über die erforderliche Kolbengeschwindigkeit zum Einstellen der zu testenden Extrusionskraft vorliegen.

Unter Berücksichtigung der Überextrusion und durch Umstellen von Gleichung (5.1) lässt sich mittels Gleichung (5.2) die theoretisch umsetzbare Druckgeschwindigkeit für den gemessenen Massenstrom berechnen. Auf Basis der errechneten Werte wird anschließend ein Geschwindigkeitsintervall festgelegt, das zusammen mit dem Temperaturintervall das zu untersuchende Prozessfenster ergibt.

Rheologische Messungen
Gegenstand der rheologischen Messungen ist die experimentelle Bestimmung von kraft- und temperaturspezifischen Massenströmen mit dem Messaufbau aus Abbildung 35a. Hierfür wird ein Kraftbereich von 500 bis 2000 N untersucht. Dieser Bereich erlaubt einerseits die Messung geringster Materialmengen für eine hohe Schmelzviskosität, andererseits wird durch eine Begrenzung der Extrusionskraft auf 2000 N einem möglichen Systemversagen vorgebeugt. Für die Extrusionsversuche wird der Zylinder mit 150 g Feedstock befüllt, der Kolben in die Zylinderöffnung gefahren und der Referenzfeedstock für 30 Minuten ohne Krafteinwirkung aufgeschmolzen. Anschließend wird die an der Kolbenstange gemessene Kraft genullt, der geschmolzene Feedstock über den Zahnradantrieb manuell auf 500 N verdichtet und für fünf Minuten bei konstanter Kraft durch die Auftragsdüse in Luft extrudiert. Das extrudierte Material wird in einem Messbecher aufgefangen und mittels Feinmesswaage (Shimadzu Corp., AUW220D) gewogen. Zum Erstellen eines weiteren Messpunkts wird die Extrusionskraft um 100 N erhöht und das beschriebene Vorgehen für die ermittelte Starttemperatur solange wiederholt, bis die Kraftgrenze von 2000 N erreicht ist (s. Abbildung 35b). Zum Testen der nächsthöheren Extrusionstemperatur wird der Feedstock erneut für 30 Minuten aufgeschmolzen, ehe eine Wiederholung des beschriebenen Vorgehens erfolgt.

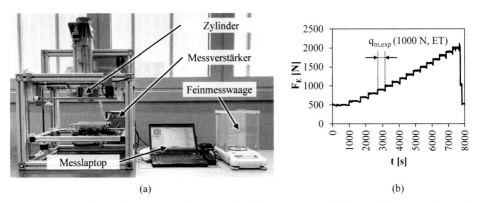

Abbildung 35: (a) Messaufbau zur Bestimmung der Massenströme im Kraft- und Temperaturintervall; (b) exemplarischer Kraftverlauf zur Bestimmung der Massenströme (die Länge der Plateaus entspricht mindestens 300 s) [264]

Zur Identifizierung des Temperaturintervalls wird der Referenzfeedstock zunächst auf eine Starttemperatur von ET = 75 °C erwärmt, was oberhalb des Erstarrungspunktes der Binderhauptkomponente zu verorten ist. Eine Starttemperatur gilt als identifiziert, sobald bei 500 N ein Massenstrom von mindestens 0,01 g/5 min messbar ist. Alternativ wird die Viskosität der Schmelze durch eine Erhöhung der Temperatur um 10 °C entsprechend verringert und das Kraftintervall erneut getestet. Mit der Identifizierung der Starttemperatur werden mindestens zwei weitere Extrusionstemperaturen getestet, deren Differenz zueinander jeweils 10 °C beträgt. Das zu testende Intervall besteht somit aus mindestens drei Temperaturen und ist nach oben hin durch die Zersetzungstemperatur der Binderkomponenten begrenzt.

Unter Berücksichtigung des Temperaturintervalls lassen sich anschließend die Massenströme in Abhängigkeit der Extrusionstemperatur und -kraft ermitteln. Zur Charakterisierung des Fließverhaltens werden zusätzlich Fließkurven abgeleitet, die den Zusammenhang aus Viskosität und Schergeschwindigkeit beschreiben. Hierfür wird zunächst die Schubspannung nach Gleichung (5.3) berechnet, in der die Extrusionskraft die einzige Variable darstellt (vgl. [63]). Für die jeweils vorherrschende Extrusionskraft lässt sich nach Gleichung (5.1) zusätzlich der Volumenstrom $Q_{P,3}$ über den gemessenen Massenstrom bestimmen. Dieser wird anschließend zur Berechnung der Schergeschwindigkeit in Gleichung (5.4) verwendet. Sowohl bei der Schubspannung als auch bei der Schergeschwindigkeit handelt es sich um „scheinbare" Werte (s. Kapitel 2.2.2). Da eine Korrektur dieser scheinbaren Werte mit einem erheblichen Prozessaufwand sowie Anlagenmodifikationen einhergeht, dient nachfolgend die scheinbare Viskosität als Ersatzwert. Unter Einhaltung konstanter Messbedingungen gelingt hiermit eine hinreichende Quantifizierung des Fließverhaltens.

$$\tau = \frac{r_D \cdot F_E}{2 \cdot \pi \cdot l_D \cdot r_K^2} \tag{5.3}$$

$$\dot{\gamma} = \frac{4 \cdot Q_{P,3}}{\pi \cdot r_K^3} \tag{5.4}$$

$$\eta = \frac{\tau}{\dot{\gamma}} \tag{5.5}$$

τ	Schubspannung [Pa]
r_D	Düsenradius [mm]
F_E	Extrusionskraft [N]
l_D	Düsenlänge [mm]
r_K	Kolbenradius [mm]
$\dot{\gamma}$	Schergeschwindigkeit [s^{-1}]
$Q_{P,3}$	PFF-Ausgangsvolumenstrom bei RT [mm^3/s]
η	Viskosität [Pas]

Druckversuche

Eine Validierung des auf Basis der rheologischen Messungen ermittelten Prozessfensters sowie eine daran anknüpfende Festlegung der optimalen Prozessparameter erfolgt mithilfe von Druckversuchen. Für die Druckversuche werden analog zu den rheologischen Messungen der Zylinder und die Auftragsdüse zunächst mit der identifizierten Starttemperatur aufgeheizt. Anschließend erfolgt das Befüllen des Zylinders mit 200 g Referenzfeedstock, der für mindestens 30 Minuten aufgeschmolzen wird. In einem nächsten Schritt findet eine Verdichtung der Feedstockschmelze mit der entsprechenden Extrusionskraft für die zu testende Druckgeschwindigkeit statt. Die Verdichtung erfolgt manuell über das Zahnradgetriebe und endet, sobald unmittelbar nach Wegnahme der Krafteinwirkung keine signifikante Abnahme von F_E messbar ist. Im Anschluss an die Verdichtung wird der Druckprozess gestartet und die Prüfkörper gefertigt. Nach der Fertigung werden diese von der Bauplattform entfernt, die temperaturspezifische Extrusionskraft für die nächsthöhere Druckgeschwindigkeit manuell zugestellt und die Prüfkörperfertigung erneut initiiert.

Das beschriebene Vorgehen wird solange wiederholt, bis alle berechneten Druckgeschwindigkeiten für die Starttemperatur getestet wurden. Zum Testen der nächsthöheren Extrusionstemperatur findet zunächst ein Aufheizen auf +10 °C für mindestens 30 Minuten statt, ehe die Druckversuche wie beschrieben fortgeführt werden.

Tabelle 11: Auflistung der Slicing-Parameter zur Grünteilfertigung sowie Darstellung des verwendeten Prüfkörpers für die Druckversuche [264]

Prozessparameter	Werte	Prüfkörperdarstellung
Düsendurchmesser	0,40 mm	
Schichthöhe	0,20 mm	
Spurbreite	0,45 mm	
Flussrate	100 %	
Füllmusterdichte	100 %	
Füllmusterwinkel	±45°	
Druckbetttemperatur	60 °C	

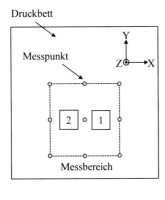

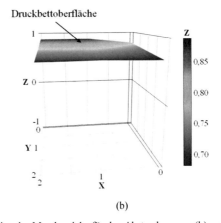

(a) (b)

Abbildung 36: (a) Darstellung des Druckbetts inklusive des Messbereichs für den Abstandssensor; (b) exemplarische Auswertung der Ebenheit der Druckbettoberfläche im Messbereich

Als Prüfkörper fungiert ein Quader mit den Maßen 20 x 20 x 1,1 mm, dessen Probenhöhe dem Vielfachen der Schichthöhe inklusive der ersten Schicht (0,3 mm) entspricht. Die Probenhöhe wird dabei bewusst niedrig gewählt, um die Prüfkörper für die anschließende Bruchflächenanalyse einfach trennen zu können. Eine Zusammenfassung der wesentlichen Slicing-Prozessparameter zur Datenvorbereitung, die nachfolgend für die Herstellung aller Prüfkörper bzw. Grünteile – sofern nicht anders dokumentiert – konstant gehalten werden, ist Tabelle 11 zu entnehmen.

Zu Beginn der Prüfkörperherstellung wird der in Abbildung 36a dargestellte Messbereich mithilfe des anlagenseitig integrierten Abstandssensors abgefahren. Dadurch wird die Druckbettoberfläche vermessen, was der Quantifizierung von Unebenheiten dient (s. Abbildung 36b). Diese werden während des Druckprozesses automatisch egalisiert, was in einer Erhöhung der Prozessstabilität resultiert. Insgesamt werden für jeden Druckversuch zwei Prüfkörper nacheinander gefertigt und der jeweils zweite Prüfkörper untersucht. Da der Kraftaufbau wesentlich länger als der Kraftabbau dauert, wird mit der in Abbildung

36a dargestellten Anordnung sichergestellt, dass eine temporäre Überextrusion die Messergebnisse im zweiten Prüfkörper nicht verfälscht. Dieser wird daraufhin mittels Digitalmikroskop (Keyence Corp., VHX-5000) auf rautenförmige Lücken als charakteristisches
Merkmal für eine Unterextrusion gemäß Zustand 1 in Abbildung 34 untersucht. Sofern
diese nicht vorhanden sind, entspricht die Grünteildichte dem angestrebten Idealzustand.

5.1.3 Prozessparameteridentifikation

Gemäß des in Kapitel 5.1.2 beschriebenen Vorgehens erfolgen zunächst rheologische
Messungen, auf Basis derer ein Prozessfenster für den Referenzfeedstock ermittelt wird.
Eine Validierung des Prozessfensters findet in den daran anknüpfenden Druckversuchen
statt, die mit der Auswahl optimaler Prozessparameter sowie einer Quantifizierung der
resultierenden Grünteildichte abschließen.

Rheologische Messungen
Zu Beginn der rheologischen Messungen erfolgt die Bestimmung der Starttemperatur für
eine Startkraft von 500 N. Der hierfür erforderliche Massenstrom von mindestens
0,01 g/5min wird erstmals bei einer Extrusionstemperatur von 85 °C gemessen. Das Temperaturintervall ergibt sich somit aus den Extrusionstemperaturen 85 °C, 95 °C und
105 °C. Die für diese Extrusionstemperaturen gemessenen Massenströme sind in Abbildung 37a dargestellt.

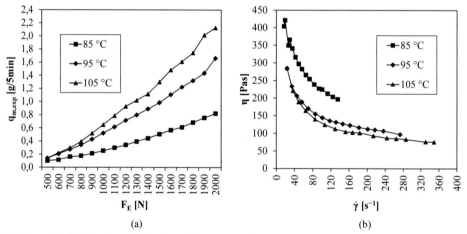

(a)   (b)

Abbildung 37: (a) Experimentell bestimmte Massenströme innerhalb des definierten Kraft- und Temperaturintervalls; (b) Darstellung des Fließverhaltens des Referenzfeedstocks im entsprechenden Kraft-
und Temperaturintervall [264]

Anhand der Massenstromverläufe ist ersichtlich, dass mit zunehmender Extrusionstemperatur bei gleicher Extrusionskraft und Messdauer eine größere Feedstockmenge extrudiert
wird. Dies ist auf die im Zuge der Temperaturerhöhung niedrigere Schmelzviskosität zurückzuführen, wie den Fließkurven in Abbildung 37b zu entnehmen ist. So besteht bei
gleicher Schergeschwindigkeit eine niedrigere Viskosität mit zunehmender Extrusionstemperatur (vgl. [152]). Dabei fällt auf, dass zwischen 85 und 95 °C ein signifikanter
Sprung der Viskositätsabnahme zu verzeichnen ist. Hierauf deutet ebenso der Massen-

stromverlauf der entsprechenden Extrusionstemperaturen hin, dessen Steigung im betrachteten Kraftintervall bei 85 °C deutlich geringer ist, was auf ein insgesamt hochviskoseres Fließverhalten schließen lässt. Gleichwohl zeigen alle die in Abbildung 37b dargestellten Fließkurven ein für MIM-Feedstock typisches strukturviskoses Fließverhalten, das durch eine Abnahme der Viskosität mit zunehmender Schergeschwindigkeit gekennzeichnet ist [101].

Basierend auf den experimentell bestimmten Massenströmen lassen sich nach Gleichung (5.2) die hiermit theoretisch umsetzbaren Druckgeschwindigkeiten berechnen, die in Tabelle 12 zusammengefasst sind. Die maximale Druckgeschwindigkeit beträgt somit 24,38 mm/s für eine Extrusionskraft von 2000 N bei 105 °C. In der polymerbasierten Materialextrusion finden in der Regel höhere Druckgeschwindigkeiten Anwendung, um die Produktivität zu steigern. Im Hinblick auf die Grünteildichte nimmt diese jedoch eine untergeordnete Rolle rein. Aus der Literatur ist ferner bekannt, dass hohe Druckgeschwindigkeiten prinzipiell mit einer geringeren Grünteildichte einhergehen. Typische Druckgeschwindigkeiten sind daher oftmals bei v ≤ 20 mm/s zu verorten (vgl. [242]). Folgerichtig ist das identifizierte Geschwindigkeitsintervall ausreichend, sodass keine weitere Erhöhung der Temperatur und damit der theoretisch umsetzbaren Druckgeschwindigkeit erforderlich ist. Das zu testende Geschwindigkeitsintervall wird nachfolgend auf 4 mm/s bis 24 mm/s mit einem Inkrement von 4 mm/s festgelegt. Demnach werden die theoretischen Druckgeschwindigkeiten abgerundet (Bsp.: v_{theo}(1300 N, 85 °C) = 4,52 mm/s → v(1300 N, 85 °C) = 4 mm/s) was erneut eine Überextrusion begünstigt und Messungenauigkeiten vorbeugt. Auf Basis der rheologischen Messungen lässt sich im untersuchten Kraftintervall F_E = [500 N; 2000 N] somit ein Prozessfenster von ET = [85 °C; 105 °C] und v = [4 mm/s; 24 mm/s] ableiten.

Tabelle 12: Theoretisch umsetzbare Druckgeschwindigkeiten in Abhängigkeit der Extrusionskraft und -temperatur; die jeweils grün hinterlegten Werte sind Teil des abgerundeten Geschwindigkeitsintervalls [264]

ET [°C]	F_E [N]															
	500	600	700	800	900	1000	1100	1200	1300	1400	1500	1600	1700	1800	1900	2000
85	1,15	1,32	1,85	2,03	2,45	2,93	3,43	3,93	4,52	5,09	5,81	6,52	7,02	7,85	8,66	9,42
95	1,62	2,38	3,14	3,92	4,90	5,99	7,06	8,20	9,14	10,20	11,30	12,67	14,02	15,16	16,47	19,06
105	1,62	2,52	3,43	4,51	5,95	7,43	9,02	10,63	11,69	12,79	14,91	17,00	18,46	19,99	23,09	24,38

Druckversuche
Die innerhalb des identifizierten Prozessfensters durchgeführten Druckversuche zeigen, dass die Prüfkörper mit zunehmender Druckgeschwindigkeit wellenförmige Formabweichungen im Bereich der Kanten aufweisen. Ein Vergleich der getesteten Druckgeschwindigkeiten v = 8 mm/s und v = 12 mm/s in Abbildung 38 bestätigt, dass der Spitzen-Tal-Wert letzterer mehr als doppelt so hoch ist. Dies ist aller Voraussicht nach auf die für den PFF-Drucker hohen Beschleunigungswerte zurückzuführen, die in der Firmware hinterlegt sind. Die hohen Beschleunigungswerte begünstigen dabei einen konstanten Extrusionsprozess durch eine Reduzierung der Beschleunigung- (kurzzeitige Unterextrusion) und Abbremsphasen (kurzzeitige Überextrusion) bei z. B. Kanten. Im Hinblick auf eine hohe

Grünteildichte wird daher die Druckgeschwindigkeit anlagenspezifisch auf 8 mm/s begrenzt, um den Einfluss der wellenförmigen Formabweichungen auszuschließen und insgesamt die Bauteilqualität zu erhöhen. Auch für Metal FFF mit Ti-6Al-4V-Filamenten sind ähnliche Geschwindigkeitsbereiche (v = 10 mm/s) dokumentiert [232]. Überdies ist davon auszugehen, dass für eine komplementäre Nutzung des PFF-Druckers im MIM-Produktionsbetrieb Losgrößen für das Entbindern und Sintern zusammengefasst werden, um den Auslastungsfaktor zu erhöhen. Die Durchlaufzeit wird somit primär von diesen beiden Teilprozessschritten beeinflusst, sodass die Druckgeschwindigkeit eine sekundäre Rolle einnimmt.

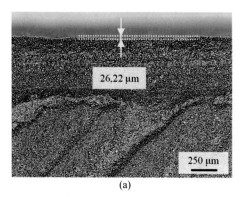 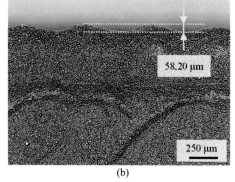

(a)   (b)

Abbildung 38: Digitalmikroskopieaufnahme einer Prüfkörperkante in X-Y-Ebene: (a) ET = 95 °C, F_E = 1300 N, v = 8 mm/s; (b) ET = 95 °C, F_E = 1700 N; v = 12 mm/s [264]

Für das entsprechend angepasste Geschwindigkeitsintervall von v = [4 mm/s; 8 mm/s] kann festgestellt werden, dass für jede der getesteten Extrusionstemperaturen dichte Grünteile analog zu Zustand 2 herstellbar sind. Einzig bei einer Extrusionstemperatur von 95 °C und einer Druckgeschwindigkeit von 8 mm/s resultiert die sich aus Gleichung (5.2) ableitende Extrusionskraft (F_E = 1200 N) in einer temporären Unterextrusion gemäß Zustand 1. Folgerichtig sind rautenförmige Lücken vor allem im Randbereich zu erkennen (s. Abbildung 39a). Hier werden die Konturbahnen im Gegensatz zum Füllmuster (±45° zur Betrachtungsebene) nebeneinander abgelegt, sodass die rautenförmigen Lücken in der gleichen Ebene wie die Bruchfläche liegen.

Diesbezüglich ist jedoch anzumerken, dass die Differenz zwischen der theoretisch umsetzbaren (v_{theo} = 8,20 mm/s) und der realiter getesteten Druckgeschwindigkeit (v = 8 mm/s) von allen getesteten Druckgeschwindigkeiten die geringste ist (Δv < 2,5 %). Somit ist die forcierte Überextrusion als äußerst gering einzustufen. In der Konsequenz fallen die beschriebenen Messungenauigkeiten wie die manuelle Extrusion stärker ins Gewicht. Hinzu kommt, dass bei den Druckversuchen eine zusätzliche Kraft durch die Strangablage (F_S) wirkt. Infolge der unzureichenden Verdichtung bei 1200 N wird letztlich ein zu geringer Volumenstrom extrudiert, der mit einer temporären Unterextrusion gemäß Zustand 1 einhergeht.

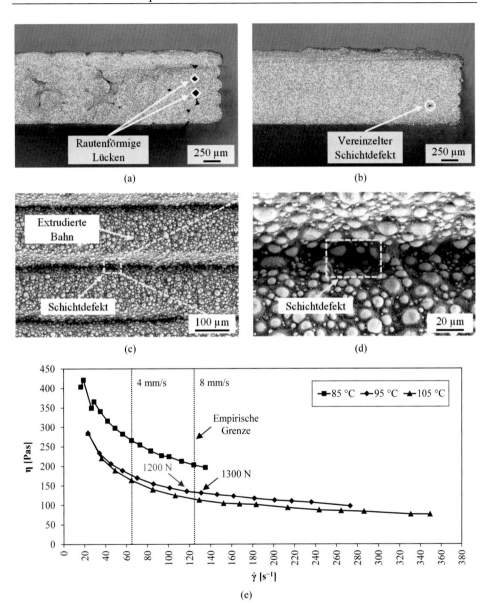

Abbildung 39: Digitalmikroskopieaufnahme der Bruchfläche in Z-X-Ebene bei ET = 95 °C, v = 8 mm/s: (a): F_E = 1200 N; (b) F_E = 1300 N; REM-Aufnahme eines exemplarischen Schichtdefekts in verschiedenen Vergrößerungsstufen: (c) 100x; (d) 500x; (e) Fließkurven inklusive empirischer Grenzwerte für die Schergeschwindigkeit zur Herstellung dichter Grünteile (vgl. [264])

Allgemein korreliert der extrudierte Volumenstrom gemäß Gleichung (5.4) positiv mit der Schergeschwindigkeit. Anhand der Druckversuche ist ersichtlich, dass für dichte Grünteile gemäß Zustand 2 mindestens ein Volumenstrom oberhalb 0,73 mm³/s bzw. eine Schergeschwindigkeit von 124 s⁻¹ (s. Abbildung 39e, empirische Grenze) bei den rheologischen Messungen vorherrschen muss. Sobald diese empirischen Grenzwerte erreicht sind, lässt sich mithilfe von Gleichung (5.2) die korrekte Extrusionskraft für die festgelegte Geschwindigkeitsgrenze bestimmen. Für diese ist bei einer Extrusionstemperatur von 95 °C die kritische Schergeschwindigkeit erst bei einer Extrusionskraft von 1300 N erreicht. Hier steigt die berechnete Schergeschwindigkeit von 117 s^{-1} auf 131 s^{-1}, was zudem die Viskosität von 136 Pas auf 132 Pas reduziert. Wie in Abbildung 39b zu erkennen ist, führt dies zu einer Grünteildichte, die dem definierten Idealzustand entspricht.

Innerhalb des definierten Temperatur- sowie anlagenspezifischen Geschwindigkeitsintervalls ist somit eine Grünteildichte gemäß Zustand 2 gewährleistet. Als optimale Druckgeschwindigkeit wird nachfolgend v_{opt} = 8 mm/s definiert. Hierbei handelt es sich um das Maximum des anlagenspezifischen Geschwindigkeitsintervalls, das im Vergleich zum Stand der Technik jedoch so gering ist, dass kein negativer Einfluss auf die Grünteildichte zu erwarten ist (vgl. [232, 234]). Als optimale Extrusionstemperatur wird ET$_{opt}$ = 95 °C festgelegt. Anhand der Fließkurven in Abbildung 39e ist zu erkennen, dass sich der Referensfeedstock bei ET = 85 °C im Vergleich zu den beiden nächsthöheren Extrusionstemperaturen deutlich hochviskoser verhält. Hier muss für eine Druckgeschwindigkeit von 8 mm/s eine Extrusionskraft von 1900 N aufgebracht werden, was nahezu der definierten Kraftgrenze von 2000 N entspricht und somit die ständige mechanische Belastung der verbauten Komponenten erhöht. Eine Erhöhung der thermischen Belastung der Feedstockschmelze ist hingegen bei höheren Extrusionstemperaturen zu erwarten. Die Fließkurven bei ET = 95 °C und ET = 105 °C weisen dabei ein ähnliches Verhalten auf, sodass die niedrigere Extrusionstemperatur den Vorzug erhält. Die entsprechende Extrusionskraft für die optimalen Prozessparameter liegt bei F_E = 1300 N, wie Tabelle 13 zu entnehmen ist. Eine Bruchflächenanalyse der entsprechenden Prüfkörper bestätigt den angestrebten Idealzustand in Abbildung 39b. So können lediglich vereinzelte Schichtdefekte sowohl in den Digitalmikroskopie- als auch REM-Aufnahmen identifiziert werden. Diese sind grundsätzlich in der Grenzfläche zwischen zwei Bahnen zu verorten und auf marginale Geometrieänderungen infolge des Extrusionsprozesses zurückzuführen (s. Abbildung 39c/d).

Tabelle 13: Experimentell validierte Prozessparameter; grün hinterlegt ist der für die Grünteilherstellung optimale Prozessparametersatz

v [mm/s]	ET [°C]	F_E [N]	η [Pas]	γ̇ [s^{-1}]
	85	1300	266	65
4	95	900	170	70
	105	800	164	65
	85	1900	203	124
8	95	1300	132	131
	105	1100	113	129

Quantifizierung der Grünteildichte

Mit der Identifizierung materialspezifischer Prozessparameter findet nachfolgend eine Quantifizierung der damit einhergehenden Grünteildichte statt. Hierzu werden fünf Dichtewürfel (10 x 10 x 10,1 mm) additiv gefertigt, mittels Messschieber sowie Feinmesswaage vermessen und die entsprechenden Mittelwerte gebildet. Eine Zusammenfassung der Ergebnisse ist Tabelle 14 zu entnehmen. Die für den angestrebten Idealzustand resultierende Grünteildichte beträgt 3,16 g/cm^3 (geometrisch), was einer relativen Dichte von

97,82 % entspricht. Diesbezüglich ist anzumerken, dass sowohl die Feedstockdichte als auch die gemittelten Grünteilmaße lediglich eine Näherung darstellen. Ein geometrischer Einfluss ist aufgrund der geringen Bauteilkomplexität indes auszuschließen (s. Kapitel 6.2.5). Vielmehr ist die gemessene Restporosität auf vereinzelte Schichtdefekte zurückzuführen, die prozessparameterspezifisch nur unter Verlust der Formstabilität zu eliminieren sind (s. Abbildung 34). Die erzielte Grünteildichte ist somit charakteristisch für den definierten Idealzustand und wird infolgedessen als hinreichend hoch eingestuft. Inwiefern diese für eine komplementäre Nutzung im MIM-Produktionsbetrieb geeignet ist, wird abschließend am Sinterteil evaluiert (s. Kapitel 7.2.3).

Tabelle 14: Soll-Ist-Vergleich der mittels PFF hergestellten Grünteile

Prüfkörper		Gewicht [g]	Dichte [g/cm³]	X [mm]	Y [mm]	Z [mm]
Dichtewürfel	Soll	3,26	3,23	10	10	10,1
	Ist	3,06 ±0,019	3,16 ±0,02	9,85 ±0,020	9,87 ±0,022	9,98 ±0,017

Weiterhin ist in Tabelle 14 ersichtlich, dass die mittels PFF hergestellten Grünteile ein ausgeprägtes Untermaß aufweisen. Der gemittelte Grünteilschrumpf beträgt 1,53 ±0,20 % in X-, 1,33 ±0,22 % in Y- sowie 1,17 ±0,17 % in Z-Richtung und ist höher als der für MIM-Grünteile typische Schrumpf von etwa 1 % [125]. Neben dem materialspezifischen Anteil des Schrumpfs besteht für PFF demnach ein zusätzlicher Anteil, dessen Quantifizierung für verschiedene Bauteilgeometrien Gegenstand von Kapitel 6.3 ist. Als Folge des Volumenstromunterschiedes aus Gleichung (4.10) wird ferner ein geringerer Massenstrom extrudiert. Dies führt bei den Dichtewürfeln zu einer Abweichung vom Sollgewicht von im Mittel 6,13 %. Der höhere Grünteilschrumpf und das geringere Grünteilgewicht heben sich jedoch gegenseitig auf, sodass die Grünteildichte dadurch nicht signifikant herabgesenkt wird.

5.2 Eruieren der Füllstandabhängigkeit

Zwingende Voraussetzung für die Umsetzung der zuvor quantifizierten Grünteildichte ist die Stabilität des Extrusionsprozesses. Insbesondere für die Kolbenextrusion von reinen Polymerschmelzen ist dokumentiert, dass der Extrusionsprozess durch eine inhomogene Schmelzviskosität entlang des Zylinders sowie in der Schmelze eingeschlossene Luftblasen temporär gestört wird (s. Kapitel 2.1.3). Um die Kontinuität des Extrusionsprozesses in Abhängigkeit des Füllstands dahingehend zu eruieren, erfolgt die Extrusion der maximalen Füllmenge unter Verwendung der zuvor identifizierten Prozessparameter.

5.2.1 Messaufbau

Zur Quantifizierung des Massenstroms werden 200 g des Referenzmaterials (entspricht einer Zylinderfüllung ohne Komprimierung) in den beheizten Zylinder gefüllt und dort für 30 Minuten aufgeschmolzen. Anschließend wird die Feedstockschmelze für 15 Minuten manuell verdichtet sowie für 2.500 Sekunden schrittgesteuert extrudiert, um Einlaufeffekte zu vermeiden. Mit dem daran anknüpfenden Start der Messung wird der geschmolzene Feedstock mit konstanter Kolbengeschwindigkeit gemäß Gleichung (4.8) auf eine Stahlplatte in Luft extrudiert, wie dem Messaufbau in Abbildung 40 zu entnehmen ist. Unterhalb der Stahlplatte ist eine Präzisionswaage (KERN & SOHN GmbH, PCB

2500-2) platziert, die im Sekundentakt das gemessene Gewicht an einen Computer übermittelt, in dem weiterhin die entsprechend vorherrschende Extrusionskraft aufgenommen
wird. Um potenzielle Temperatureinflüsse während der Messung zu exkludieren, erfolgt
zusätzlich eine Aufnahme der Umgebungstemperatur am Rahmen des PFF-Druckers sowie am DMS-Aufbau. Ferner wird der Versuch aufgrund der anzunehmenden Extrusionsdauer von ca. 23 Stunden (82.680 Sekunden) in drei aufeinanderfolgende Messtage auf-
geteilt, sodass stets eine analoge Überwachung des Extrusionsprozesses gewährleistet ist.
Dabei ist zu berücksichtigen, dass bei der maximalen Füllmenge von 200 g ca. 3,86 %
(7,72 g) im Zylinder verbleiben (nachfolgend: konstruktive Fehlmenge), was auf den Öffnungswinkel der Düsenaufnahme zurückzuführen ist. Die Fehlmenge, die am Kolben infolge der gewählten Passung vorbeifließt, ist hingegen wegen der äußerst geringen Materialmenge zu vernachlässigen.

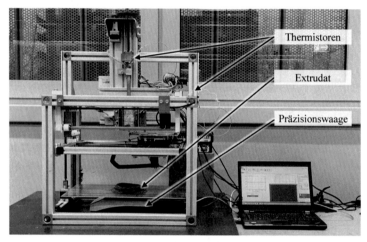

Abbildung 40: Messaufbau zum Eruieren der Füllstandabhängigkeit; Beschriftung als Ergänzung zu
               Abbildung 35a

5.2.2 Untersuchung des Massenstroms

In Abbildung 41 sind die Massenströme für den ersten (a) und zweiten Messtag (b) aufgetragen. Auf einen dritten Messtag wurde verzichtet, da bei etwa 65.400 Sekunden Luftblasen detektiert wurden, die zu temporären Abbrüchen des Extrusionsprozesses führten.
Diese Extrusionsabbrüche sind sowohl im Extrudat durch abgebrochene Stränge als auch
in den aufgenommenen Kraftverläufen eindeutig erkennbar. Eine Kontrollmessreihe
konnte den in Abbildung 41b markierten Luftblasenbereich erneut validieren. Auch bei
diesem Langzeitextrusionsversuch traten bei etwa 66.650 Sekunden − also nur ca. 20 Minuten zeitlich versetzt − erneut Luftblasen auf. Eine zusätzliche Verdichtung mit höheren
Extrusionskräften ($F_E \gg 1300$ N) vor Versuchsbeginn vermochte die Luftblasen nicht zu
eliminieren. Die Vermutung liegt somit nahe, dass die konstruktiv bedingte Aufschmelz-
richtung in Kombination mit der Schwerkraft einen Luftblasenbereich im oberen Drittel
des Zylinders entstehen lässt.

Beim Überschreiten einer Extrusionsmenge von 139,74 g (entspricht 69,87 % der gesamten Füllmenge) nach 65.400 Sekunden ist folgerichtig eine erneute Befüllung durchzuführen. Insgesamt ergibt sich dadurch eine Gesamtfehlmenge von 30,13 % (inklusive der konstruktiven Fehlmenge), die im Sinne der Ressourceneffizienz dem Recyclingkreislauf zuzuführen ist.

Innerhalb des zulässigen Extrusionsbereichs lassen die Massenströme in Abbildung 41a/b erkennen, dass die Materialextrusion unabhängig von der Kolbenposition im Zylinder konstant verläuft, worauf eine lineare Regression mit einem Bestimmtheitsmaß von $R^2 > 99{,}99$ % schließen lässt. Der gemittelte Massenstrom für den ersten Messtag beträgt dabei 0,002099 g/s und der für den zweiten Messtag 0,002117 g/s. Daraus resultiert eine Abweichung von 0,85 % zwischen den beiden Messtagen, wie in Abbildung 41c veranschaulicht ist. Die über den betrachteten Zeitraum recht geringe Abweichung ist aller Voraussicht nach auf Messungenauigkeiten der Waage (Einschwingzeit: 3 s; Linearität: ±0,03 g) in Verbindung mit der während der Versuche teils erneuten Positionierung des Extrudats im Messbereich zurückzuführen. Eine weitere Ursache kann in der Komprimierung der Lufteinschlüsse im oberen Drittel des Zylinders liegen. Diese ist jedoch im Hinblick auf die beschriebenen Messungenauigkeiten sowie die Länge des betrachteten Zeitintervalls als gering einzustufen. Ein Einfluss der Umgebungstemperatur auf die Messergebnisse ist überdies auszuschließen. Sowohl am Rahmen des PFF-Druckers als auch am DMS-Aufbau konnten während der Messungen keine signifikanten Temperaturschwankungen beobachtet werden. So liegt der Mittelwert für die am Rahmen gemessene Umgebungstemperatur bei 24,5 ±0,24 °C sowie die am DMS-Aufbau vorherrschende Temperatur bei 33,6 ±1,02 °C.

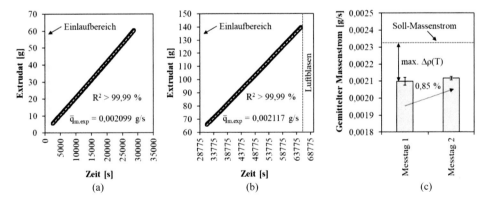

Abbildung 41: (a) Aufgezeichneter Massenstrom $q_{m,exp}$ inklusive linearer Regression (gelb gestrichelt) für ein Zeitintervall von 2500 bis 28775 s; (b) aufgezeichneter Massenstrom $q_{m,exp}$ inklusive linearer Regression (gelb gestrichelt) für ein Zeitintervall von 31275 bis 65400 s; (c) Vergleich der gemittelten Massenströme für Messtag 1 und 2 mit dem Soll-Volumenstrom

Eine signifikante Abweichung ist hingegen in Abbildung 41c zwischen den experimentell ermittelten Massenströmen und dem Soll-Massenstrom zu erkennen. Letzterer beträgt nach Gleichung (4.5) und (4.6) 0,002326 g/s. Somit besteht zu den experimentell bestimmten Massenströmen eine maximale Abweichung von 9,76 %, die auf den Volumenstromunterschied aus Gleichung (4.10) zurückzuführen ist. Die Abweichung korreliert dabei mit der temperaturbedingten Dichtedifferenz zwischen RT und ET (s. Kapitel 4.3.1).

5.2.3 Untersuchung des Kraftverlaufs

Die während der Messungen aufgezeichneten Kraftverläufe in Abbildung 42a/b lassen erkennen, dass die Extrusionskraft innerhalb eines Messtages periodisch zu- und abnimmt,
was aller Voraussicht nach auf die Umdrehungsbewegung des Zahnradantriebes zurückzuführen ist. Ein Einfluss der periodischen Zu- und Abnahme der Extrusionskraft auf den
Massenstrom ist mit Blick auf dessen Linearität indes auszuschließen (s. Abbildung
41a/b). Anhand der Steigungsdreiecke der linearen Regressionen (m = 0,001) ist zudem
ersichtlich, dass die Extrusionskraft im Bereich des periodischen Verlaufs nicht signifikant steigt oder abfällt. So beträgt die gemittelte Extrusionskraft am ersten Messtag
1215,36 ±18,22 N und am zweiten 1318,60 ±25,74 N, was die Messergebnisse aus Kapitel
5.1.3 (F_E > 1200 N) bestätigt. Der Kraftunterschied von im Mittel 103,24 N zwischen den
Messtagen ist auf die Kalibrierung der Kolbenkraft (F_K) vor Extrusionsbeginn zurückzuführen. Während diese am ersten Messtag nahe der Zylinderöffnung erfolgte, fand die
Kalibrierung am zweiten Messtag innerhalb des Zylinders statt, in dem bereits eine zusätzliche Kraft auf dem Kolben wirkte. Um einen Einfluss der Umgebungsluft auf den
Extrusionsprozess ausschließen zu können, wurde auf ein erneutes Hochfahren des Kolbens bis zur Zylinderöffnung verzichtet. Für den Start des Druckvorgangs mit im Zylinder
kalibrierten Kolben ist daher die für ET_{opt} und v_{opt} bestimmte Extrusionskraft um die zusätzliche Kalibrierungskraft F_K (100 N) zu erhöhen.

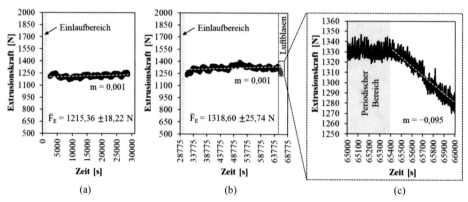

Abbildung 42: (a) Aufgezeichneter Kraftverlauf inklusive Steigungsdreieck einer linearen Regression (gelb
gestrichelt) für ein Zeitintervall von 2500 bis 28775 s; (b) aufgezeichneter Kraftverlauf inklusive Steigungsdreieck einer linearen Regression (gelb gestrichelt) für ein Zeitintervall von
31275 bis 65400 s; (c) signifikanter Kraftabfall verdeutlicht durch ein negatives Steigungsdreieck infolge entweichender Lufteinschlüsse

Weiterhin ist die Kolbenposition zu vermerken, um über die zurückgelegte Wegstrecke
das verdrängte Volumen und somit die extrudierte Menge zu bestimmen. Sobald letztere
eine kritische Menge (> 139 g) erreicht, ist eine erneute Befüllung mit 200 g Feedstock
durchzuführen, da ansonsten temporäre Prozessabbrüche durch Luftblasen zu erwarten
sind. Innerhalb des Luftblasenbereichs ist dabei ein signifikanter Kraftabfall durch das
Herausdrucken der in der Schmelze eingeschlossenen Umgebungsluft zu verzeichnen (s.
Abbildung 42c, Beginn ab ca. 65400 s). Hier ist die stetige Kraftabnahme (m = −0,095)

wesentlich höher als diejenige, die mit dem periodischen Verlauf der Extrusionskraft korreliert, was folgerichtig auf ein charakteristisches Verhalten des Luftblasenbereichs schließen lässt.

Im Bereich des periodischen Kraftverlaufs lässt sich bei einer Verkleinerung des Zeitintervalls erkennen, dass während des Extrusionsprozesses der sogenannte Stick-Slip-Effekt vorherrscht. Dieser tritt auf, sobald die Haftkraft (F_H) zweier relativ zueinander bewegter Körper wesentlich höher ist als die Gleitkraft (F_G). Infolgedessen entstehen die für den Stick-Slip-Effekt charakteristischen Ruhe- (Stick) und Gleitphasen (Slip), in denen der Kolben zunächst die Haftkraft überwinden muss, ehe ein Gleiten ermöglicht wird. Die Gleitphase hält anschließend bis zum Erreichen der Gleitkraft an. Sobald diese unterschritten ist, beginnt ein erneuter Kraftaufbau in der Ruhephase (vgl. [139]). Das in Abbildung 43b dargestellte Ruckgleiten kommt jedoch nur in kleinen Zeitintervallen (100 s) zum Tragen. Global betrachtet sind die aufgezeichneten Kraftsprünge mit maximal 23,7 N um mehr als Faktor 3 geringer als diejenigen, die aus dem periodischen Kraftverlauf resultieren (s. Abbildung 43a, max. Differenz: 79,5 N). Zudem weisen beide Zeitintervalle einen linearen und somit konstanten Massenstrom mit einem Bestimmtheitsmaß von $R^2 > 98\,\%$ auf.

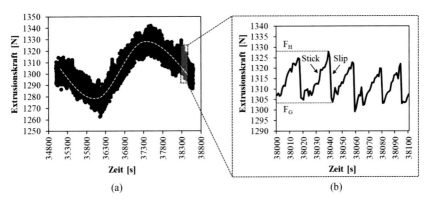

Abbildung 43: (a) Exemplarische Darstellung des periodischen Kraftverlaufs (gelb gestrichelte Linie) für ein Zeitintervall von 3500 bis 38600 s; (b) Verdeutlichung des Stick-Slip-Effekts für ein Zeitintervall von 100 s

Zusammenfassend lässt sich festzuhalten, dass die Beobachtungen aus Kapitel 5.1.3 hinsichtlich der optimalen Extrusionskraft sowie des dichtebedingten Volumenstromunterschieds validiert wurden. Des Weiteren konnte ein stabiler Extrusionsprozess für bis zu 69,87 % des Zylinderinhalts nachgewiesen werden. Der sich daraus ableitende zulässige Extrusionsbereich ist vor Druckbeginn über die Kolbenposition einzustellen. Innerhalb dieses Bereichs lassen sich bis zu 139 g des Referenzmaterials ohne Prozessunterbrechungen mit einer Befüllung extrudieren. Im gesinterten Zustand entspricht dies in etwa dem 12-fachen Gewicht durchschnittlicher MIM-Sinterteile [99]. Ferner ist die anlagenspezifische Fehlmenge (30,13 %) analog zu Angüssen im Metallpulverspritzguss (vgl. [78]) grundsätzlich rezyklierbar. Zur weiteren Reduktion der anlagenspezifischen Fehlmenge ist weiterhin der Einsatz von Vakuumtechnik zur Evakuierung der eingeschlossenen Umgebungsluft vor Prozessbeginn denkbar. Dies ginge jedoch mit einer Erhöhung der Prozesskomplexität wie auch -kosten einher.

5.3   Grenzwertbestimmung für Düsenreinigung

Neben dem identifizierten Luftblasenbereich hat der anlagenspezifische Materialüberschuss an der Auftragsdüse einen wesentlichen Einfluss auf die Prozessstabilität. Sobald dieser einen kritischen Wert überschreitet, drohen die Auftragsdüse zu verstopfen oder Materialartefakte in das teilfertige Grünteil zu gelangen. Somit muss sichergestellt sein, dass unabhängig von der zu fertigenden Bauteilgeometrie ein Reinigungszeitpunkt antizipiert wird, der den Materialüberschuss frühzeitig im Druckprozess entfernt. Für die Antizipation des Reinigungszeitpunkts wird für verschiedene Prüfkörpergeometrien und -anordnungen die Summe der Verfahrbewegungen im G-Code mit dem Materialüberschuss korreliert. Hierfür erfolgt zunächst eine allgemeine Quantifizierung des Materialüberschusses, ehe auf Basis dessen die experimentelle Bestimmung eines geometrieunabhängigen Grenzwertes für das in Kapitel 4.3.3 beschriebene Python-Skript stattfindet.

5.3.1   Quantifizierung des Materialüberschusses

Die Entwicklung des Materialüberschusses lässt sich gemäß Kapitel 4.3.3 als die Summe der Verfahrbewegungen (ΣV_B) pro aufzubauender Schicht beschreiben. Für die Bestimmung eines geometrieunabhängigen Grenzwertes für ΣV_B ist es zunächst erforderlich, die Ausbildung des überschüssigen Materials an der Auftragsdüse im Hinblick auf die Gefahr eines Prozessabbruchs zu eruieren. Hierzu wird die Materialzunahme mit steigender Summe der Verfahrbewegungen mithilfe von Makroaufnahmen (Canon Inc., EOS 550D) quantifiziert. Als Prüfkörper fungieren sechs Quader (7,6 x 7,6 x 4,6 mm), deren Anordnung in Abbildung 44a dargestellt ist. Zwecks Druckbettadhäsion ist dabei jeweils die erste Schicht eines jeden Quaders vollständig gefüllt (Füllgrad: 100 %); die übrigen Schichten weisen einen Füllgrad von 0 % auf. Zur Quantifizierung des Grenzbereichs wird jeweils am Ende einer jeden Schicht an einem definierten Messpunkt (s. Abbildung 44a, schwarzer Kasten) die Fläche des an der Auftragsdüse angesammelten Extrudats A_M (s. Abbildung 44b) bestimmt. Die Vermessung der Fläche erfolgt dazu mithilfe einer optischen Vermessungssoftware (The Imaging Source LLC, IC-Measure 2.0.0.286). Insgesamt wird die beschriebene Versuchsdurchführung viermal wiederholt.

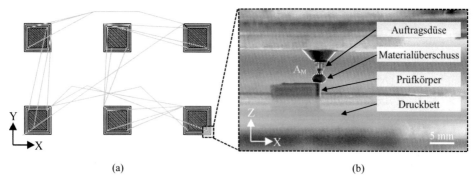

(a)   (b)

Abbildung 44: (a) Visualisierung der Leerfahrten (grün markiert) zur Prüfkörperherstellung für eine Schicht; (b) Makroaufnahme des Messpunkts und exemplarische Darstellung der Flächenapproximation

Die grafische Auswertung der Versuchsdurchführung ist Abbildung 45c zu entnehmen. Demzufolge ist die Weiterführung des Druckvorgangs ohne Düsenreinigung ab einer Fläche von $A_M \geq 5$ mm^2 bei $\sum V_B = 11689$ mm (13. Schicht) als kritisch einzustufen. So ist in Abbildung 45b zu erkennen, dass der Materialüberschuss die gesamte Düsenspitze einnimmt und Materialartefakte drohen, in das teilfertige Grünteil zu gelangen. Durch eine Reduzierung auf $\sum V_B = 6926$ mm (7. Schicht) sinkt die Fläche des Materialüberschusses auf unterhalb 3 mm^2. Diese Fläche wird noch als zulässig eingestuft, da hier eine Beeinträchtigung des Extrusionsprozesses grundsätzlich auszuschließen ist. Für eine prozessstabile Fertigung wird somit eine Grenzfläche von $A_M \leq 3$ mm^2 festgelegt (s. Abbildung 45c, rot gestrichelte Linie), was einer Summe an zulässigen Verfahrbewegungen von im Mittel $\sum V_B = 7720$ mm entspricht.

Mit einem Wechsel der Prüfkörpergeometrie und -anordnung ist jedoch von einer Korrektur dieses Grenzwertes auszugehen. Dies ist auf die Änderung der Bahnplanung im G-Code zurückzuführen, die sich je nach darzustellendem Schichtquerschnitt unterschiedlich stark auf die Materialzunahme auswirkt. Folglich weist der Grenzwert eine Geometriedependenz auf, die es gilt, mithilfe verschiedener Prüfkörpergeometrien zu eruieren und darauf basierend einen geometrieunabhängigen Grenzwert zu bestimmen. Die mittels Makroaufnahmen identifizierte Grenzfläche fungiert dabei als Grundlage für die Grenzwertbestimmung.

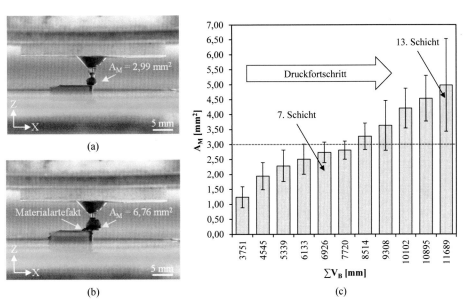

Abbildung 45: Exemplarische Darstellung der Materialzunahme für dieselbe Probe: (a) $\sum V_B = 6926$ mm; (b) $\sum V_B = 11689$ mm; (c) durchschnittliche Zunahme des Flächeninhalts mit steigender Schichtanzahl (rot gestrichelte Linie stellt die definierte Grenzfläche dar)

5.3.2 Experimentelle Grenzwertbestimmung

Im Folgenden fungieren Zugproben als Prüfkörper, die zur Identifizierung eines geomet-rieunabhängigen Grenzwertes in drei unterschiedlichen Bauraumorientierungen (flach, seitlich, vertikal) auf dem Druckbett angeordnet werden (s. Abbildung 46). Dies hat zur Folge, dass die zu fertigende Querschnittsfläche pro Schicht zwischen den gewählten Bau-raumorientierungen – stellvertretend für unterschiedliche Bauteilgeometrien – im Mittel stark variiert. Die flach orientierten Zugproben weisen dabei die im Durchschnitt größte Querschnittsfläche pro Schicht auf (s. Abbildung 46a). Infolge der Rotation der Zugpro-ben um 90° in Y-Richtung (seitliche Orientierung, Abbildung 46b) respektive Z-Richtung (vertikale Orientierung, Abbildung 46c) nimmt diese signifikant ab. Das Minimum ist bei den vertikal orientierten Zugproben zu verorten, deren Probenköpfe zwecks Druckbettad-häsion halbiert wurden. Ferner ist für die seitliche Orientierung eine Stützkonstruktion erforderlich, um den entstehenden Überhang abzustützen.

Insgesamt weisen die gewählten Bauraumorientierungen somit eine hohe Varianz hin-sichtlich des herzustellenden Schichtquerschnitts in Z-Richtung auf, was eine geometrie-unabhängige Bestimmung des Grenzwertes zulässt. Hierzu wird die Grenzfläche A_M wäh-rend des Druckvorgangs mittels Sichtprüfung approximiert und beim Überschreiten des Flächengrenzwertes von oberhalb 3 mm^2 eine manuelle Reinigung durchgeführt. Dabei werden sowohl die entsprechende Anzahl der bis dahin gedruckten Schichten als auch die Summe der Verfahrbewegungen aus dem G-Code für die jeweils erste Probe einer Bau-raumorientierung ausgelesen. Zur Validierung der Flächenapproximation erfolgt darauf-hin die Fertigung zwei weiterer Zugproben mit den zuvor identifizierten Reinigungszeit-punkten. In Summe werden so pro Bauraumorientierung drei Zugproben untersucht.

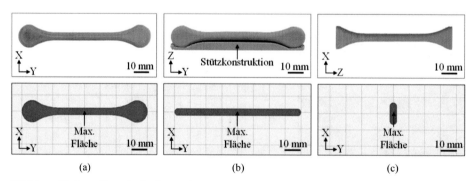

Abbildung 46: Darstellung der Prüfkörper in Real- (oben) und Slicing-Ansicht (unten) inklusive der maximal herzustellenden Querschnittsfläche: (a) flache Orientierung; (b) seitliche Orientierung; (c) vertikale Orientierung

Eine probenfeine Übersicht der aufsummierten Verfahrbewegungen ΣV_B pro manuell durchgeführter Düsenreinigung ist Abbildung 47 zu entnehmen. Im Rahmen der Ver-suchsdurchführung konnte festgestellt werden, dass ausschließlich für die flach orientier-ten Zugproben eine Düsenreinigung pro gefertigtem Schichtquerschnitt erforderlich ist. Für die seitlich und vertikal orientierten Zugproben können mehrere Schichten für eine Düsenreinigung zusammengefasst werden, was generell die Druckzeit verkürzt. So beträgt das Verhältnis von durchgeführten Reinigungen zu gedruckten Schichten bei den seitlich orientierten Zugproben 0,42 (31 Düsenreinigungen, 73 Schichten) und bei den vertikal orientierten Zugproben lediglich 0,05 (20 Düsenreinigungen, 376 Schichten). Die steigende Zahl an gedruckten Schichten pro erforderlichem Reinigungsschritt korreliert demzufolge mit der abnehmenden Querschnittsfläche pro Schicht, die bei den vertikal orientierten Zugproben im Mittel am geringsten ist. Anhand der vertikal orientierten Zugproben lässt sich ferner der Einfluss der Querschnittsfläche auf die erforderlichen Reinigungsschritte innerhalb einer Bauteilgeometrie aufzeigen.

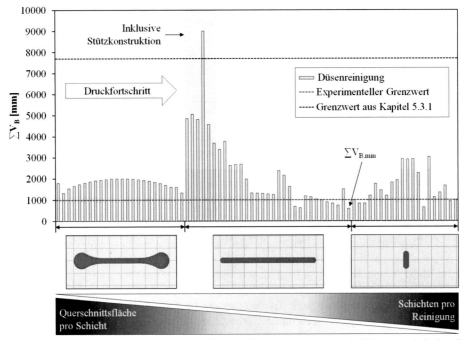

Abbildung 47: Grafische Darstellung der manuell durchgeführten Reinigungen pro Prüfkörper sowie der jeweils hierfür berechneten Gesamtsumme der Verfahrbewegungen $\sum V_B$

Wie in Abbildung 47 zu erkennen ist, beträgt die Gesamtsumme der Verfahrbewegungen pro durchgeführter Reinigung jeweils am Anfang und Ende der Probengeometrie, also im Bereich der Probenköpfe, einen geringeren Wert als in der Probenmitte. In letzterer wird lediglich ein kleiner Bauteilquerschnitt von der Auftragsdüse abgefahren, was das Zusammenfassen mehrerer Schichten für einen Reinigungsschritt erlaubt und somit $\sum V_B$ steigen lässt. Die global höchsten Werte für $\sum V_B$ sind indes bei den seitlich orientierten Zugproben zu verorten. In diesem Bereich wird zusätzlich zur Herstellung der einzelnen Bauteilquerschnitte eine Stützkonstruktion aufgebaut (s. Abbildung 46b). Dies hat zur Folge, dass sich trotz starker Zunahme der Verfahrbewegungen pro Schicht verhältnismäßig wenig Material an der Düse sammelt, was aller Voraussicht nach auf die großen Abstände der abgelegten Bahnen innerhalb der Stützkonstruktion zurückzuführen ist. Anhand der Messergebnisse ist somit ersichtlich, dass die Gesamtsumme der Verfahrbewegungen pro durchgeführter Düsenreinigung eine ausgeprägte Geometriedependenz aufweist.

Die Ergebnisse legen zudem nahe, dass diese sogar für einzelne Abschnitte innerhalb einer Bauteilgeometrie vorherrscht, sodass die ermittelten Werte für ΣV_B teils stark variieren. Die gemessene Varianz wird zusätzlich durch die Approximation von A_M verstärkt.

Auf Basis der Messergebnisse wird daher ein geometrieunabhängiger Grenzwert von $\Sigma V_B = 1000$ mm festgelegt (s. Abbildung 47, rot gestrichelte Linie). Dieser Wert inkludiert 82,7 % aller durchgeführten Düsenreinigungen in Abbildung 47 wie auch den ermittelten Grenzwert aus Kapitel 5.3.1. Im Hinblick auf die subjektive Flächenapproximation ist überdies davon auszugehen, dass auch diejenigen Reinigungsschritte, die unterhalb des Grenzwertes zu verorten sind (17,3 %), keinen Prozessabbruch zur Folge gehabt hätten. So beträgt die maximale Differenz zwischen dem experimentellen Grenzwert ($\Sigma V_B = 1000$ mm) und dem globalen Minimum (s. Abbildung 47, $\Sigma V_{B,min} = 582{,}82$ mm) lediglich 417,18 mm. Ein Vergleich mit der Entwicklung des Materialüberschusses als Funktion der Summe der Verfahrbewegungen in Abbildung 45 zeigt, dass ein Überschreiten der kritischen Grenzfläche ($A_M \geq 5$ mm^2) bei einer derart geringen Zunahme von ΣV_B als unwahrscheinlich einzustufen ist.

Der experimentelle Grenzwert $\Sigma V_B = 1000$ mm weist somit einen ausreichend hohen Sicherheitsfaktor auf und wird als geometrieunabhängiger Grenzwert in das Python-Skript implementiert (s. Anhang A.1). Im Anschluss an die Datenvorbereitung analysiert dieses den bauteilspezifischen G-Code und fügt beim Überschreiten des Grenzwertes die Reinigungszeilen aus Tabelle 10 ein. Die praktische Umsetzung der automatisch im G-Code hinzugefügten Reinigungszeilen ist in Abbildung 48 dargestellt. Zwischen dem ersten und fünften Prozessschritt vergehen insgesamt 19 Sekunden, was unweigerlich in einer Erhöhung der Druckzeit resultiert. Gleichwohl wird die Wahrscheinlichkeit von Prozessabbrüchen durch den hohen Sicherheitsfaktor des Grenzwertes − und damit einer höheren Anzahl an Reinigungsschritten − auf ein Minimum reduziert. Somit stellt dieser einen Kompromiss aus Druckzeiterhöhung und Prozessstabilität zugunsten letzterer dar. Ferner entstehen infolge der Düsenreinigung Artefakte an der Grünteiloberfläche, die jedoch keine wesentliche Minderung der Bauteilqualität darstellen (s. Kapitel 6.3).

- $\Sigma V_B > 1000$ mm
- Bauplattform samt teilfertigem Grünteil verfährt in Grundposition

- Ausführen der ersten Reinigungsbewegung
- Bürstenkopf befreit Auftragsdüse vom angesammelten Material

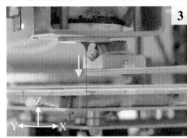

- Extrusion zusätzlichen Materials
- Somit erneuter Aufbau der erforderlichen Extrusionskraft

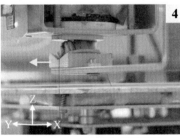

- Ausführen der zweiten Reinigungsbewegung
- Extrudat zum Kraftabbau wird vor Druckfortsetzung entfernt

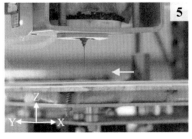

- Verfahren der Bauplattform unter die gereinigte Auftragsdüse
- Fortsetzen des Druckvorgangs

Abbildung 48: Darstellung einer exemplarisch durchgeführten Düsenreinigung unterteilt in die fünf wesentlichen Prozessschritte

5.4   Zusammenfassung

In diesem Kapitel erfolgte eine Validierung des entwickelten PFF-Druckers im Rahmen einer experimentellen Prozessentwicklung. Hierbei wurde die prozessstabile Herstellung dichter Grünteile als wesentliches Qualitätsmerkmal für die Grünteilgüte fokussiert. Die Prozessentwicklung begann mit einer methodischen Identifizierung materialspezifischer Prozessparameter auf Basis rheologischer Messungen. Mithilfe der Messergebnisse ließen sich eine optimale Druckgeschwindigkeit (v_{opt} = 8 mm/s) und Extrusionstemperatur (ET_{opt} = 95 °C) sowie eine dazu passende Extrusionskraft (F_E = 1300 N) bestimmen. Die mit diesen Prozessparametern erzielbare Grünteildichte beträgt im Mittel 3,16 g/cm³, was im Hinblick auf die berechnete Feedstockdichte und gemittelten Grünteilmaße als hinreichend hoch eingestuft wurde.

Um einen Einfluss des Zylinderfüllstands auf die Grünteildichte ausschließen zu können, wurde daraufhin die Kontinuität des Extrusionsprozesses für die gesamte Füllmenge eruiert. Es konnte festgestellt werden, dass 69,87 % des Zylinderinhalts ohne Prozessabbrüche extrudierbar sind, was mehr als 139 g der gesamten Füllmenge (200 g) entspricht. Über die Kolbenposition zu Beginn des Druckvorgangs lässt sich dadurch ein prozessstabiler Extrusionsbereich für die Grünteilherstellung ableiten. Die Gesamtfehlmenge von 30,13 % ist dabei auf Luftblasen im oberen Drittel der Schmelze zurückzuführen. Analog zu Angüssen im Metallpulverspritzguss kann diese jedoch im Sinne der Ressourceneffizienz dem Recyclingkreislauf zugeführt werden.

Zur weiteren Erhöhung der Prozessstabilität innerhalb des abgeleiteten Extrusionsbereichs erfolgte die experimentelle Bestimmung eines Grenzwertes für die in der Slicing-Software eingebundene Düsenreinigung. Der Grenzwert dient zur Antizipation eines Reinigungszeitpunkts für beliebige Bauteilgeometrien, um den anlagenspezifischen Materialüberschuss frühzeitig von der Auftragsdüse zu entfernen. Hierfür fand zunächst eine Korrelation des Materialüberschusses mit der im G-Code hinterlegten Summe der Verfahrbewegungen pro Schicht statt. Anschließend wurde unter Zuhilfenahme verschiedener Prüfkörpergeometrien und -anordnungen ein geometrieunabhängiger Grenzwert bestimmt (ΣV_B = 1000 mm) und in die Slicing-Software über ein Python-Skript implementiert.

Da für die Prozessentwicklung lediglich niedrigkomplexe Prüfkörper Anwendung fanden, gilt es im folgenden Kapitel, die Grünteilqualität auch für komplexere Bauteilgeometrien mithilfe anlagenspezifischer Konstruktionsregeln zu gewährleisten.

6 Anlagenspezifische Konstruktionsregeln

Neben der Grünteildichte hat die Bauteilgeometrie einen wesentlichen Einfluss auf die Bauteilqualität entlang der gesamten Prozesskette. Im Metallpulverspritzguss sind Bauteile hierfür formgebungs-, entbinder- und sintergerecht zu gestalten, um eine hohe Qualität im finalen Sinterteil zu gewährleisten. Für die Integration des PFF-Druckers in bestehende Entbinder- und Sinterprozessrouten bedarf es somit einer anlagenspezifischen Anpassung bereits vorhandener Gestaltungsrichtlinien für die Grünteilformgebung. Die Basis hierfür bilden aufgrund der Analogie zum FFF- bzw. FDM-Verfahren bereits publizierte FDM-Konstruktionsregeln. Diese werden unter Berücksichtigung bereits etablierter Entbinder- und Sintergestaltungsrichtlinien bewertet und diejenigen identifiziert, die experimentell für den PFF-Drucker zu erarbeiten sind (Kapitel 6.1). Die daran anknüpfende systematische Erarbeitung anlagenspezifischer Konstruktionsregeln verfolgt das Ziel, konkrete Wertebereiche für eine formgebungsgerechte Bauteilgestaltung zu ermitteln (Kapitel 6.2). Eine Validierung der erarbeiteten Konstruktionsregeln findet anschließend anhand eines Geometriedemonstrators statt (Kapitel 6.3).

6.1 Identifizierung zu erarbeitender Konstruktionsregeln

Die nachfolgende Identifizierung anlagenspezifischer Konstruktionsregeln basiert auf dem methodischen Vorgehen nach Adam [3] zur systematischen Erarbeitung von u.a. FDM-Konstruktionsregeln. Die Bauteilgestaltung lässt sich demnach durch das Zusammensetzen von Standardelementen beschreiben. Eine Unterteilung dieser Standardelemente gelingt mithilfe der folgenden Elementgruppen [290, 291]:

- *Basiselemente:* Diese Elementgruppe beinhaltet einzelne, einfache Geometrien, die entweder doppelt gekrümmt (Bsp.: Kugel), einfach gekrümmt (Bsp.: Zylinder) oder nicht gekrümmt (Bsp.: Quader) vorliegen.

- *Elementübergange:* Hierunter sind Übergänge zwischen stoffschlüssig (Bsp.: zwei Zähne eines Zahnrads) oder stofflos (Bsp.: zwei gegenüberliegende Zahnräder mit Spaltabstand) miteinander verbundener Basiselemente zu verstehen.

- *Aggregierte Strukturen:* Diese Elementgruppe beschreibt wiederkehrend auftretende räumliche Anordnungen von Basiselementen sowie deren Elementübergänge.

Die Qualität des gesamten Bauteils resultiert aus den Einzelqualitäten der entsprechenden Standardelemente. Voraussetzung für qualitativ hochwertige Bauteile ist demnach eine hohe Qualität der einzelnen Standardelemente. Diese werden durch die Ausprägung ihrer jeweiligen Elementtypen und der sich daraus ableitenden Attribute beeinflusst. Folgerichtig ist es das Ziel der zu erarbeitenden Konstruktionsregeln, einen Bereich für die fertigungsgerechte Attributsausprägung zu identifizieren, in dem eine hohe Qualität für das entsprechende Standardelement vorliegt [5, 290, 291]. In den Ausarbeitungen von Adam sind dazu 30 Attribute aufgeführt. Die sich aus den Attributen ableitenden FDM-Konstruktionsregeln sind entweder generisch formuliert und aufgrund der Verfahrensanalogie übertragbar oder im Hinblick auf den PFF-Drucker obsolet. Erstere sind in Abhängigkeit der beschriebenen Attributsausprägung mitunter durch etablierte Gestaltungsrichtlinien zum Entbindern und Sintern zu ergänzen. Diejenigen Konstruktionsregeln, die hingegen einen konkreten Wertebereich beschreiben, sind nachfolgend experimentell zu erarbeiten.

L. Waalkes, *Potenzialerschließung und -bewertung der sinterbasierten Kolbenextrusion*, Light Engineering für die Praxis, https://doi.org/10.1007/978-3-662-66883-2_6

Tabelle 15: Bewertung der auf Adam [3] basierenden Attribute für PFF

Elementgruppe	Elementtyp	Attribut	FDM-Regel	Bewertung
Basis-elemente	Nicht gekrümmt	Breite	1	◐
			3	○
		Höhe	4	◐
			5	●
		Länge	6	●
		Orientierung	7	○
		Position	8	○
		Richtung	10	●
	Einfach gekrümmt	Außendurchmesser	11	○
			12	●
		Innendurchmesser	13	●
			14	○
		Innendurchmesser ohne Supports	15	●
		Höhe	16	◐
			17	●
		Orientierung	20	○
		Position	21	○
	Doppelt gekrümmt	Außendurchmesser	23	◐
		Innendurchmesser	24	○
		Position	25	◐
Element-übergänge	Stoffschlüssig	Übergangswinkel	27	○
		Breite	28	◐
		Kanten	30	◐
			31	○
			32	○
		Ecken	33	○
			34	○
			35	○
	Stofflos	Spaltbreite	36	●
		Spaltlänge und -höhe	39	○
Aggregierte Strukturen	Inseln	Länge	40	◐
		Abstand	43	◐
	Überhänge	Länge	45	●
	Materialanhäufung	Querschnittsfläche	46	◐
	Materialengstelle	Querschnittsfläche	49	●
	Fundament	Stabilität	51	○
	Bauteiloberflächen	Oberflächenwinkel	52	●
		Stützhöhe	54	◐
		Rauheit	55	○

○   Übertragbar/obsolet

◐   Übertragbar, aber ergänzende Entbinder-/Sintergestaltungsrichtlinien zu berücksichtigen

●   Experimentelle Erarbeitung

Eine Übersicht der dahingehend bewerteten FDM-Konstruktionsregeln ist Tabelle 15 zu entnehmen. Für eine detaillierte Erläuterung der Bewertung sei an dieser Stelle auf Anhang A.2 verwiesen.

6.2 Experimentelle Erarbeitung

Die systematische Erarbeitung anlagenspezifischer Konstruktionsregeln für den Referenzfeedstock erfolgt analog zu der von Adam [3] beschriebenen Vorgehensweise. Diese lässt sich grundsätzlich in drei Schritte unterteilen und beginnt mit der Vorstellung der Versuchsdurchführung. In dieser werden zunächst die attributsspezifischen Prüfkörper eingeführt und erläutert. Die Geometrie der Prüfkörper ist so gewählt, dass diese eine qualitative oder quantitative Beurteilung der Attributsausprägungen zulässt. Anschließend werden die Prüfkörper in dreifacher Ausführung analog zu der in Kapitel 5.1.3 beschriebenen Vorgehensweise gefertigt. Daran anknüpfend findet eine Qualitätsuntersuchung der entsprechenden Attributsausprägungen unter Zuhilfenahme von Makroaufnahmen (Canon Inc., EOS 550D) statt, die mittels Software (The Imaging Source Europe GmbH, IC Measure, Version 2.0.0.286) vermessen werden. Ergänzt wird dies durch Nutzung eines Messschiebers, der zur Messung der Außenmaße der Prüfkörper aufgrund der einfachen Handhabung verwendet wird (vgl. [151]). Beide Messmittel werden zusätzlich durch eine Sichtprüfung unterstützt, in der offensichtliche Formabweichungen qualitativ festgehalten werden. Weiterhin findet ein Digitalmikroskop (Keyence Corp., VHX-5000) Anwendung, um Detailaufnahmen der Grünteile anzufertigen. In einem dritten Schritt werden die Messergebnisse interpretiert und diejenigen Attributsausprägungen als anlagenspezifische Konstruktionsregel für das Referenzmaterial formuliert, die mit einer fertigungsgerechten Bauteilqualität einhergehen. Darüber hinaus fungieren die Messergebnisse zur Quantifizierung der Geometriedependenz des Grünteilschrumpfs. Hierzu wird dieser für jeden der gefertigten Prüfkörper in X-, Y- und Z-Richtung vermessen.

6.2.1 Basiselemente: nicht gekrümmt – Höhe

Ziel der nachfolgenden Untersuchungen ist es, stellvertretend für die Höhe ein Aspektverhältnis zu identifizieren, das einen verzugsfreien Aufbau freistehender, dünner Wandstrukturen erlaubt. Das Aspektverhältnis wird bei konstanter Probenlänge gemäß etablierter Sintergestaltungsempfehlungen auf 1:8 (b:h) [52, 228] begrenzt sowie dreimal variiert (1:2, 1:4, 1:8). Innerhalb dieses Prüfbereichs wird die Wandstärke ausgehend von der minimalen Wandstärke b = 1,35 mm (s. Anhang A.2, KR 1) dreimal um jeweils 1 mm erhöht, wie dem Prüfplan in Tabelle 16 zu entnehmen ist.

Tabelle 16: Prüfplan zur Untersuchung der fertigungsgerechten Höhe nicht gekrümmter Basiselemente

Nr.	Prüfkörper	Attribute		Ausprägungen
5		Position	p	Mittig im Messbereich
		Orientierung	α_o	Gemäß Prüfkörperdarstellung
		Länge	l	20 mm
		Breite	b	[1,35; 2,35; 3,35; 4,35] mm
		Höhe	h	[2; 4; 8] · b

Qualitätsuntersuchung

Als Maß für die Qualität freistehender Wände fungiert der Winkel θ, der zwischen den beiden Enden der aufgebauten Wandstrukturen mit zunehmendem Verzug größer wird. Die Messung des Verzugs erfolgt mittels Vermessungssoftware für je drei Proben pro Wandstärke und Höhe. Sobald der resultierende Mittelwert unterhalb 1° liegt, gilt die Wandstruktur als verzugsfrei und somit fertigungsgerecht aufgebaut. Den Messergebnissen in Abbildung 49a ist zu entnehmen, dass vor allem die größten Aspektverhältnisse mit einem starken Verzug einhergehen. Das noch für Sinterteile zulässige Aspektverhältnis von 1:8 wird dabei einzig mit einer Wandstärke von b = 4,35 mm fertigungsgerecht (θ = 0,74°) aufgebaut (s. Abbildung 49c). Die für den Verzug charakteristische Torsion nimmt mit abnehmender Wandstärke signifikant zu und erreicht das Maximum bei b = 1,35 mm (θ = 8,43°), wie exemplarisch in Abbildung 49b zu erkennen ist. Ferner fällt auf, dass bei der Gesamtheit der aufgebauten Wandstrukturen ausschließlich die Breite b ein ausgeprägtes Übermaß aufweist. Bei den restlichen Maßen in X-, Y- und Z-Richtung ist ein für Grünteile typisches Untermaß infolge des Schrumpfs messbar.

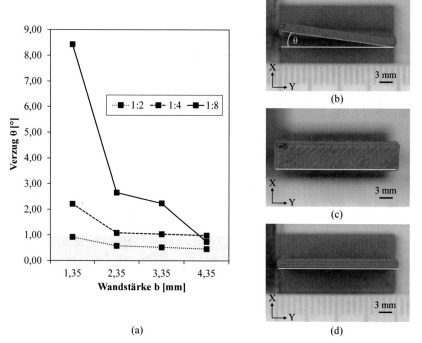

(a)   (d)

Abbildung 49: (a) Grafische Darstellung der Messergebnisse (fertigungsgerechter Bereich grün eingezeichnet); (b) tordierte Wandstruktur infolge von Verzug bei b = 1,35 mm und h = 10,8 mm; (c) Eliminierung des Verzugs durch Erhöhung der Wandstärke auf b = 4,35 mm; (d) Eliminierung des Verzugs durch optimierte Bahnplanung bei b = 1,35 mm und h = 10,8 mm

Interpretation

Die Messergebnisse lassen darauf schließen, dass temperaturbedingte Eigenspannungen insbesondere bei geringen Wandstärken einen stark ausgeprägten Verzug in Form von Torsion hervorrufen. Dieser lässt sich durch eine Erhöhung der Wandstärke auf b = 4,35 mm für jede zulässige Höhe nahezu eliminieren (s. Tabelle 17). Restriktionen der

Höhe ergeben sich dabei aus der maximalen Bauraumgrenze in Z-Richtung (h ≤ 120 mm) sowie der zulässigen Wandstärke, die eine fertigungsgerechte Lösemittelentbinderung gewährleistet (b ≤ 20 mm, vgl. [228]). Weiterhin ist in der Literatur dokumentiert, dass während des Entbinder- und Sintervorgangs ein erneuter Verzug entlang der Vorzugsrichtung infolge der Bahnplanung auftreten kann (vgl. [65, 169]). Um einer Vorzugsrichtung entgegenwirken, besteht die Möglichkeit, die Bahnplanung so zu optimieren, dass die Ablegerichtung der extrudierten Stränge alterniert. Hierzu wurde exemplarisch der G-Code für den konstruktiven Extremfall (b = 1,35 mm; h = 10,8 mm) manuell angepasst, was dem Verzug effektiv entgegenwirkte (s. Abbildung 49d). Anlagenspezifische Konstruktionsregeln können somit nur bedingt Abhilfe schaffen. Vielmehr handelt es sich bei der Automatisierung der beschriebenen Bahnplanungsoptimierung um ein verfahrensspezifisches Problem, das z. B. auch für Metal FFF besteht. An dieser Stelle sei daher auf bereits geplante Industrielösungen wie Metal Twist® [65] verwiesen, das sich in herkömmliche FFF-Slicing-Software integrieren lässt und die Bahnplanungsoptimierung automatisiert. Aufgrund der Analogie zum FFF-Verfahren sind derartige Softwarelösungen prinzipiell auch auf den PFF-Drucker übertragbar.

Das gemessene Übermaß ist ferner auf die eingebrachte Wärmeenergie der Auftragsdüse zurückzuführen, da es sich bei den gefertigten Wandstrukturen um eine Materialengstelle (Querschnittsfläche: A = 87 mm²) handelt. Als Materialengstelle ist ein Bauteilmerkmal definiert, über welches die Auftragsdüse permanent verweilt, da es die einzig herzustellende Querschnittsfläche für eine größere Schichtabfolge darstellt. Infolgedessen induziert die beheizte Auftragsdüse eine hohe Wärmekonzentration, was in einer zusätzlichen Ausdehnung der Schichten und somit einem Übermaß resultiert.

Tabelle 17: Anlagenspezifische Konstruktionsregel Nr. 5

Nr.	Erstsatzmodell	Beschreibung	Anmerkungen
5		Die Höhe freistehender, vollgefüllter Wandstrukturen ist unter Einhaltung des sinterbedingten maximalen Aspektverhältnisses (1:8) sowie anlagenspezifischer Restriktionen (h ≤ 120 mm) wie folgt zu wählen: **h ≤ b · 8, mit 4,35 mm ≤ b ≤ 15 mm**	Durch die eingebrachte Vorzugsrichtung kann ein nachträglicher Verzug im Sinterteil auftreten [169], dem durch eine Optimierung der Bahnplanung entgegenzuwirken ist.

6.2.2 Basiselemente: nicht gekrümmt − Länge

Aus Kapitel 5.1.3 ist bekannt, dass Materialengstellen mit einer Querschnittsfläche von A ≥ 100 mm² einem Schrumpf unterliegen, der ein signifikantes Untermaß zur Folge hat. In Kapitel 6.2.1 konnte indes beobachtet werden, dass Querschnittsflächen, die darunter zu verorten sind, ein Übermaß aufweisen. Da Grünteile generell mit einem Aufmaßfaktor skaliert werden, würde dies bei Materialengstellen mit A < 100 mm² zu einem ausgeprägten Übermaß führen, das die Maßhaltigkeit erheblich mindert. Basierend auf den Messergebnissen aus Kapitel 5.1.3 und 6.2.1 ist daher eine Querschnittsfläche von mindestens 100 mm² erforderlich, um eine hinreichende Abkühlzeit bzw. einen grünteilspezifischen Schrumpf zu gewährleisten. Für sehr kleine, filigrane MIM-Bauteile ist dieser Flächengrenzwert mitunter nicht einhaltbar. Für derartige konstruktive Extremfälle ist es daher das Ziel der Untersuchungen, stellvertretend für das Volumen von Kleinstbauteilen eine

Kantenlänge zu identifizieren, die keine Formabweichungen hervorruft. Im Gegensatz zu herkömmlichen Aufmaßfaktoren sind die damit einhergehenden Maßabweichungen durch bauteilspezifische Skalierungsfaktoren zu egalisieren, die das entstehende Übermaß kompensieren. Als Probekörper fungiert dazu ein Würfel mit einer Kantenlänge von $l = 2$ mm, die sukzessive in 1-mm-Schritten auf $l = 5$ mm erhöht wird (s. Tabelle 18).

Tabelle 18: Prüfplan zur Untersuchung der fertigungsgerechten Länge von Kleinstbauteilen

Nr.	Prüfkörper	Attribute		Ausprägungen
		Position	p	Mittig im Messbereich
		Orientierung	α_o	Gemäß Prüfkörperdarstellung
6		Länge	l	[2; 3; 4; 5] mm
		Breite	b	[2; 3; 4; 5] mm
		Höhe	h	[2; 3; 4; 5] mm

Qualitätsuntersuchung

Zur Untersuchung der Qualität werden die Kantenlängen in X- und Y-Richtung für jede der drei Proben pro Kantenlänge mittels Messschieber gemessen und das durchschnittliche Übermaß bestimmt. Zusätzlich werden die Querschnittsflächen der Würfel hinsichtlich Formabweichungen untersucht. Wie in Tabelle 19 zu erkennen ist, weisen alle gefertigten Würfel ein Übermaß infolge der Wärmekonzentration auf. Dieses nimmt mit steigender Kantenlänge ab und erreicht ein Minimum bei $l = 5$ mm mit einem durchschnittlichen Übermaß von 2,6 % (0,13 ±0,14 mm). Ein ähnliches Verhalten lässt sich im Hinblick auf die Formabweichungen zur quadratischen Soll-Kontur beobachten. So ist einzig bei einer Kantenlänge von $l = 5$ mm die quadratische Form der Würfel hergestellt. Demgegenüber ist mit abnehmender Kantenlänge eine zunehmende Formabweichung zu erkennen. Wie in Tabelle 19 dargestellt, wird die Kontur der Würfel insgesamt runder, was bei einer Kantenlänge von $l = 2$ mm in einem signifikanten Übermaß von mehr als 50 % (1,03 ±0,27 mm) resultiert.

Tabelle 19: Darstellung der Formabweichungen zur Soll-Kontur (gelbe Markierungen) in Abhängigkeit der Kantenlänge inklusive einer grafischen Aufbereitung der Messergebnisse (fertigungsgerechter Bereich ist grün hinterlegt)

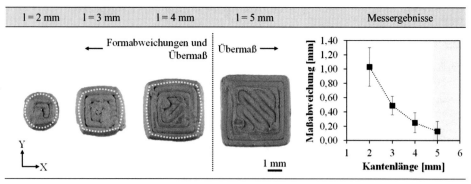

Interpretation

Gemäß der Qualitätsuntersuchung sind quadratische Bauteilvolumina mit einer Kanten-länge von mindestens 5 mm stellvertretend für Kleinstbauteile formhaltig darstellbar. Un-terhalb dieses Wertes führt die konstante Wärmeeinbringung der Düse zu einem Wärme-stau, der die abgelegten Stränge nicht ausreichend abkühlen lässt. Dies führt wiederum zu einer Ausdehnung der Stränge und somit des gesamten Bauteilquerschnitts. Dieser Effekt wird durch eine geringere Z-Höhe verstärkt, wie anhand der 2-mm-Probe zu erkennen ist, deren Kontur mit zunehmender Schichthöhe quadratischer wird. Generell gilt, je kleiner das herzustellende Bauteilvolumen, desto weniger Zeit bleibt den Schichten zum Abküh-len, was eine Erhöhung der Formabweichung respektive des Übermaßes zur Folge hat. Die anlagenseitige Integration einer Bauteilkühlung, die bei einer Vielzahl von FFF-Dru-ckern in unmittelbarer Nähe der Düse montiert ist, kann dem Wärmestau generell entge-genwirken. Gleichwohl hat dies eine Abnahme Festigkeit zwischen den Schichten zur Folge, weshalb im Hinblick auf die mechanischen Eigenschaften hierauf verzichtet wird (vgl. [155]). Folgerichtig ist die Kantenlänge für Kleinstbauteile stets so zu wählen, dass unter Einhaltung der Wandstärkenrestriktion aus Kapitel 6.2.1 ein Grenzflächenwert von $A \leq 25$ mm^2 nicht unterschritten wird (s. Tabelle 20). Für Materialengstellen, die Bestand-teil eines bereits skalierten Grünteils sind, ist im Hinblick auf den Grünteilschrumpf kon-struktiv eine Querschnittsfläche von $A \geq 100$ mm^2 vorzusehen.

Tabelle 20: Anlagenspezifische Konstruktionsregeln Nr. 6 und 49

Nr.	Erstsatzmodell	Beschreibung	Anmerkungen
6		Für Kleinstbauteile ($A < 100$ mm^2) ohne Formabweichungen ist die Kantenlänge für die Wandstärkenrestriktion wie folgt zu wählen: $l \cdot b \geq 25$ mm^2	Das damit einhergehende Übermaß gilt es, durch eine bauteilspezifische Skalierung entsprechend zu berücksichti-gen.
49		Die minimale Kantenlänge eckiger Mate-rialengstellen ist unter Einhaltung der Wandstärkenrestriktion im Hinblick auf den Grünteilschrumpf wie folgt zu wäh-len: $A = l \cdot b \geq 100$ mm^2	Für die lösemittelbasierte Entbinderung ist die mini-male Kantenlänge voll-gefüllter Flächen stets auf $l \leq 20$ mm zu be-grenzen [228].

6.2.3 Basiselemente: nicht gekrümmt – Richtung

Im Folgenden wird die Richtung der auf dem Druckbett platzierten Grünteile variiert, um den Einfluss der Probenorientierung innerhalb der Bauebene auf die Maßhaltigkeit zu eru-ieren. Als Prüfkörper fungiert ein Quader mit den Maßen 10 x 20 x 5,1 mm (l x b x h), dessen Richtungswinkel um jeweils 45° beginnend bei 0° erhöht wird. Die Höhe des in Tabelle 21 dargestellten Prüfkörpers von 5,1 mm entspricht dabei dem Vielfachen der Schichthöhe inklusive der ersten Schicht (s. Kapitel 5.1.2).

Tabelle 21: Prüfplan zur Untersuchung der fertigungsgerechten Richtung nicht gekrümmter Basiselemente

Nr.	Prüfkörper	Attribute		Ausprägungen
10	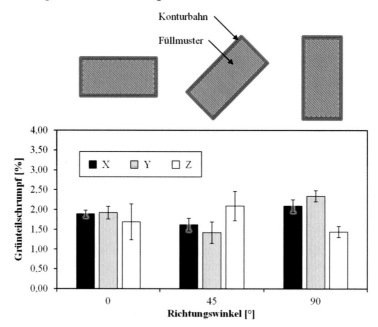	Position	p	Mittig im Messbereich
		Orientierung	α_o	Gemäß Prüfkörperdarstellung
		Richtung	α_r	$[0; 45; 90]°$
		Länge	l	10 mm
		Breite	b	20 mm
		Höhe	h	5,1 mm

Qualitätsuntersuchung

Zur Beurteilung der Attributsausprägung wird stellvertretend für die Maßhaltigkeit der Grünteilschrumpf in X-, Y- und Z-Achse für jede der drei Proben pro Richtungswinkel α_r mittels Messschieber vermessen und der Mittelwert gebildet. Aus Kapitel 5.1.3 ist bekannt, dass Grünteile innerhalb einer Bauteilgeometrie bei konstantem Richtungswinkel einen reproduzierbaren Schrumpf mit einer Standardabweichung von unterhalb 0,25 % aufweisen. Ein richtungsabhängiger Einfluss gilt daher als signifikant, sofern der Schrumpf innerhalb einer Bewegungsachse mehr als 0,5 % variiert. Eine Zusammenfassung der Messergebnisse ist Abbildung 50 zu entnehmen.

Abbildung 50: Prozentualer Grünteilschrumpf in X-, Y- und Z-Richtung in Abhängigkeit des Richtungswinkels α_r; oberhalb des Balkendiagramms ist die Änderung der Füllmusterorientierung in Abhängigkeit von α_r dargestellt

Es fällt auf, dass das Schrumpfverhalten für die Richtungswinkel $\alpha_r = 0°$ und $\alpha_r = 90°$ sehr ähnlich ist, wenngleich die 90° orientierten Proben einen stärkeren Grünteilschrumpf in Bauebene sowie schwächeren in Z-Richtung aufweisen. Die maximale Differenz ist dabei in Y-Richtung zu verorten, die im Mittel 0,42 % beträgt. Signifikante Unterschiede im Schrumpfverhalten lassen sich hingegen bei den 45° orientierten Proben beobachten, bei denen der Schrumpf in Z-Richtung deutlich stärker ist als in Bauebene – insbesondere in Y-Richtung. So resultiert der schwach ausgeprägte Schrumpf in Y-Richtung in einer maximalen Differenz von durchschnittlich 0,92 % im Vergleich zu den 90° orientierten Proben.

Interpretation
Die Messergebnisse bestätigen die Ergebnisse aus Kapitel 5.1.3, da unabhängig von dem Richtungswinkel ein anisotropes Schrumpfungsverhalten zu erkennen ist. Dieses ist dadurch gekennzeichnet, dass der Grünteilschrumpf in Bauebene stärker ausgeprägt ist als in Aufbaurichtung (Z-Richtung). Die Vermutung liegt somit nahe, dass das Füllmuster dem Grünteilschrumpf in Z-Richtung entgegenwirkt, dessen Ablegerichtung mit jeder aufgetragenen Schicht um 45° alterniert und so die Vorzugsrichtung des Schrumpfs stört. Der höhere Schrumpf in Z-Richtung bei $\alpha_r = 45°$ ist dabei aller Voraussicht nach auf die Änderung des Füllmusterwinkels zurückzuführen. Wie in Abbildung 50 zu erkennen ist, wird das Füllmuster durch die Drehung der Proben um 45° nun orthogonal zu den Konturbahnen aufgebaut. Die Messergebnisse lassen demnach den Schluss zu, dass der Richtungswinkel nur einen indirekten Einfluss auf den Grünteilschrumpf hat. Vielmehr scheint die Füllmusterorientierung in Verbindung mit der Bauteilgeometrie entscheidend. Folglich ist ein Richtungswinkel zu wählen, bei dem das Füllmuster im 45°-Winkel zur Bauteilkontur aufgebaut wird, um das Schrumpfverhalten durch gemittelte Skalierungsfaktoren abschätzen und letztlich kompensieren zu können. Im Hinblick auf die Reproduzierbarkeit sollte der Richtungswinkel ferner für eine definierte Bauteilgeometrie konstant gehalten werden (s. Tabelle 22).

Tabelle 22: Anlagenspezifische Konstruktionsregel Nr. 10

Nr.	Erstsatzmodell	Beschreibung	Anmerkungen
10	Y α_r X α_r = const.	Der Richtungswinkel α_r ist im Hinblick auf einen abschätzbaren Grünteilschrumpf so zu wählen, dass das Füllmuster im 45°-Winkel zur Bauteilkontur aufgebaut wird: **$\alpha_r = 0°, 90°$**	Hinsichtlich der Reproduzierbarkeit empfiehlt es sich, den Richtungswinkel für eine definierte Bauteilgeometrie konstant zu halten.

6.2.4 Basiselemente: einfach gekrümmt – Außendurchmesser

In Anlehnung an Kapitel 6.2.2 wird nachfolgend der Geometrieeinfluss auf den identifizierten Grenzwert für die minimale Querschnittsfläche einer Materialengstelle untersucht. Ziel der Untersuchungen ist die Identifikation eines minimalen Außendurchmessers, mit dem zylindrische Grundkörper ohne signifikante Formabweichungen darstellbar sind. Als Prüfkörper fungiert ein vollständig gefüllter Zylinder mit einer Höhe von 5,1 mm (s. Tabelle 23). Innerhalb dieser Probenhöhe wird der Außendurchmesser analog zu Kapitel 6.2.2 von 2 mm auf 5 mm in 1-mm-Schritten erhöht, sodass keiner der resultierenden Außendurchmesser ein Aspektverhältnis von 1:8 übersteigt (s. Konstruktionsregel Nr. 5).

Tabelle 23: Prüfplan zur Untersuchung des fertigungsgerechten Außendurchmessers einfach gekrümmter Basiselemente

Nr.	Prüfkörper	Attribute		Ausprägungen
12	d_a / h / Z, Y, X	Position	p	Mittig im Messbereich
		Orientierung	α_o	Gemäß Prüfkörperdarstellung
		Außendurchmesser	d_a	[2; 3; 4; 5] mm
		Höhe	h	5,1 mm

Qualitätsuntersuchung

Im Rahmen der Qualitätsuntersuchung wird jeder Zylinder an drei Stellen entlang der Probenhöhe mittels Messerschieber vermessen und die Mittelwerte sowie dazugehörigen Standardabweichungen bestimmt. Letztere fungieren als Maß für die Kontinuität des Außendurchmessers und finden zur Quantifizierung der Formabweichungen Anwendung. Eine Zusammenfassung der Messergebnisse in Tabelle 24 zeigt, dass die Außendurchmesser $d_a = 2$ mm und $d_a = 3$ mm mit erheblichen Formabweichungen in Form von Durchmesserschwankungen einhergehen, die durchschnittlich ±10,1 % respektive ±5,5 % um den Mittelwert schwanken. Die Durchmesserschwankungen werden infolge einer weiteren Erhöhung des Außendurchmessers auf $d_a = 4$ mm signifikant auf ±2,1 % reduziert, was deutlich größer ist als das gemittelte Übermaß (0,75 %). Entgegen der Messergebnisse aus Kapitel 6.2.2 wird bei einem Außendurchmesser von $d_a = 5$ mm trotz einer Querschnittsfläche von $A = 19,63$ mm^2 ein für Grünteile spezifisches Untermaß (1,71 %) erreicht. Zusätzlich weisen die Zylinder eine sehr geringe Standardabweichung von ±0,7 % auf, sodass keine signifikanten Formabweichungen bestehen.

Tabelle 24: Darstellung der Form- und Maßabweichungen (gelbe Markierungen) in Abhängigkeit des Außendurchmessers inklusive einer grafischen Aufbereitung der Messergebnisse (fertigungsgerechter Bereich ist grün hinterlegt)

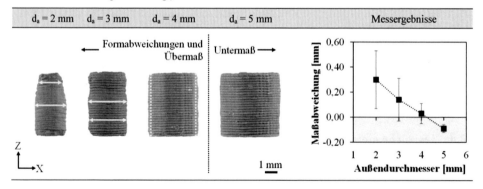

Interpretation

Analog zu Kapitel 6.2.2 deuten die Messergebnisse darauf hin, dass zu kurze Schichtzykluszeiten eine Ausdehnung der extrudierten Schichten zur Folge haben. Somit weisen Außendurchmesser in einem Bereich von 2 mm $\leq d_a \leq$ 3 mm erhebliche Durchmesserschwankungen infolge der temperaturbedingten Schichtausdehnungen auf. Diese Formabweichungen nehmen erwartungsgemäß mit steigendem Außendurchmesser durch eine Erhöhung der Schichtzykluszeit ab. Für Außendurchmesser mit $d_a \geq$ 5 mm ist die Schichtzykluszeit ausreichend hoch, um vollgefüllte Zylinder fertigungsgerecht aufzubauen (s. Tabelle 25). Hieraus ergibt sich ein Flächengrenzwert von $A \geq 20$ mm^2 für kreisrunde Materialengstellen innerhalb eines Bauteils. Der Flächengrenzwert ist somit Faktor 5 niedriger als derjenige, der in Kapitel 6.2.2 identifiziert wurde. Folglich hat die Bahnplanung stellvertretend für die Bauteilgeometrie einen wesentlichen Einfluss auf den Extrusionsprozess – insbesondere bei kleinen Querschnittsflächen. So ist davon auszugehen, dass die Beschleunigungs- und Abbremsphasen bei kleinen, rechteckigen Querschnittsflächen deutlich höher sind als bei kreisrunden Querschnittsflächen. Trotz hoher Beschleunigungswerte in der Firmware scheinen diese Phasen bei hinreichend kleinen, rechteckigen Querschnittsflächen den Extrusionsprozess signifikant zu beeinflussen, was bei Materialengstellen in einem zusätzlichen Übermaß resultiert.

Tabelle 25: Anlagenspezifische Konstruktionsregeln Nr. 12 und 49

Nr.	Erstsatzmodell	Beschreibung	Anmerkungen
12	d_a, Z, Y, X	Der minimale Außendurchmesser für den fertigungsgerechten Aufbau vollgefüllter Zylinder beträgt $d_a \geq 5$ mm.	Für die lösemittelbasierte Entbinderung ist der maximale Außendurchmesser auf $d_a \leq 20$ mm zu beschränken [228].
49	A, Z, X/Y	Zur Vermeidung von Formabweichungen und erheblichen Übermaßen bei Materialengstellen sind vollgefüllte, kreisrunde Flächen mit $A \geq 20$ mm^2 zu wählen.	s. Anmerkungen Konstruktionsregel Nr. 12

6.2.5 Basiselemente: einfach gekrümmt − Innendurchmesser

Die folgenden Untersuchungen haben das Ziel, einen minimalen Innendurchmesser für einfach gekrümmte Basiselemente innerhalb der Bauebene zu identifizieren. Als Prüfkörper findet ein Grundkörper mit den Maßen 20 x 60 mm (l x b) Anwendung, dessen Höhe analog zum Prüfkörper aus Kapitel 6.2.4 auf h = 5,1 mm begrenzt wird. Aufgrund des resultierenden Bauteilvolumens erfolgt die Fertigung des in Tabelle 26 dargestellten Prüfkörpers mit einem reduziertem Füllgrad von 20 %. Die Innendurchmesser werden dabei beginnend mit $d_i = 0,4$ mm auf $d_i = 10$ mm in sechs Schritten erhöht.

Tabelle 26: Prüfplan zur Untersuchung des fertigungsgerechten Innendurchmessers einfach gekrümmter Basiselemente in Bauebene

Nr.	Prüfkörper	Attribute		Ausprägungen
13	d_i, Z, Y, X, h, b, l	Position	p	Mittig im Messbereich
		Orientierung	α_o	Gemäß Prüfkörperdarstellung
		Innendurchmesser	d_i	[0,4; 0,8; 1; 2; 5; 10] mm
		Länge	l	20 mm
		Breite	b	60 mm
		Höhe	h	5,1 mm

Qualitätsuntersuchung

Für die Qualitätsuntersuchung werden die gefertigten Innendurchmesser auf Maß- und Formabweichungen untersucht. Letzteres erfolgt mithilfe von Detailaufnahmen, die um eine zusätzliche digitale Vermessung der Bohrungsdurchmesser zur Evaluierung der Maßhaltigkeit ergänzt werden. Die Messergebnisse in Tabelle 27 zeigen, dass die beiden kleinsten Innendurchmesser nicht mehr fertigungsgerecht darstellbar sind. So hat ein Innendurchmesser von $d_i = 0{,}4$ mm einen kompletten Verschluss der Bohrung zur Folge und $d_i = 0{,}8$ mm resultiert in einer deutlichen Formabweichung. Ab einem Inndurchmesser von $d_i = 1$ mm ist die gewünschte kreisrunde Bohrung realisierbar, die zudem ein Untermaß mit einer Abweichung vom Soll-Durchmesser von im Mittel 9,0 % aufweist. Das Untermaß nimmt mit steigendem Innendurchmesser stetig ab, sodass bei $d_i = 10$ mm nur noch eine negative Maßabweichung von durchschnittlich 0,83 % besteht. Bei Innendurchmessern oberhalb 5 mm ist der Schrumpf der Bohrung somit signifikant geringer als der des Grundkörpers. Dieser beträgt in Bauebene 1,54 % in X- und 1,62 % in Y-Richtung.

Tabelle 27: Darstellung der Form- und Maßabweichungen (gelbe Markierungen) in Abhängigkeit des Innendurchmessers inklusive einer grafischen Aufbereitung der Messergebnisse (fertigungsgerechter Bereich ist grün hinterlegt)

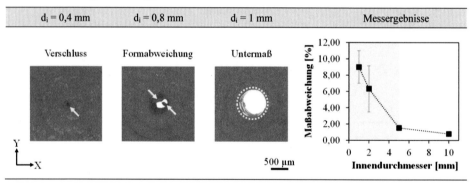

Interpretation

Für das FDM-Verfahren ist bekannt, dass es aufgrund von Positionierungsungenauigkeiten bei der Bahnablage zu einem Berühren der Stränge kommen kann, was einen Verschluss zur Folge hat [3]. Diese anlagenspezifische Grenze ist für den PFF-Drucker bei Innendurchmessern von $d_i \leq 0{,}4$ mm erreicht (s. Tabelle 27). Erst ab einem Innendurchmesser von $d_i \geq 1$ mm ist ein Einfluss der Positionierungsungenauigkeiten auszuschließen, da die entsprechenden Bohrungen keine Formabweichungen aufweisen. Demgegenüber ändert sich das Schrumpfverhalten bei Innendurchmessern von $d_i \geq 5$ mm, bei denen das Untermaß geringer ist als das des Grundkörpers. Für ein einheitlich skaliertes Grünteil bedeutet dies, dass für Bohrungen oberhalb 5 mm ein marginales Übermaß besteht. Dieser Grenzwert kann für verschiedene Bauteilgeometrien mitunter variieren, da PFF-Grünteile bauteilspezifisch unterschiedlich schrumpfen. Um den experimentellen Aufwand zur Grenzwertbestimmung gering zu halten, empfiehlt es sich, Innendurchmesser in einem Bereich von 1 mm $\leq d_i \leq$ 5 mm mit dem beschriebenen Untermaß zu fertigen und auf das gewünschte Maß im Grün- oder Sinterteil nachzubearbeiten [52]. Bei größeren Innendurchmessern ist insbesondere für hohe Toleranzanforderungen bereits konstruktiv ein Untermaß vorzusehen, um eine mechanische Nacharbeit zu gewährleisten (s. Tabelle 28).

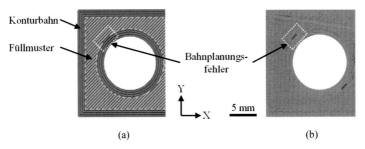

Abbildung 51: (a) Sli3r-Ansicht des Innendurchmessers d_i = 10 mm; (b) Grünteil mit d_i = 9,92 mm; geometrisch bedingter Bahnplanungsfehler ist farblich gelb markiert

Im Hinblick auf die Grünteildichte ist weiterhin festzuhalten, dass einfach gekrümmte Basiselemente wie Innendurchmesser durch kreisrunde Konturbahnen aufgebaut werden. Im Zuge der daran anknüpfenden Bauteilfüllung treten je nach Füllmuster vereinzelt Fehlstellen an den Anknüpfungspunkten infolge eines Bahnplanungsfehlers auf. Wie ein Vergleich zwischen der Slicing-Ansicht und dem Grünteil in Abbildung 51 zeigt, überträgt sich dieser Fehler auf letzteres, was in diesem Bereich zu einer Minderung der Grünteildichte führt. Derartige Bahnplanungsfehler lassen sich durch eine Optimierung der Slicing-Prozessparameter (z. B. Änderung der Ablegerichtung des Füllmusters) zwar mindern, allerdings ist eine vollständige Eliminierung für bestimmte Bauteilgeometrien mitunter nicht möglich.

Tabelle 28: Anlagenspezifische Konstruktionsregel Nr. 13

Nr.	Erstsatzmodell	Beschreibung	Anmerkungen
13		Für die fertigungsgerechte Darstellung von Innendurchmessern in Bauebene ist ein Bereich von **1 mm ≤ d_i ≤ 5 mm** zu wählen. Das damit einhergehende Untermaß ist für hohe Toleranzanforderungen mechanisch nachzubearbeiten.	Für Innendurchmesser oberhalb 5 mm ist in Abhängigkeit des Schrumpfs des Grundkörpers bereits ein Untermaß im CAD vorzusehen, um eine mechanische Nacharbeit zu gewährleisten.

6.2.6 Basiselemente: einfach gekrümmt – Innendurchmesser ohne Supports

Im Folgenden wird der Einfluss der Aufbaurichtung auf die Qualität der Innendurchmesser eruiert, deren Aufbau analog zu Kapitel 6.2.5 ohne Stützkonstruktionen (Supports) stattfindet. Im Gegensatz zum Prüfkörper aus Tabelle 26 werden die Innendurchmesser dabei nicht durch kreisrunde Konturbahnen angenähert, sondern durch die Summe der hierfür erforderlichen Schichten. Dadurch unterliegen die darzustellenden Bohrungen einem ausgeprägten Treppenstufeneffekt, der stets ein signifikantes Untermaß zur Folge hat (vgl. [92]). Um diesen Einfluss auf die Qualitätsausprägung zu untersuchen, wird der Prüfkörper aus Tabelle 26 um 90° entlang der X-Achse gedreht. Sowohl die zu untersuchenden Innendurchmesser als auch die Prüfkörpermaße bleiben hingegen unverändert, wie dem Prüfplan in Tabelle 29 zu entnehmen ist.

Tabelle 29: Prüfplan zur Untersuchung des fertigungsgerechten Innendurchmessers einfach gekrümmter Basiselemente in Aufbaurichtung

Nr.	Prüfkörper	Attribute		Ausprägungen
		Position	p	Mittig im Messbereich
		Orientierung	α_o	Gemäß Prüfkörperdarstellung
15		Innendurchmesser	d_i	[0,4; 0,8; 1; 2; 5; 10] mm
		Länge	l	5,1 mm
		Breite	b	60 mm
		Höhe	h	20 mm

Qualitätsuntersuchung

Als Qualitätsmerkmal wird ein kreisrunder Innendurchmesser ohne wesentliche Formabweichungen festgelegt. Ebenso wie in Kapitel 6.2.5 erfolgt die Qualitätsuntersuchung qualitativ mithilfe von Detailaufnahmen der gefertigten Prüfkörper. Wie in Tabelle 30 ersichtlich, resultiert ein Innendurchmesser von $d_i = 0,4$ in einem vollständigen Verschluss der Bohrung. Eine Erhöhung auf $d_i = 0,8$ mm kann diesem zwar entgegenwirken, allerdings hat die Approximation des kreisrunden Durchmessers durch die abgelegten Schichten eine signifikante Formabweichung zur Folge. So ist einerseits ein beginnendes Durchhängen der oberen Schicht zu erkennen, andererseits reicht die geringe Schichtanzahl nicht aus, den Innendurchmesser kreisrund darzustellen. Durch eine weitere Erhöhung des Innendurchmessers auf $d_i \geq 5$ mm wird die Approximation mit zunehmender Schichtanzahl genauer. Dies führt jedoch zu einem zunehmenden Durchhängen einzelner Stränge im oberen Bereich des resultierenden Überhangs, was erneut mit Formabweichungen einhergeht.

Tabelle 30: Darstellung der Formabweichungen (gelbe Markierungen) in Abhängigkeit des Innendurchmessers ohne Supports

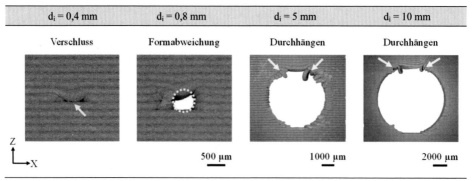

$d_i = 0,4$ mm	$d_i = 0,8$ mm	$d_i = 5$ mm	$d_i = 10$ mm
Verschluss	Formabweichung	Durchhängen	Durchhängen
	500 µm	1000 µm	2000 µm

Interpretation

Die Detailaufnahmen deuten darauf hin, dass kreisrunde Bohrungen in Aufbaurichtung nicht fertigungsgerecht darstellbar sind. Insbesondere Innendurchmesser unterhalb 1 mm gehen mit signifikanten Formabweichungen einher. Diese werden mit zunehmendem Innendurchmesser ($d_i \geq 1$ mm) reduziert, da die steigende Schichtanzahl mit einer genaueren Approximation des kreisrunden Bohrungsdurchmessers einhergeht. Der dadurch entstehende Überhang im oberen Bereich der Bohrung erfordert indes eine Stützkonstruktion, da andernfalls ein Durchhängen der oberen Schichten droht, was eine lokale Minderung der Grünteildichte zur Folge hat. Für Innendurchmesser oberhalb 2 mm empfiehlt es sich daher, eine konstruktive Anpassung der kreisrunden Bohrung hin zu einer Tropfenform vorzunehmen (vgl. [52, 151, 170]). Durch die Wahl eines entsprechenden anlagen- und materialspezifischen Oberflächenwinkels (s. Kapitel 6.2.10) lassen sich so Stützkonstruktionen vermeiden und Bohrungen ohne Formabweichungen aufbauen. Sofern enge Toleranzfelder für z. B. Schraubverbindungen einzuhalten sind, sollten Bohrungen mit $d_i \geq 1$ mm hingegen mit den beschriebenen Formabweichungen gefertigt und mechanisch nachbearbeitet werden (s. Tabelle 31).

Tabelle 31: Anlagenspezifische Konstruktionsregel Nr. 15

Nr.	Erstsatzmodell	Beschreibung	Anmerkungen
15		Zur Vermeidung von Stützkonstruktionen sind Bohrungen in Aufbaurichtung ab $d_i > 2$ **mm** durch eine Tropfenform anzunähern. Für enge Toleranzfelder sind Innendurchmesser ab $d_i \geq 1$ **mm** mechanisch nachzubearbeiten.	Unabhängigkeit von der Bauraumorientierung sind Bohrungen zur Herstellung von Gewinden < M10 mit dem Untermaß zu drucken und die Gewinde im Nachgang zu schneiden [52].

6.2.7   Basiselemente: einfach gekrümmt − Höhe

Ziel der nachfolgenden Untersuchungen ist es, stellvertretend für die Probenhöhe ein Aspektverhältnis zu identifizieren, das einen verzugsfreien Aufbau freistehender, vollgefüllter Zylinder für einen minimalen Außendurchmesser erlaubt. Die Probenhöhe wird dabei analog zu Kapitel 6.2.1 entsprechend der Aspektverhältnisse 1:2, 1:4 und 1:8 (d_a:h) variiert und die Wahl der zu prüfenden Außendurchmesser erfolgt gemäß Konstruktionsregel Nr. 12, wie dem Prüfplan in Tabelle 32 zu entnehmen ist.

Tabelle 32: Prüfplan zur Untersuchung der fertigungsgerechten Höhe einfach gekrümmter Basiselemente

Nr.	Prüfkörper	Attribute		Ausprägungen
17		Position	p	Mittig im Messbereich
		Orientierung	α_o	Gemäß Prüfkörperdarstellung
		Außendurchmesser	d_a	[5; 6] mm
		Höhe	h	$[2; 4; 8] \cdot d_a$

Qualitätsuntersuchung

Als Qualitätsmerkmal für die Attributsausprägung wird der Verzug entlang der Aufbaurichtung definiert. Hierfür werden die gefertigten Prüfkörper mithilfe von Makroaufnahmen qualitativ untersucht. Wie in Abbildung 52 dargestellt, sind die untersuchten Außendurchmesser auch mit dem maximal zulässigen Aspektverhältnis von 1:8 ohne signifikante Formabweichungen bzw. Verzug fertigungsgerecht darstellbar. Dies gilt ebenso für die kleineren Aspektverhältnisse 1:2 und 1:4, die generell mit einem geringen Verzug einhergehen (s. Kapitel 6.2.1).

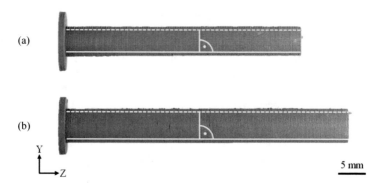

Abbildung 52: Darstellung der jeweils maximalen Aspektverhältnisse mit (a) $d_a = 5$ mm und (b) $d_a = 6$ mm

Interpretation

Für die Grünteilgestaltung kann die Höhe freistehender, vollgefüllter Zylinder bis zu einem Aspektverhältnis von 1:8 mit Außendurchmessern in einem Bereich von 5 mm $\leq d_a \leq 15$ mm frei gewählt werden (s. Tabelle 33). Bei größeren Aspektverhältnissen drohen Zylinder während des Sintervorgangs einzufallen und sind daher konstruktiv zu vermeiden [228]. Analog zu Kapitel 6.2.1 bestimmt dabei die Lösemittelentbindung den maximalen Außendurchmesser, der im Hinblick auf die Bauraumbegrenzung ($h \leq 120$ mm) auf $d_a = 15$ mm begrenzt ist ($d_a \cdot 8 \leq 120$ mm).

Tabelle 33: Anlagenspezifische Konstruktionsregel Nr. 17

Nr.	Erstsatzmodell	Beschreibung	Anmerkungen
17		Die Höhe freistehender, vollgefüllter Zylinder ist unter Einhaltung des sinterbedingten maximalen Aspektverhältnisses (1:8) sowie anlagenspezifischer Restriktionen ($h \leq 120$ mm) wie folgt zu wählen: $h \leq d_a \cdot 8$, mit 5 mm $\leq d_a \leq 15$ mm	Freistehende Zylinder sollten zwecks Stabilität stets über eine solide Basisplatte verfügen (vgl. [52]).

6.2.8 Elementübergänge: stofflos – Spaltbreite

Zur Identifizierung einer fertigungsgerechten Spaltbreite findet der in Tabelle 34 dargestellte Prüfkörper Anwendung. Gesucht wird die minimale Spaltbreite, die ohne ein partielles Verschmelzen der gegenüberliegenden Seiten darstellbar ist. Hierzu wird die Spaltbreite von $b_{sp} = 0,1$ mm auf $b_{sp} = 0,5$ mm in 0,1-mm-Schritten sukzessive erhöht. Die Spalthöhe und -länge werden mit $h_{sp} = 5,1$ mm respektive $l_{sp} = 10$ mm so gewählt, dass ein fertigungsgerechter Aufbau gewährleistet ist.

Tabelle 34: Prüfplan zur Untersuchung der fertigungsgerechten Spaltbreite stoffloser Elementübergänge

Nr.	Prüfkörper	Attribute		Ausprägungen
		Position	p	Mittig im Messbereich
		Orientierung	α_o	Gemäß Prüfkörperdarstellung
		Spaltlänge	l_{sp}	10 mm
36		Spaltbreite	b_{sp}	[0,1; 0,2; 0,3; 0,4; 0,5] mm
		Spalthöhe	h_{sp}	5,1 mm
		Länge	l	14 mm
		Breite	b	20 mm

Qualitätsuntersuchung

Für die Qualitätsuntersuchung werden die Prüfkörper auf eine von unten beleuchtete Fläche platziert und mithilfe eines Schwarz-Weiß-Abgleichs qualitativ bewertet. In Abbildung 53 ist ersichtlich, dass Spaltbreiten in einem Bereich von $0,2$ mm $\leq b_{sp} \leq 0,5$ mm fertigungsgerecht aufgebaut werden können. Spaltbreiten mit $b_{sp} < 0,2$ mm resultieren dagegen in einem partiellen Verschluss. Wie links in Abbildung 53 dargestellt, gelangt hier nur ein schmaler Lichtstreifen an die Probenoberfläche – der restliche Spalt ist durch ein Verschmelzen der gegenüberliegenden Seiten verschlossen.

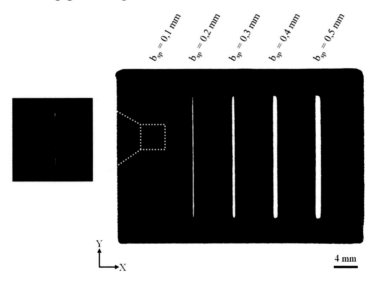

Abbildung 53: Schwarz-Weiß-Abgleich zur Identifizierung der minimalen Spaltbreite, die bei $b_{sp} = 0,1$ mm in einem partiellen Verschluss resultiert (gelber Kasten)

Interpretation

Der Schwarz-Weiß-Abgleich deutet darauf hin, dass Spalte generell ab einer Breite von $b_{sp} = 0,2$ mm darstellbar sind. Darunterliegende Werte führen infolge von Positionierungsungenauigkeiten zu einem lokalen Anschmelzen der gegenüberliegenden Stränge, was in einem partiellen Verschluss resultiert (s. Kapitel 6.2.5). Zur Trennung beweglicher Teile oder zur Integration von Schlitzen empfiehlt es sich daher, konstruktiv eine minimale Spaltbreite von mindestens 0,2 mm vorzusehen (s. Tabelle 35).

Tabelle 35: Anlagenspezifische Konstruktionsregel Nr. 36

Nr.	Erstsatzmodell	Beschreibung	Anmerkungen
36	b_{sp} Z X	Die minimale Spaltbreite für Schlitze oder zur Trennung ineinander beweglicher Komponenten innerhalb eines Bauteils ist $b_{sp} \geq 0{,}2$ mm.	Hinsichtlich ineinander beweglicher Komponenten ist der mitunter variierende Grünteilschrumpf zu beachten.

6.2.9 Aggregierte Strukturen: Überhänge − Länge

Ziel der nachfolgenden Untersuchungen ist es, die maximale Überhanglänge zu identifizieren, die ohne Stützkonstruktionen aufgebaut werden kann. Hierzu fungiert ein Quader mit den Maßen 5 x 10 x 5 mm (l x b x h) als Grundkörper, auf dem ein weiterer in seiner Überhanglänge zwischen $l_ü = 0{,}2$ mm und $l_ü = 1$ mm in 0,2-mm-Schritten variiert wird. Die resultierende Überhanglänge wird somit auf maximal 1 mm begrenzt, was größer ist als die doppelte Spurbreite (0,9 mm) einer abgelegten Bahn. Eine Darstellung des Prüfkörpers ist Tabelle 36 zu entnehmen.

Tabelle 36: Prüfplan zur Untersuchung der fertigungsgerechten Überhanglänge aggregierter Strukturen

Nr.	Prüfkörper	Attribute		Ausprägungen
45	b, $l_ü$ Z, X, Y h, l	Position	p	Mittig im Messbereich
		Orientierung	α_o	Gemäß Prüfkörperdarstellung
		Überhanglänge	$l_ü$	[0,2; 0,4; 0,6; 0,8; 1] mm
		Länge	l	5 mm
		Breite	b	10 mm
		Höhe	h	5 mm

Qualitätsuntersuchung

Die Überhangläge gilt als fertigungsgerecht aufgebaut, sofern keine signifikanten Formabweichungen der dem Druckbett zugewandten Seite des Überhangs (Downskin-Fläche) zu erkennen sind. Zur qualitativen Untersuchung werden die Downskin-Flächen dazu mithilfe von Makroaufnahmen im Hinblick auf ein Durchhängen der Stränge bewertet. Eine Zusammenfassung der Makroaufnahmen ist in Tabelle 37 gegeben. Es ist ersichtlich, dass ab einer Überlanglänge von $l_ü = 0{,}6$ mm ein signifikantes Durchhängen der unteren Stränge zu erkennen ist. Dieses nimmt mit größer werdender Überhanglänge zu, was an dem beginnenden Absacken zusätzlicher Schichten ab $l_ü = 0{,}8$ mm festzumachen ist. Ein beginnendes Absacken der unteren Schicht ist ebenfalls bei $l_ü = 0{,}4$ mm zu beobachten, wenngleich der Schichtverbund zum darüberliegenden Strang ein Durchhängen noch verhindert.

Tabelle 37: Darstellung der Formabweichungen (gelbe Markierungen) in Abhängigkeit der Überhanglänge

| $l_{\ddot{u}} = 0,2$ mm | $l_{\ddot{u}} = 0,4$ mm | $l_{\ddot{u}} = 0,6$ mm | $l_{\ddot{u}} = 0,8$ mm | $l_{\ddot{u}} = 1$ mm |

Zunehmendes Durchhängen

3 mm

Interpretation

Für die Darstellung von z. B. Gravuren zur Bauteilkennzeichnung ist auf Basis der Untersuchungen eine Überhanglänge von $l_{\ddot{u}} \leq 0,4$ mm zu wählen (s. Tabelle 38). Eine Erhöhung der Überhanglänge führt zu einem signifikanten Durchhängen der Stränge im Bereich der Downskin-Fläche. Grund hierfür ist der schwächer ausgeprägte Schichtverbund mit zunehmendem Hinterschnitt. Sobald die Überhanglänge größer ist als die Spurbreite ($l_{\ddot{u}} > 0,45$ mm), hat der Strang keine Kontaktfläche mehr zur darunterliegenden Schicht und wird in Luft extrudiert. Somit besteht der Schichtverbund zum benachbarten Strang ausschließlich in Bauebene. Dieser wird mit zunehmender Überhanglänge bedingt durch die Schwerkraft schwächer, was ein stärkeres Durchhängen der Stränge im Bereich der Downskin-Fläche zur Folge hat.

Tabelle 38: Anlagenspezifische Konstruktionsregel Nr. 45

Nr.	Erstsatzmodell	Beschreibung	Anmerkungen
45		Die zur fertigungsgerechten Darstellung von Hinterschnitten zulässige Überhanglänge beträgt $l_{\ddot{u}} \leq$ **0,4 mm**.	Derart geringe Überhanglängen eigenen sich primär für die Bauteilkennzeichnung.

6.2.10   Aggregierte Strukturen: Bauteiloberflächen – Oberflächenwinkel

Abschließend findet die Identifizierung des maximalen Oberflächenwinkels statt, mit dem ein Überhang ohne Stützkonstruktion fertigungsgerecht darstellbar ist. Analog zu Kapitel 6.2.9 erfolgt hierzu eine qualitative Analyse der Downskin-Flächen. Als Prüfkörper fungiert ein nicht gekrümmtes Basiselement mit den Maßen 10 x 5 x 15 mm (l x b x h), das um einen Sockel zur Erhöhung der Druckbettadhäsion ergänzt wird. Für die Untersuchungen wird der Oberflächenwinkel β auf Basis von Literaturwerten [52, 170, 228] von 50° auf 70° in jeweils 5°-Schritten sukzessive erhöht (s. Tabelle 39).

Tabelle 39: Prüfplan zur Untersuchung des fertigungsgerechten Oberflächenwinkels aggregierter Strukturen

Nr.	Prüfkörper	Attribute		Ausprägungen
52		Position	p	Mittig im Messbereich
		Orientierung	α_o	Gemäß Prüfkörperdarstellung
		Oberflächenwinkel	β	[50; 55; 60; 65; 70]°
		Länge	l	10 mm
		Breite	b	5 mm
		Höhe	h	15 mm

Qualitätsuntersuchung

Für die Qualitätsuntersuchung erfolgt eine qualitative Bewertung der Downskin-Flächen hinsichtlich Formabweichungen mithilfe von Makroaufnahmen. Anhand der in Tabelle 40 abgebildeten Makroaufnahmen ist ersichtlich, dass ein Oberflächenwinkel von $\beta = 50°$ fertigungsgerecht darstellbar ist. Folgerichtig weisen die entsprechenden Downskin-Flächen keine signifikanten Formabweichungen auf. Bereits eine Erhöhung auf $\beta = 55°$ lässt ein beginnendes Durchhängen der unteren Stränge erkennen, wie in Tabelle 40 mithilfe des gelben Kastens verdeutlicht ist. Dieses gewinnt mit zunehmendem Oberflächenwinkel stetig an Zuwachs und erreicht sein Maximum bei $\beta = 70°$. Hier sind die Lücken zwischen den abgelegten Strängen am stärksten ausgeprägt, was in diesem Bereich eine wesentliche Minderung der Grünteildichte bewirkt.

Tabelle 40: Darstellung der Formabweichungen (gelbe Markierungen) in Abhängigkeit des Oberflächenwinkels

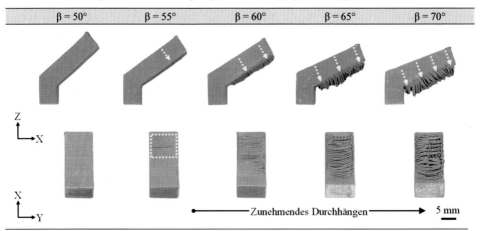

Interpretation

Die Qualitätsuntersuchung lässt den Schluss zu, dass Oberflächenwinkel mit $\beta \leq 50°$ fertigungsgerecht darstellbar sind (s. Tabelle 41). Sobald dieser Grenzwert konstruktiv überschritten wird, sind Stützkonstruktionen erforderlich. Dies ist auf den Schichtverbund der aufeinander abgelegten Schichten zurückzuführen, der mit zunehmenden Oberflächenwinkel geschwächt wird. Grund hierfür ist die Abnahme der Ablagefläche zur darunterliegenden Schicht. Dadurch wird ein Großteil der aufzutragenden Schicht in Luft abgelegt, was – bedingt durch die Schwerkraft – ein Durchhängen zur Folge hat (s. Kapitel 6.2.9).

Dieses lässt sich nur bedingt durch Stützkonstruktionen vermeiden, da diese anlagenspezifisch ebenfalls aus Baumaterial bestehen. Um im Nachgang eine manuelle Entfernung zu gewährleisten, wird von der Slicing-Software zwischen Downskin-Fläche und Stützkonstruktion ein Spalt (Spaltbreite: 0,2 mm) vorgesehen. Dadurch wird das Durchhängen wesentlich verringert, wenngleich nicht vollständig eliminiert. Dies geht neben einer Verringerung der Oberflächengüte ebenso mit einer Minderung der Grünteildichte einher. Zusätzlich wird sowohl die Druckzeit als auch der Materialverbrauch erhöht. Demnach sind Oberflächenwinkel oberhalb 50° konstruktiv zu vermeiden.

Tabelle 41: Anlagenspezifische Konstruktionsregel Nr. 52

Nr.	Erstsatzmodell	Beschreibung	Anmerkungen
52		Zur Fertigung von Überhängen ist ein Oberflächenwinkel von $\beta \leq 50°$ zu wählen, um den Einsatz von Stützkonstruktionen für die Grünteilherstellung zu vermeiden.	Für das Sintern können je nach Aspektverhältnis und Volumen des Überhangs auch bei $\beta \leq 50°$ Stützkonstruktionen erforderlich sein, um ein Einfallen zu verhindern [52, 228].

6.3 Validierung der anlagenspezifischen Konstruktionsregeln

Die Validierung der erarbeiteten anlagenspezifischen Konstruktionsregeln erfolgt mithilfe eines Demonstrators, dessen Geometrie an den Schraubenkopf einer polyaxialen Pedikelschraube als ein typisches MIM-Titanbauteil aus der Medizintechnik angelehnt ist [71]. Als Grundlage für die Gestaltung des Geometriedemonstrators fungiert ein vom MIM-Anwender bereitgestelltes Schraubenkopf-Design, das entsprechend der erarbeiteten Konstruktionsregeln für eine fertigungsgerechte Grünteilgestaltung angepasst wird. Der dahingehend angepasste CAD-Entwurf ist Abbildung 54 zu entnehmen.

Für die Gestaltung des CAD-Entwurfs finden − zusätzlich zu bereits publizierten Gestaltungsrichtlinien (vgl. [3, 52, 125, 170]) − im Wesentlichen die folgenden anlagenspezifischen Konstruktionsregeln Anwendung:

- *Konstruktionsregel 5*: Die freistehenden, abgerundeten Wände des Schraubenkopfs weisen eine Höhe von 13,25 mm bei einer Wandstärke von 4,75 mm auf, was einem fertigungsgerechten Aspektverhältnis entspricht.

- *Konstruktionsregel 10*: Der Geometriedemonstrator wird insgesamt dreimal gefertigt. Der Richtungswinkel wird dabei im Hinblick auf einen homogenen Grünteilschrumpf konstant gehalten und das Füllmuster ±45° zu den Konturbahnen abgelegt.

- *Konstruktionsregel 13*: Die Bohrung auf der Unterseite des Schraubenkopfes weist für die spätere Schraubverbindung einen Durchmesser von 4 mm auf. Das resultierende Untermaß ermöglicht im Nachgang eine mechanische Nacharbeit.

- *Konstruktionsregel 15*: Die Bohrungsdurchmesser in Aufbaurichtung weist ebenfalls einen Durchmesser von 4 mm auf und ist zur Vermeidung von Stützkonstruktionen als Tropfenform konstruiert.

- *Konstruktionsregel 45*: Der stellvertretend für eine Bauteilkennzeichnung integrierte Pfeil weist infolge der Datenvorbereitung eine Überhanglänge von 0,3 mm auf und bedarf somit keiner Stützkonstruktion.

- *Konstruktionsregel 49*: Die Querschnittsflächen der Materialengstellen sind oberhalb 100 mm² zu verorten. Kleinere Querschnittsflächen werden innerhalb einer Schicht parallel aufgebaut, sodass keine Materialengstelle entsteht.

- *Konstruktionsregel 52*: Der Oberflächenwinkel im Bereich der Einkerbung ist mit 45° so gewählt, dass weder im Grünteil noch im Sinterteil eine Stützkonstruktion vorzusehen ist.

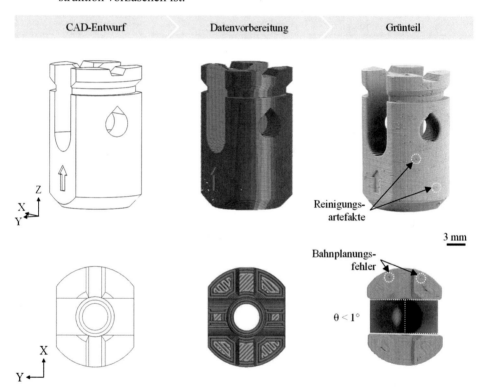

Abbildung 54: Darstellung des Geometriedemonstrators zur Validierung der erarbeiteten Konstruktionsregeln

Wie exemplarisch in Abbildung 54 dargestellt ist, konnten alle Grünteile ohne signifikante Formabweichungen aufgebaut werden. Ein Einfluss der sichtbaren Reinigungsartefakte und Bahnplanungsfehler ist im Hinblick auf die erzielte geometrische Grünteildichte als gering einzustufen. Diese entspricht mit 3,16 g/cm³ derjenigen, die auch bei den Dichtewürfeln in Kapitel 5.1.3 gemessen wurde. Eine finale Beurteilung erfolgt jedoch am Sinterteil in Kapitel 7.2.3, um Messungenauigkeiten wie das gemittelte Bauteilvolumen und die berechnete Feedstockdichte ausschließen zu können. Erwartungsgemäß weisen alle Geometriedemonstratoren zudem eine schrumpfbedingte Maßabweichung auf, die durchschnittlich 1,84 % in X-, 1,75 % in Y- und 1,22 % in Z-Richtung beträgt.

Ein ähnliches Schrumpfverhalten konnte bei den Grünteilen aus Kapitel 5.1.3 und Kapitel 6.2 gemessen werden, das generell durch einen stärkeren Schrumpf in Bauebene als in Aufbaurichtung charakterisiert ist (s. Abbildung 55). Insgesamt beträgt der über alle vermessene Grünteile hinweg gemittelte Schrumpf $\delta_{G,X} = 0{,}0169$ (1,69 %), $\delta_{G,Y} = 0{,}0163$ (1,63 %) und $\delta_{G,Z} = 0{,}0125$ (1,25 %), wie anhand der gestrichelten Linie in Abbildung 55 verdeutlicht ist. Der gemittelte Schrumpf dient nachfolgend zur Berechnung eines geometrieunabhängigen Skalierungsfaktors (s. Kapitel 7.2.2). Auch wenn der Grünteilschrumpf in Abhängigkeit der Bauteilgeometrie mitunter stark variiert, stellen die gemittelten Werte eine gute Näherung dar, wie ein Vergleich mit dem Geometriedemonstrator zeigt. Hier liegt die maximale Abweichung zwischen dem gemittelten und gemessenen Schrumpf bei 0,15 % in X-Richtung. Bezogen auf das Nennmaß von 15 mm entspricht dies in einer absoluten Abweichung von lediglich 0,02 mm.

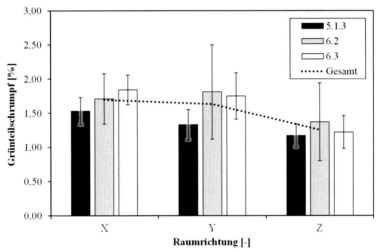

Abbildung 55: Gemittelter Grünteilschrumpf in X-, Y- und Z-Richtung basierend auf den Messergebnissen aus Kapitel 5.1.3, 6.2 und 6.3

6.4 Zusammenfassung

Für die geplante komplementäre Nutzung des PFF-Druckers ist neben einer prozessstabilen Herstellung dichter Grünteile ebenso deren Formhaltigkeit von essentieller Bedeutung. Dazu erfolgte in diesem Kapitel die systematische Erarbeitung anlagenspezifischer Konstruktionsregeln zur formgebungsgerechten Bauteilgestaltung. Aufgrund der Analogie zum FFF- bzw. FDM-Verfahren fand hierfür ein methodisches Vorgehen zur systematischen Erarbeitung von FDM-Konstruktionsregeln Anwendung. So wurden zu Beginn bereits publizierte FDM-Konstruktionsregeln hinsichtlich der Übertragbarkeit auf den PFF-Drucker evaluiert. Es konnte festgestellt werden, dass ein Teil der FDM-Konstruktionsregeln generisch formuliert und wegen der Verfahrensanalogie entweder übertragbar oder obsolet ist. Ein weiterer Teil ist ebenfalls übertragbar, jedoch um bereits etablierte Gestaltungsrichtlinien zum Entbindern und Sintern zu ergänzen. Insgesamt konnten so elf FDM-Konstruktionsregeln identifiziert werden, für die eine experimentelle Erarbeitung eines anlagenspezifischen Wertebereichs erforderlich war.

Hierfür fand gemäß des ausgewählten methodischen Vorgehens zunächst eine Vorstellung der Versuchsdurchführung statt, gefolgt von einer Qualitätsuntersuchung der gedruckten Prüfkörper wie auch einer Interpretation der Attributsausprägungen. Letztere schloss mit der Formulierung der anlagenspezifischen Konstruktionsregeln ab. Zu deren Validierung wurde abschließend ein typisches MIM-Titanbauteil entsprechend umgestaltet sowie hinsichtlich der resultierenden Grünteilqualität bewertet. Anhand des Geometriedemonstrators war ersichtlich, dass mithilfe der erarbeiteten Konstruktionsregeln die Formhaltigkeit der PFF-Grünteile prinzipiell gewährleistet ist. Weiterhin konnte festgestellt werden, dass die PFF-Grünteile ein schrumpfbedingtes Untermaß aufweisen. Dieses beträgt im Mittel 1,69 % in X-, 1,63 % in Y- sowie 1,25 % in Z-Richtung und ist bei der Bauteilgestaltung durch einen entsprechenden Aufmaßfaktor zu berücksichtigen.

Im Rahmen der Potenzialerschließung konnte folglich eine prozessstabile wie formgebungsgerechte Herstellung dichter Grünteile mittels PFF nachgewiesen werden. Die Weiterverarbeitung mit Spritzgussteilen im Sinne einer komplementären Nutzung ist somit grundsätzlich gewährleistet. Inwiefern die resultierenden Sinterteileigenschaften vergleichbar zu MIM-Teilen sind, ist Gegenstand des nachfolgenden Kapitels.

7 Vergleich der Sinterteilqualität

Mit der Erschließung des Anlagenpotenzials findet in diesem Kapitel eine Evaluierung der damit realisierbaren Sinterteilqualität statt. Hierbei werden diejenigen Bauteileigenschaften betrachtet, auf welche die Substitution des Spritzgießprozesses durch PFF einen wesentlichen Einfluss hat. Diese lassen sich zu der Oberflächenrauheit, der Maßhaltigkeit, der Bauteildichte und den Zugeigenschaften (stellvertretend für die mechanischen Eigenschaften) zusammenfassen. Um den Einfluss des PFF-Druckers dahingehend bewerten zu können, erfolgt zunächst eine Beschreibung der verwendeten Prüfkörper wie auch der Entbinder- und Sinterprozessroute (Kapitel 7.1). Mithilfe der gesinterten Prüfkörper findet anschließend eine Quantifizierung der relevanten Bauteileigenschaften statt (Kapitel 7.2). Im Zuge dessen werden die Prüfkörper mit gesinterten Spritzgussteilen im Hinblick auf eine komplementäre Nutzung verglichen sowie abschließend bewertet (Kapitel 7.3).

7.1 Prüfkörperherstellung

Analog zum Metallpulverspritzguss finden zur Evaluierung der Bauteilqualität Zugproben Anwendung (vgl. [69, 219, 289]), deren Geometrie an DIN EN ISO 2740 [59] angelehnt ist (s. Kapitel 5.3). Zusätzlich werden Dichtewürfel (10 x 10 x 10,1 mm) gefertigt, deren planaren Flächen zur Quantifizierung der Oberflächenrauheit fungieren. Weiterhin wird zur Quantifizierung der Maßhaltigkeit und Bauteildichte der Geometriedemonstrator aus Kapitel 6.3 stellvertretend für komplexe Bauteilgeometrien verwendet. Eine Prüfkörperübersicht inklusive einer Zuordnung zu den Eigenschaften, anhand derer die Bauteilqualität quantifiziert wird, ist Tabelle 42 zu entnehmen. Eine Darstellung der Prüfkörper in der Slicing-Software mit der jeweils festgelegten Bauraumorientierung ist in Abbildung 56 gegeben. Für eine Slicing-Ansicht des Geometriedemonstrators sei auf Abbildung 54 verwiesen.

Tabelle 42: Prüfkörperübersicht und Zuordnung zu Bauteileigenschaften

Prüfkörper	Anzahl	Bauteileigenschaften			
		Oberflächenrauheit	Maßhaltigkeit	Bauteildichte	Zugeigenschaften
Geometriedemonstrator	3	○	●	●	○
Dichtewürfel	7	●	●	●	○
Zugprobe	12	○	●	●	●

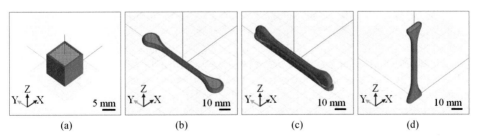

Abbildung 56: Slicing-Ansicht der gefertigten Prüfkörper: (a) Dichtewürfel; (b) Zugprobe in flacher Bauraumorientierung; (c) Zugprobe in seitlicher Bauraumorientierung; (d) Zugprobe in vertikaler Bauraumorientierung

Zur Fertigung der Grünteile werden alle Prüfkörper einzeln innerhalb des Messbereichs platziert und unter Verwendung der ermittelten Prozessparameter gefertigt. Nach dem Druckprozess erfolgt zusätzlich eine Wärmebehandlung der Grünteile für eine Stunde bei 60 °C in einem Trockenschrank (Memmert GmbH + Co. KG, UF30), um temperaturbedingte Eigenspannungen aus dem Druckprozess abzubauen (vgl. [140]). Eine Temperatur von 60 °C entspricht dabei der Druckbetttemperatur, die das Bauteil während des Druckprozesses von unten beheizt und unterhalb der Erweichungstemperatur des Paraffinwachses liegt. Vorversuche haben gezeigt, dass ohne eine Wärmebehandlung Risse im Bauteilinneren entstehen. Diese sind aller Voraussicht nach auf die Entbinderung und den damit einhergehenden Spannungsabbau zurückzuführen. Wie ein Vergleich in Abbildung 57 zeigt, wirkt ein ±45° orientiertes Füllmuster der Verformung entgegen, sodass der Spannungsabbau zu Rissen führt. Eine Änderung der Füllmusterorientierung auf 90° hat indes einen Verzug zur Folge, sodass die Rissbildung deutlich schwächer ausgeprägt ist. Die beschriebene Wärmebehandlung beugt sowohl den Rissen als auch dem Verzug vor.

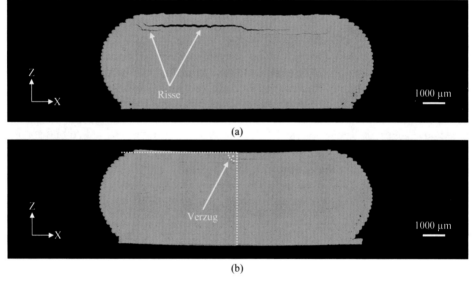

Abbildung 57: Gesinterte Zugproben ohne Wärmebehandlung der Grünteile: (a) Schliffbild einer flach orientierten Zugprobe mit einer Füllmusterorientierung von ±45°; (b) Schliffbild einer flach orientierten Zugprobe mit einer Füllmusterorientierung von 90°

Im Anschluss an die Wärmebehandlung erfolgen das Entbindern und Sintern beim MIM-Anwender. Im Sinne einer komplementären Nutzung werden die additiv gefertigten Grünteile dazu mit den gleichen Prozessparametern entbindert und gesintert wie Spritzgussteile. Da es sich hierbei um eine industriell genutzte Prozesskette handelt, ist nur ein Teil der Prozessparameter publiziert. So findet zu Beginn eine Lösemittelentbinderung unter Verwendung von Hexan bei 40 °C für 18 Stunden statt. Anschließend werden die Bauteile in einem integrierten Entbinder- und Sinterofen platziert, in dem zunächst die restlichen Binderbestandteile thermisch entfernt werden. Der finale Sinterschritt erfolgt im Hochvakuum ($\leq 10^{-3}$ mbar) bei einer Temperatur unterhalb der ß-Transus-Temperatur (max. 1100 °C) für weniger als fünf Stunden [259].

Typischerweise wird Ti-6Al-4V oberhalb der ß-Transus-Temperatur bei etwa 1300 °C im Bereich der ß-Phase gesintert (vgl. [67]). Durch die im Vergleich zum Stand der Technik deutlich niedrigere Sintertemperatur wird ein feinkörniges, vorwiegend globulares α-Gefüge mit einer mittleren Korngröße von unterhalb 30 µm erreicht (s. Abbildung 58). Die realisierbare Festigkeit und Duktilität ist dabei höher als herkömmlich geschmiedetes Ti-6Al-4V [227]. Erreicht wird dies durch ein patentiertes Verfahren [259], das eine Kombination aus feinem Pulver (mittlere Partikelgröße unterhalb 25 µm) und dem Sintern im α+ß-Phasenbereich [227] beschreibt. Insbesondere während des Sinterprozesses besteht aufgrund der erhöhten Temperaturen die Gefahr von Verunreinigungen [23, 67]. Generell zeichnet sich Titan und seine Legierungen durch eine hohe Affinität zu interstitiellen Elementen wie Sauerstoff, Stickstoff und Kohlenstoff aus [67]. Vor allem Sauerstoff wird bevorzugt aufgenommen, was bei einem Sauerstoffgehalt von oberhalb 0,33 Gew.-% (Bsp.: Ti-6Al-4V [69]) zu einer signifikanten Abnahme der Duktilität führt. Die typische chemische Zusammensetzung der resultierenden Sinterteile für den Referenzfeedstock und -prozess ist Tabelle 43 zu entnehmen. Sowohl die chemische Zusammensatzung als auch die Mikrostruktur werden dabei maßgeblich durch das Pulver sowie das Entbindern und Sintern bestimmt [23]. Ein Einfluss des PFF-Verfahrens wird im Folgenden daher ausgeschlossen.

Tabelle 43: Typische chemische Zusammensetzung der resultierenden Sinterteile für den Referenzfeedstock und -prozess [73]

Element	Ti	Al	V	C	N	Fe	O	H	Y
Gew.-%	Rest	5,5 – 6,75	3,5 – 4,5	≤ 0,045	≤ 0,035	≤ 0,3	≤ 0,3	≤ 0,015	≤ 0,005

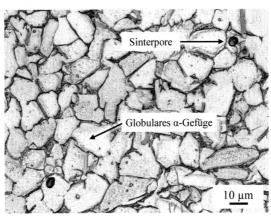

Abbildung 58: Exemplarisches Mikrogefüge einer nach Kroll geätzten PFF-Probe hergestellt mit der Referenzprozesskette bei 100-facher Vergrößerung

7.2 Resultierende Bauteilqualität

Unter Verwendung der zuvor hergestellten Prüfkörper findet nachfolgend die Quantifizierung der resultierenden Bauteilqualität hinsichtlich der Oberflächenrauheit, der Maßhaltigkeit, der Bauteildichte sowie der Zugeigenschaften statt. Die erzielten Kennwerte werden dabei sowohl mit empirischen als auch experimentellen Referenzwerten verglichen, die für Spritzgussteile aus dem Referenzfeedstock mit der beschriebenen Entbinder- und Sinterprozessroute zu erwarten sind (vgl. [261]).

7.2.1 Oberflächenrauheit

Zur Evaluierung der Oberflächenrauheit werden additiv gefertigte Dichtewürfel mit einer MIM-Zugprobe als Referenz verglichen. Generell weist MIM eine homogene Oberflächenqualität von Ra < 1 µm [125] auf, die neben der Partikelgröße maßgeblich mit der Oberflächenrauheit des verwendeten Werkzeugs korreliert [87, 98]. Eine lokale Minderung der Oberflächenqualität kann folglich durch werkzeugbedingte Trennlinien oder Auswerfermerkmale entstehen (vgl. [125]). Demgegenüber besteht bei der Materialextrusion stets ein Unterschied hinsichtlich der Oberflächenrauheit zwischen Bauebene (nachfolgend: OF 1), Aufbaurichtung (nachfolgend: OF 2) und der Unterseite des Bauteils (nachfolgend: OF 3). Letztere wird im Wesentlichen durch die jeweils verwendete Druckbettoberfläche bestimmt. Die Oberflächenrauheit von OF 1 und OF 2 kann ferner durch Slicing-Einstellungen wie die Schichthöhe [30] oder Bauraumorientierung [157] maßgeblich beeinflusst werden. Zur Quantifizierung der Oberflächenrauheit werden beide konstant gehalten. Überdies wird ein möglicher Geometrieeinfluss, wie z. B. bei gebeugten Flächen, durch die Verwendung von Dichtewürfeln (planare Flächen) ausgeschlossen.

Als Kennwert für die Oberflächenrauheit fungiert die mittlere arithmetische Höhe der skalenbegrenzten Oberfläche (Sa). Diese beschreibt den arithmetischen Mittelwert der Beträge der Ordinatenwerte (bzw. Höhenunterschiede) innerhalb einer definierten Fläche [62]. Somit handelt es sich um eine Erweiterung des Mittenrauwertes Ra, der sich auf eine Einzelstrecke bezieht [60]. Die Messung von Sa erfolgt mithilfe eines konfokalen Laserscanning-Mikroskops (Keyence Corp., VK-8700) gemäß DIN EN ISO 25178-602 [61] (S-Filter: 2 µm, L-Filter: 0,5 µm). Hierzu werden für jeden der in Abbildung 59 exemplarisch dargestellten Prüfkörperansichten jeweils drei Messpunkte gewählt, aus denen ein Mittelwert gebildet wird. Auf diese Weise werden pro Prüfkörperansicht insgesamt fünf Dichtewürfel vermessen und mit einer MIM-Zugprobe als Referenz verglichen.

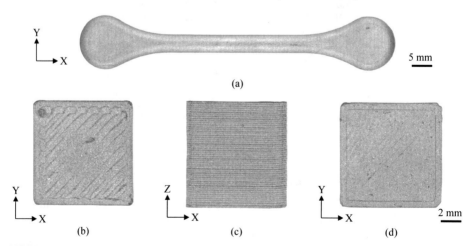

Abbildung 59: (a) Darstellung einer exemplarischen MIM-Zugprobe; Darstellung der unterschiedlichen Oberflächen für einen mittels PFF gefertigten Dichtewürfel: (b) OF 1; (c) OF 2; (d) OF 3

Anhand der Zusammenfassung der Messergebnisse in Abbildung 60e ist ersichtlich, dass die additiv gefertigten Sinterteile stets einen höheren Sa-Wert aufweisen. Dies ist auf das schichtweise Ablegen der extrudierten Stränge zurückzuführen, was mit der Entstehung der für die Materialextrusion typischen Riefen einhergeht. Insbesondere in Aufbaurichtung (OF 2) resultieren die entstehenden Riefen (blaue Bereiche, Abbildung 60c) zwischen den extrudierten Strängen (rote Bereiche, Abbildung 60c) in einer Erhöhung des Sa-Wertes. Dieser erreicht bei OF 2 mit durchschnittlich 15,68 ±0,85 µm sein Maximum für alle gemessenen Flächen. Innerhalb des definierten Messbereichs (500 x 706,6 µm) nimmt die Oberflächenrauheit in Bauebene (OF 1) demzufolge ab, was auf die Geometrie der extrudierten Stränge zurückzuführen ist. Diese sind prozessparameterspezifisch in Bauebene (Spurbreite: 0,45 mm) stets breiter als in Aufbaurichtung (Schichthöhe: 0,2 mm), wie ein Vergleich zwischen Abbildung 60b und Abbildung 60c zeigt. Die Anzahl der Riefen nimmt somit für den definierten Messbereich ab, was in einem niedrigeren Sa-Wert von im Mittel 9,02 ±2,05 µm resultiert.

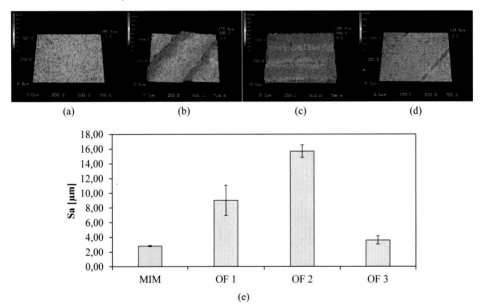

(a)   (b)   (c)   (d)

(e)

Abbildung 60: (a) Exemplarische Darstellung der Oberflächenrauheit für die MIM-Referenz; exemplarische Darstellung der Oberflächenrauheit für einen mittels PFF gefertigten Dichtewürfel: (b) OF 1; (c) OF 2; (d) OF 3; (e) Zusammenfassung der gemittelten Sa-Werte in Abhängigkeit der untersuchten Oberfläche

Die geringsten Sa-Werte sind in der Bauteilunterseite (OF 3) auszumachen. Hier sind nur noch vereinzelt Riefen zu erkennen (s. Abbildung 60d), sodass die Unterseite der PFF-Sinterteile im Hinblick auf die Oberflächenrauheit mit einem mittleren Sa-Wert von 3,60 ±0,56 µm am besten zu bewerten ist. Grund hierfür ist die Glasplatte, auf der die Grünteile gedruckt werden. Die glatte Oberfläche der Glasplatte überträgt sich auf die Unterseite der Grünteile, sodass eine spritzgussähnliche Oberflächenrauheit erzielt wird. Die Oberflächenrauheit der MIM-Referenz ist jedoch um im Mittel 0,77 µm geringer (Sa = 2,83 µm) und weist zudem die geringste Standardabweichung mit ±0,07 µm auf, was auf eine äußerst homogene Oberfläche schließen lässt (s. Abbildung 60a).

Sowohl bei MIM-Teilen als auch bei PFF-Sinterteilen besteht zusätzlich die Möglichkeit, die Oberflächenrauheit durch mechanische Nachbearbeitungsverfahren zu verringern (vgl. [258]). Aufgrund der höheren Oberflächenrauheit sind PFF-Sinterteile dabei grundsätzlich länger nachzubearbeiten, um einen festgelegten Sa-Wert zu erreichen. Zur Zeit- und Kostenreduzierung empfiehlt es sich daher, einen Teil der Nacharbeit am Grünteil durchzuführen, sofern die Grünteilfestigkeit dies zulässt. Grundsätzlich eignen sich hierfür auch chemische Nachbearbeitungsverfahren aus der polymerbasierten additiven Fertigung, jedoch besteht hierbei die Gefahr, dass die Grünteile partiell zerstört werden. Demgegenüber sind vor allem Strahlprozesse geeignet, um die Oberflächenrauheit vor dem Entbindern und Sintern zu reduzieren bzw. homogenisieren [262]. Die Strahlmedien sind dabei stets materialspezifisch im Hinblick auf die Grünteilfestigkeit zu wählen, wie ein exemplarischer Vergleich in Tabelle 44 zeigt. Hierfür werden für die gleiche Prozesszeit (10 Sekunden) ein feines (Edelkorund: 25 µm) und ein grobes (Keramikperlen: 125 bis 250 µm) Strahlmedium miteinander hinsichtlich der resultierenden Oberflächenrauheit verglichen. Als Prüfkörper fungiert jeweils ein PFF-Dichtewürfel, für den drei Messpunkte pro Fläche gewählt und der mittlere Sa-Wert gebildet wird.

Tabelle 44: Verwendete Prozessparameter für das Fein- und Kugelstrahlen inklusive der Messwerte für die resultierende Oberflächenverbesserung des PFF-Sinterteils durch die Grünteilnacharbeit

Strahlverfahren	Prozessparameter					Rauheit (Sa)	
	Strahlmittel	Korngröße [µm]	Düsendurchmesser [mm]	Betriebsdruck [bar]	Prozesszeit pro Fläche [s]	OF 1 [µm]	OF 2 [µm]
Feinstrahlen	Edelkorund	25	0,8	3	10	4,83	4,76
Kugelstrahlen	Keramikperlen	125 - 250	5	3	10	5,95	5,69

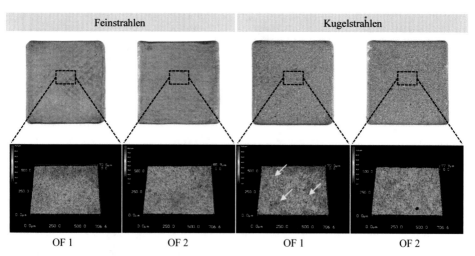

Abbildung 61: Vergleich der Grünteilnacharbeit mittels Fein- und Kugelstrahlen im Hinblick auf die resultierende Oberfläche des PFF-Sinterteils (gelbe Pfeile zeigen Eindrücke der verwendeten Keramikperlen)

Anhand der Messergebnisse in Tabelle 44 ist evident, dass unabhängig vom Strahlmedium eine signifikante Verringerung der Oberflächenrauheit erfolgt. So wird der Sa-Wert von OF 1 und OF 2 um bis zu 46,5 % respektive 69,6 % reduziert. Ferner sind die Unterschiede zwischen OF 1 und OF 2 mit maximal 0,26 μm (Kugelstrahlen) deutlich geringer, sodass die Oberfläche insgesamt homogener ist als die der unbearbeiteten Dichtewürfel (mittlere Abweichung: 6,66 μm). Im Hinblick auf die Grünteilfestigkeit scheint das Feinstrahlen prädestiniert zu sein, da die Keramikperlen beim Kugelstrahlen zum Teil Eindrücke im Grünteil hinterlassen (s. Abbildung 61, OF 1, gelbe Pfeile), was die im Mittel höhere Oberflächenrauheit erklärt. Für eine Verbesserung der Oberflächenrauheit empfiehlt es sich daher, PFF-Grünteile vor dem Entbindern und Sintern zwecks Oberflächenhomogenisierung zunächst feinzustrahlen. Dadurch wird die hohe Oberflächenrauheit von OF 1 und OF 2 an OF 3 der unbearbeiteten Dichtewürfel angeglichen. Anschließend kann die homogenisierte Oberfläche im Sinterteil analog zu MIM-Teilen endbearbeitet werden. Diesbezüglich ist zu beachten, dass der mit der Nacharbeit einhergehende Materialabtrag bei der Wahl der Skalierungsfaktoren zur Kompensation des Grünteil- und Sinterschrumpfs entsprechend zu berücksichtigen ist.

7.2.2 Maßhaltigkeit

Im Metallpulverspritzguss korreliert die Maßhaltigkeit im Wesentlichen mit der Vorhersagegenauigkeit des Sinterschrumpfs (vgl. [258]). Hierzu finden häufig Testgeometrien Anwendung, um die schrumpfinduzierten Längenänderungen empirisch zu bestimmen sowie darauf basierend einen entsprechenden Skalierungsfaktor zu berechnen (s. Kapitel 2.2.3). Für eine konstante Grünteildichte korreliert der Sinterschrumpf primär mit dem verwendeten Feedstock [226]. Realiter wird dieser jedoch zusätzlich von weiteren Faktoren wie z. B. der Schwerkraft [258] oder der Position im Sinterofen [192] beeinflusst. Für die sinterbasierte Materialextrusion sind in der Fachliteratur schrumpfbedingte Maßabweichungen von einigen Zehnteln dokumentiert (vgl. [89, 215]). Neben den exemplarisch genannten Einflussfaktoren hat vor allem der additive Aufbauprozess einen signifikanten Einfluss auf den Sinterschrumpf, der durch eine ausgeprägte Anisotropie gekennzeichnet ist (vgl. [12, 154]). Zur Quantifizierung der Maßhaltigkeit erfolgt daher zunächst eine Bestimmung des Sinterschrumpfs für die PFF-Sinterteile. Hierfür wird für jede der in Tabelle 42 aufgeführten Proben die sinterbedingte Längenänderung in X-, Y- und Z-Richtung im Vergleich zum Grünteilmaß gemessen und der Mittelwert gebildet. Ein Einfluss der Lösemittelentbinderung wird dabei ausgeschlossen, da Vorversuche gezeigt haben, dass nach dem Entfernen der Hauptbinderkomponente generell keine signifikanten Längenänderungen entstehen.

Die Messergebnisse in Abbildung 62 zeigen für alle untersuchten Prüfkörper ein ausgeprägt anisotropes Schrumpfverhalten, das zusätzlich eine Geometriedependenz aufweist. So lässt ich innerhalb einer Raumrichtung ein maximaler Unterschied von im Mittel 0,82 % in Y-Richtung zwischen den vertikal orientierten Zugproben und den Dichtewürfeln messen. Allgemein sind diese Abweichungen auf den schichtweisen Aufbauprozess in Verbindung mit der Bauteilgeometrie (inklusive Bahnplanung), der Aufbaurichtung, der Grünteildichte sowie der Schwerkraft zurückzuführen [228]. Folgerichtig lässt sich ein ähnliches Schrumpfungsverhalten bei den flach und seitlich orientierten Zugproben messen. Beide Prüfkörper weisen bis auf die unterschiedliche Aufbaurichtung (flach, seitlich) gleiche Fertigungsbedingungen auf, was in einem ähnlichen Sinterschrumpf resultiert.

Dieser ist dadurch charakterisiert, dass die größte Längenänderung entlang der Y-Achse stattgefunden hat. Der Schrumpf korreliert demnach mit der dominanten Ablegerichtung der extrudierten Stränge, die bei den flach und seitlich orientierten Zugproben in Y-Richtung zu verorten ist. Somit hat die geometriespezifische Bahnplanung einen signifikanten Einfluss auf den Sinterschrumpf, der mit steigender Anzahl und Länge der abgelegten Stränge in die gleiche Raumrichtung zunimmt (vgl. [110]). Der Schrumpf in X- und Z-Richtung ist demzufolge bei sowohl den flach als auch seitlich orientierten Zugproben schwächer ausgeprägt, der zudem nur marginal voneinander abweicht. Gleichwohl besteht zwischen den beiden Bauraumorientierungen eine maximale Abweichung von 0,14 % in Y-Richtung. Diese ist aller Voraussicht nach auf die Stützkonstruktion bei den seitlich orientierten Zugproben zurückzuführen, die generell eine Minderung der Grünteildichte und somit einen höheren Schrumpf zur Folge hat (vgl. [196]). Eine Änderung der Bauteilgeometrie, wie das Halbieren der Probenköpfe bei den vertikal orientierten Zugproben, führt demnach zu einem davon abweichenden Schrumpfverhalten. So ist der Sinterschrumpf insgesamt stärker ausgeprägt, der nunmehr signifikante Unterschiede zwischen der X- und Z-Richtung aufweist (s. Abbildung 62).

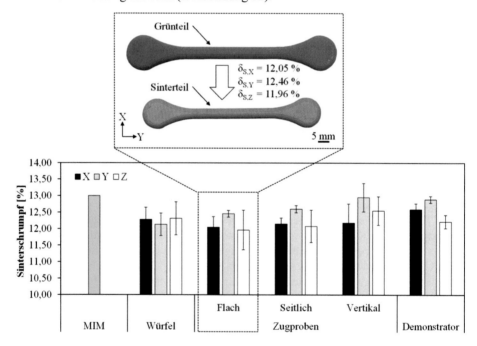

Abbildung 62: Gemessener Sinterschrumpf in X-, Y- und Z-Richtung im Vergleich zur MIM-Referenz inklusive einer exemplarischen Darstellung des Schrumpfverhaltens für die flach orientierten Zugproben (vgl. [264])

Anhand Abbildung 62 ist weiterhin ersichtlich, dass der Schrumpf der PFF-Sinterteile grundsätzlich geringer ist als der empirische Mittelwert der MIM-Referenz ($\delta_S = 0,13$ (13 %) [261]). So besteht eine maximale Abweichung von 1,04 % zu den flach orientierten Zugproben in Z-Richtung. Allgemein kann der Schrumpf auch für MIM-Teile marginal voneinander abweichen, eine Differenz von mehr als 1 % ist hingegen signifikant. Da im

Sinne einer komplementären Nutzung lediglich der Formgebungsprozess für die Herstellung der Sinterteile ausgetauscht wurde, ist dieser Einfluss folglich auf den additiven Aufbauprozess zurückzuführen. Diesbezüglich bestehen eine Vielzahl von Einflussfaktoren wie die Bauteilgeometrie bzw. Bahnplanung (vgl. [110]), die Aufbaurichtung (vgl. [228]) und die Grünteildichte (vgl. [196]). Ein Approximation des Schrumpf- bzw. Verzugsverhaltens ist somit äußerst komplex und übersteigt den Umfang der hier vorliegenden Arbeit. An dieser Stelle sei daher auf Softwareentwicklungen verwiesen, die sich größtenteils noch in der Entwicklung bzw. Erprobung befinden (vgl. [134, 213]). Zur Kompensation des Grünteil- und Sinterschrumpfs finden in der Industrie daher häufig gemittelte bzw. geometrieunabhängige Skalierungsfaktoren Anwendung (vgl. [52, 89]).

Der basierend auf den Messergebnissen gemittelte Sinterschrumpf lässt sich für die untersuchten Prüfkörper zu $\delta_{S,X} = 0{,}1225$ (12,25 %), $\delta_{S,Y} = 0{,}1261$ (12,61 %) und $\delta_{S,Z} = 0{,}1223$ (12,23 %) zusammenfassen. In Kombination mit dem gemittelten Grünteilschrumpf aus Kapitel 6.3 erfolgt die Berechnung der Skalierungsfaktoren für die drei Raumrichtungen analog zu Gleichung (7.1). Unter der Annahme, dass die geschrumpften Sinterteile das Nennmaß darstellen, ergibt sich nach Gleichung (7.2) durch Verwendung der gemittelten Skalierungsfaktoren eine durchschnittliche Maßabweichung zum theoretischen Sinterteilmaß von 0,82 % in X-, 0,53 % in Y- sowie 0,94 % in Z-Richtung.

$$SF_{XYZ} = \frac{1}{(1 - \delta_{G,XYZ}) \cdot (1 - \delta_{S,XYZ})} \qquad (7.1)$$

$$\frac{L_{G,XYZ}}{SF_{XYZ}} = L_{N,XYZ} \qquad (7.2)$$

SF_{XYZ} Skalierungsfaktor für X-, Y- und Z-Richtung [-]

$\delta_{G,XYZ}$ Gemittelter Grünteilschrumpf in X-, Y- und Z-Richtung [-]

$\delta_{S,XYZ}$ Gemittelter Sinterschrumpf in X-, Y- und Z-Richtung [-]

$L_{G,XYZ}$ Längenmaß des Grünteils in X-, Y- und Z-Richtung [mm]

$L_{N,XYZ}$ Nennmaß in X-, Y- und Z-Richtung [mm]

Für die Referenzprozesskette ist ein typischer Toleranzbereich von t = ±0,4 % bezogen auf das Nennmaß angegeben [74]. Die Maßabweichungen der PFF-Sinterteile sind somit durchschnittlich oberhalb der MIM-Referenz mit einer maximalen Abweichung von 0,54 % in Z-Richtung zu verorten. Zur Annäherung an hohe MIM-Toleranzen empfiehlt es sich daher, Skalierungsfaktoren in Abhängigkeit der jeweils zu fertigenden Bauteilgeometrie zu verwenden, um die verfahrensspezifische Geometriedependenz zu berücksichtigen. Zur validen Schrumpfvorhersage sind ferner konstante Fertigungsbedingungen, wie z. B. eine gleichbleibende Orientierung sowohl beim Druckprozess als auch beim Entbindern und Sintern [228], einzuhalten.

7.2.3 Bauteildichte

Eine hinreichende Bauteildichte im Sinterteil stellt eine Grundvoraussetzung für die komplementäre Nutzung des PFF-Druckers im MIM-Produktionsbetrieb dar. So hat die Bauteildichte einen wesentlichen Einfluss auf die resultierenden mechanischen Eigenschaften wie die Zugfestigkeit, die mit steigender Restporosität im Sinterteil abnimmt (vgl. [187]). Die Restporosität für die MIM-Referenz beträgt im Mittel 1 % (relative Dichte: d = 99 % [261]) und ist vor allem auf die Partikelgröße und Morphologie des verwendeten Titanpulvers in Verbindung mit der Zeit und Temperatur während des Sintervorgangs zurückzuführen [68]. Zur Beurteilung der Restporosität der PFF-Sinterteile werden alle Prüfkörpergeometrien mithilfe des archimedischen Prinzips (Mettler Toledo Inc., ME-T mit Dichte-Kit ME-DNY-4) vermessen und mit der theoretischen Dichte von Ti-6Al-4V verglichen. Zusätzlich werden Schliffe angefertigt, um den Einfluss von PFF auf die Ausbildung der Restporosität aufzuzeigen (vgl. [264]).

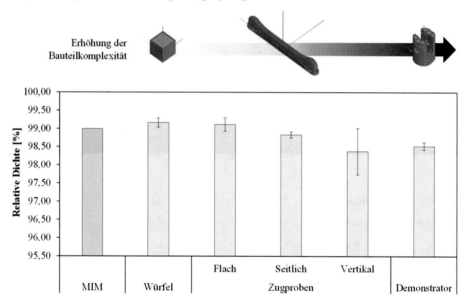

Abbildung 63: Vergleich der relativen Dichte der PFF-Sinterteile mit der MIM-Referenz

Eine Zusammenfassung der Dichtemessungen ist Abbildung 63 zu entnehmen. Sowohl die Dichtewürfel (d = 99,16 %) als auch die flach orientierten Zugproben (d = 99,11 %) weisen eine relative Dichte von oberhalb 99 % auf. Anhand des Schliffbildes in Abbildung 64 ist ersichtlich, dass sich neben den für MIM typischen feinen Sinterporen (< 10 μm) größere, unregelmäßige Poren (< 50 μm) infolge der kolbenbasierten Materialextrusion (PFF-Poren) gebildet haben. Letztere liegen vereinzelt sowohl in der Probenmitte als auch am -rand vor und sind auf Schichtdefekte bei der Strangablage während des Druckprozesses zurückzuführen (s. Kapitel 5.1.3). Basierend auf den Dichteuntersuchungen ist der Einfluss dieser wenigen, großen PFF-Poren jedoch zu vernachlässigen, sodass insgesamt eine vergleichbare Bauteildichte zur MIM-Referenz besteht.

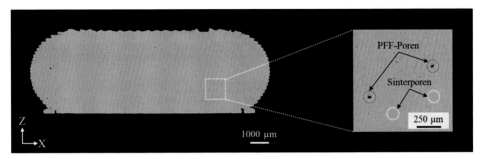

Abbildung 64: Schliffbild einer flach orientierten Zugprobe (Schnitt durch Probenkopf) inklusive eines Bild-
vergrößerungsausschnitts zur Klassifizierung der Poren (vgl. [264])

Durch die Verwendung von Stützkonstruktionen für die seitlich orientierten Zugproben
sinkt diese auf im Mittel 98,83 %. Die Differenz ist dabei auf das lokale Durchhängen der
Stränge im Bereich des abgestützten kritischen Oberflächenwinkels zurückzuführen. Das
Durchhängen folgt aus der Datenvorbereitung, in der von der Slicing-Software ein defi-
niertes Spaltmaß (0,2 mm) zwischen Stützkonstruktion und der Grenzschicht vorgesehen
wird. Durch das Spaltmaßmaß wird sichergestellt, dass nach dem Druckprozess eine zer-
störungsfreie Trennung des fragilen Grünteils von der Stützkonstruktion erfolgen kann.
Während des Druckprozesses führt dies jedoch zu einem Absacken der abgelegten Stränge
(s. Kapitel 6.2.10). Die resultierenden Lücken im Schichtverbund werden mit zunehmender Schichtanzahl egalisiert, sodass die zusätzlichen Poren durch die Stützkonstruktion
(> 100 μm) ausschließlich im unteren Drittel der Zugproben zu verorten sind (s. Abbildung 65a).

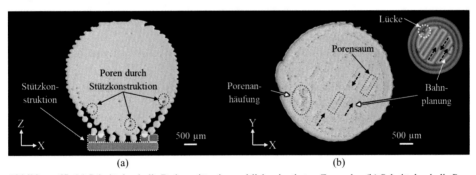

(a)   (b)

Abbildung 65: (a) Schnitt durch die Probenmitte einer seitlich orientierten Zugprobe; (b) Schnitt durch die Probenmitte einer vertikal orientierten Zugprobe inklusive einer Darstellung der zugrunde liegenden
Bahnplanung

Eine weitere Minderung der relativen Bauteildichte ist bei den vertikal orientierten Zugproben (d = 98,37 %) zu beobachten. Die Abweichung zur MIM-Referenz beträgt 0,63 %,
was geringer ist als die Standardabweichung der entsprechenden Zugproben (±0,64 %).
Anhand der Messergebnisse in Abbildung 63 ist ersichtlich, dass diese im Vergleich zu
den übrigen Prüfkörpern signifikant hoch ist. Dies ist primär auf einen Ausreißer zurückzuführen, dessen relative Dichte 97,45 % beträgt, was aller Voraussicht nach das Ergebnis
einer unzureichenden Verdichtung vor Druckbeginn darstellt. Die relative Bauteildichte
der vertikal orientierten Proben exklusive des Ausreißers liegt bei 98,68 %, was mit einer
mittleren Abweichung von 0,15 % sehr ähnlich zu den seitlich orientierten Zugproben ist.

Im Vergleich zu den flach orientierten Zugproben oder Dichtewürfeln weisen beide jedoch eine Dichte unterhalb 99 % auf. Während bei den seitlich orientierten Zugproben die verwendeten Stützkonstruktionen Grund hierfür sind, ist bei den vertikal orientierten Zugproben von einer geometriebedingten Restporosität auszugehen.

Wie in Abbildung 56d zu erkennen ist, besteht durch die Änderung der Bauraumorientierung von flach zu vertikal ein großer Teil der herzustellenden Schichten aus einem kreisrunden Querschnitt. Dieser ist im Vergleich zur Bauteilhöhe deutlich geringer als bei den flach und seitlich orientierten Zugproben. Bei der Füllmusterablage wird folgerichtig sehr viel Wärme auf einen kleinen Bereich konzentriert, sodass die Formstabilität der Schichten abnimmt. Dadurch entstehen Bereiche, in denen sich vermehrt Poren anhäufen (s. Abbildung 65b). Zusätzlich bilden sich entlang der abgelegten Stränge Porensäume, die auf verfahrensspezifische Schichtdefekte zurückzuführen und auch bei den übrigen Proben vorhanden sind. Weiterhin besteht bei kreisrunden Querschnittsflächen die Gefahr, dass sich die durch die Bahnplanung entstehenden Lücken (s. Abbildung 65b, gelber Kreis) auf das Grünteil und somit auch auf das Sinterteil übertragen (s. Kapitel 6.2.5). Aufgrund der hohen Wärmekonzentration konnten diese jedoch geschlossen werden.

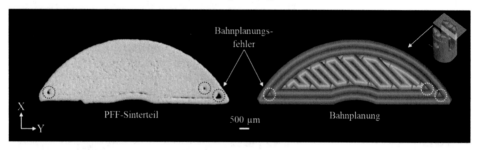

Abbildung 66: Schliffbild eines Segments des Geometriedemonstrators sowie Vergleich mit zugrunde liegender Bahnplanung; die Bahnplanungsfehler aus der Datenvorbereitung übertragen sich auf das Sinterteil

Generell sind Bahnplanungsfehler vermehrt bei Bauteilgeometrien mit höheren Komplexitätsgraden wie dem Geometriedemonstrator zu erwarten. So bestätigt eine Schliffbildanalyse des Geometriedemonstrators in Abbildung 66, dass die Porengröße teils oberhalb 200 µm zu verorten ist. Die durch die Bahnplanung resultierenden Poren sind folglich wesentlich größer als die verfahrensspezifischen PFF-Poren (s. Abbildung 64). Neben den Bahnplanungsfehlern weist der Geometriedemonstrator in Teilbereichen mit kleinen Querschnittsflächen zusätzlich geometriebedingte Porenanhäufungen auf, sodass die relative Dichte mit im Mittel 98,52 % das globale Minimum darstellt. Aus einer Erhöhung des Komplexitätsgrades folgt somit eine Dichteminderung, die konstruktiv abgeschwächt, aber nicht eliminiert werden kann.

7.2.4 Zugeigenschaften

Stellvertretend für die mechanischen Eigenschaften werden nachfolgend die Zugeigenschaften der PFF-Proben mit der MIM-Referenz verglichen. Im Metallpulverspritzguss werden diese vorwiegend durch die Dichte, die Mikrostruktur und den Sauerstoffgehalt bestimmt (vgl. [68]). Ein signifikanter Einfluss der Formgebung auf die Mikrostruktur und den Sauerstoffgehalt ist auszuschließen. Vielmehr sind diesbezüglich das Pulver sowie das Entbindern und Sintern als Haupteinflussfaktoren zu benennen (vgl. [23, 259]). Folgerichtig werden die Zugeigenschaften primär durch die in Kapitel 7.2.3 beschriebene Restporosität bestimmt. Um diesen Einfluss zu quantifizieren, werden für jede Bauraumorientierung vier Zugproben mit einer Universalprüfmaschine (ZwickRoell GmbH & Co. KG, Z050) und einer Prüfgeschwindigkeit von 2 mm/min (Geschwindigkeit Dehngrenze: 0,2 mm/min) getestet. Eine Zusammenfassung der Messergebnisse ist Abbildung 67 zu entnehmen (vgl. [264]).

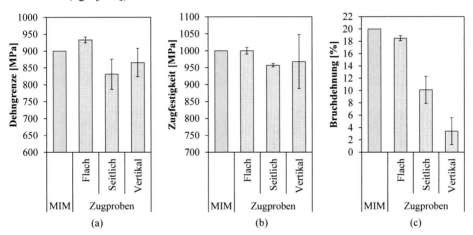

Abbildung 67: Ergebnisse der Zugprüfungen der PFF-Proben inklusive eines Vergleichs mit der MIM-Referenz: (a) Dehngrenze; (b) Zugfestigkeit; (c) Bruchdehnung

Analog zu der Bauteildichte ist die höchste Dehngrenze, Zugfestigkeit und Bruchdehnung bei den flach orientierten Zugproben zu verorten. Die Dehngrenze ist dabei mit im Mittel 33 MPa höher als die MIM-Referenz ($R_{p0,2} \geq 900$ MPa [261]). Die mittlere Zugfestigkeit ($R_m = 1000$ MPa) ist hingegen gleich und die Bruchdehnung (A = 18,5 %) mit 1,5 % marginal geringer. Insgesamt sind die Zugeigenschaften somit als vergleichbar einzustufen, sodass bei einer komplementären Nutzung des PFF-Druckers keine wesentlichen Unterschiede hinsichtlich der Zugeigenschaften zu erwarten sind. Der Einsatz von Stützkonstruktionen geht indes mit einer Abnahme aller drei Kennwerte einher. Im Vergleich zu den flach orientierten Zugproben sinken die Dehngrenze und Zugfestigkeit um im Mittel 102 MPa bzw. 43 MPa. Vor allem die Bruchdehnung nimmt mit einem Mittelwert von nunmehr 10,1 % signifikant ab. Ein noch spröderes Materialverhalten ist bei den vertikal orientierten Zugproben zu beobachten. Hier liegt die mittlere Bruchdehnung bei 3,4 %, was deutlich unterhalb der MIM-Referenz (Abweichung: −16,6 %) zu verorten ist.

Dieser Unterschied lässt sich mithilfe von Mikroskopieaufnahmen (Keyence Corp., VHX-5000) der entsprechenden Bruchflächen veranschaulichen. Wie anhand Abbildung 68 zu erkennen ist, lässt sich die Bruchfläche der MIM-Referenz ebenso wie die der flach und seitlich orientierten Zugproben mit einem Mischbruch beschreiben. So liegt bei den entsprechenden Bruchflächen eine Kombination aus Trennbruch mit glatter Kraterfläche und einem Scherbruch an den Kraterrändern vor [218].

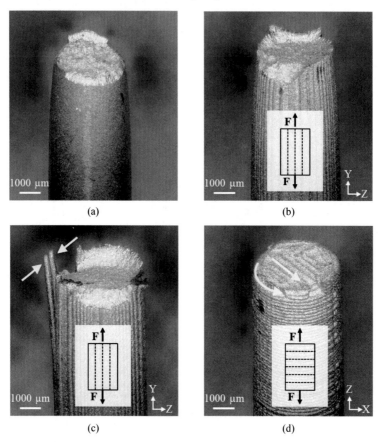

Abbildung 68: Bruchflächenanalyse der geprüften Zugproben inklusive einer Darstellung der Beanspruchungs-
richtungen für die PFF-Proben: (a) MIM-Referenz; (b) flach orientierte Zugprobe; (c) seitlich
orientierte Zugprobe, gelbe Pfeile zeigen abstehende Stränge infolge der Stützkonstruktion; (d)
vertikal orientierte Zugprobe, gelbe Pfeile zeigen einzelne Extrusionsbahnen [264]

In Abbildung 68c fällt zudem auf, dass bei den seitlich orientierten Zugproben einzelne Stränge abstehen (s. gelbe Pfeile), was auf die verwendete Stützkonstruktion zurückzuführen ist. Hierdurch entstehen bereits im Grünteil lokale Schwächungen an der Unterseite der Zugprobe, was neben einer geringeren Bauteildichte zusätzlich eine Minderung der Dehngrenze, Zugfestigkeit und Bruchdehnung im Sinterteil zur Folge hat. Des Weiteren ist in Abbildung 68d ersichtlich, dass die vertikal orientierten Zugproben ein deutlich sprö-deres Bruchverhalten als die übrigen Proben aufweisen. Die exemplarische Bruchfläche lässt einen Trennbruch erkennen, der orthogonal zur Beanspruchungsrichtung verläuft.

Dabei scheint es, dass der Trennbruch zwischen zwei Schichten stattgefunden hat, worauf die erkennbaren Extrusionsbahnen des Füllmusters sowie die der Konturbahnen schließen lassen (s. Abbildung 68d, gelbe Pfeile). Das sprödere Materialverhalten ist dabei auf die Zugbeanspruchung quer zu den abgelegten Schichten zurückzuführen. Generell stellt der Schichtverbund in der Materialextrusion eine Schwachstelle dar, was der Grund für die anisotropen Zugeigenschaften bei Kunststoff- (vgl. [107, 247]), aber auch Metallteilen (vgl. [133, 243]) ist. Wie in Abbildung 65b exemplarisch dargestellt ist, bilden sich infolge der verfahrensspezifischen Schichtdefekte Porensäume inmitten der abgelegten Bahnen und somit auch zwischen den Schichten. Werden die Sinterteile nun orthogonal zu den abgelegten Schichten beansprucht (s. Abbildung 68d), verläuft das Risswachstum ausgehend von den Schichtdefekten entlang der Schichtanbindung, wie in Abbildung 69a schematisch veranschaulicht ist.

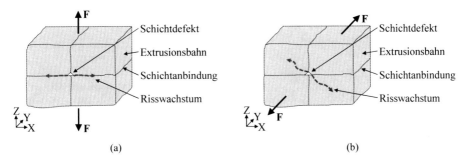

Abbildung 69: Schematische Darstellung des Risswachstums bei Zugbeanspruchung in Anlehnung an [243]: (a) vertikal orientierte Zugprobe; (b) flach orientierte Zugprobe [264]

Die Bruchfläche entsteht folgerichtig an der Grenzfläche zwischen zwei Schichten, was einen Trennbuch wie in Abbildung 68d zur Folge hat. Eine Beanspruchung entlang der Schichten, wie z. B. bei den flach orientierten Zugproben (s. Abbildung 69b), resultiert in einem Risswachstum, das innerhalb der Extrusionsbahnen verläuft [243]. Dies führt zu einem insgesamt duktileren Materialverhalten und somit zu einer höheren Bruchdehnung.

7.3 Potenzialbewertung: Qualität

Zur Evaluierung der Bauteilqualität erfolgt in Tabelle 45 ein gesamtheitlicher Vergleich der erzielten Kennwerte mit den MIM-Referenzwerten sowie eine darauf basierende Bewertung hinsichtlich der Eignung für die komplementäre Nutzung. Hierbei wird zwischen der Herstellung von Funktionsprototypen und Serienteilen unterschieden. Eine Grundvoraussetzung für beide stellen eine hinreichend hohe Bauteildichte sowie vergleichbare Zugeigenschaften dar. Für Serienteile können die kundenspezifischen Anforderungen an die Oberflächenqualität und den zulässigen Toleranzbereich mitunter stark variieren und sind für den konkreten Anwendungsfall zu definieren (vgl. [258]).

Tabelle 45: Bewertung der resultierenden Bauteilqualität im Hinblick auf die komplementäre Nutzung des PFF-Druckers

| Bauteil-eigenschaft | Formgebungsverfahren | | Bewertung | Handlungsempfehlungen |
	Spritzgießen	PFF		
Oberflächen-rauheit	$Sa = 2,83$ µm	$Sa_{OF1} = 9,02$ µm $Sa_{OF2} = 15,68$ µm $Sa_{OF3} = 3,60$ µm	◖	Für die mitunter hohen Oberflächen-anforderungen von Serienteilen ist eine Grün- und/oder Sinterteilnachar-beit erforderlich.
Maßhaltigkeit/ Toleranz	$t = \pm0,4$ %	$\Delta X = 0,82$ % $\Delta Y = 0,53$ % $\Delta Z = 0,94$ %	◖	Für Serienteile ist die Maßhaltigkeit durch bauteilspezifische Skalierungs-faktoren und konstante Fertigungsbe-dingungen zu erhöhen.
Bauteildichte	$d = 99$ %	$d > 98$ %	●	Zur Erhöhung der Bauteildichte sind Stützkonstruktionen sowie geometrie-bedingte Bahnplanungsfehler auf ein Minimum zu reduzieren.
Zugeigen-schaften	$R_{p0,2} \geq 900$ MPa $R_m = 1000$ MPa $A = 20$ %	$R_{p0,2} = 933$ MPa $R_m = 1000$ MPa $A = 18,5$ %	●	Generell sind Stützkonstruktionen zu vermeiden und die Zugbeanspruchung sollte entlang der Schichten erfolgen.

◖   Anpassung an Kundenanforderungen
●   Eignung für Serienteile

Oberflächenrauheit

Grundsätzlich ist die Oberflächenqualität aufgrund der verfahrensspezifisch hohen Schichtstärken als gering einzustufen, die zudem stark mit der betrachteten Fläche variiert. Die Messergebnisse zeigen, dass vor allem in Aufbaurichtung aufgrund der großen Rie-fenanzahl zwischen den abgelegten Schichten die höchste Oberflächenrauheit besteht. Dies ist ebenfalls für industrielle Lösungen für Metal MEX dokumentiert, die ähnliche Abweichungen (> 10 µm) zu MIM aufweisen (vgl. [181]). Um eine vergleichbare Ober-flächenqualität wie MIM-Teile zu erzielen, bedarf es somit einer Oberflächenglättung. Es konnte festgestellt werden, dass ein Feinstrahlen der Grünteile die Oberflächenrauheit sig-nifikant mindert sowie insgesamt homogenisiert. Das Feinstrahlen kann folglich als Basis fungieren, das um einen weiteren Nachbearbeitungsschritt am bereits gesinterten Bauteil mit für MIM üblichen Glättungsverfahren erweitert wird. Der Nachbearbeitungsaufwand für Serienteile ist dabei stets an konkrete Kundenanforderungen geknüpft. Um diesen zu entsprechen, ist mitunter eine Oberflächenglättung sowohl am Grün- als auch Sinterteil vorzunehmen. Für Funktionsprototypen kann diese entfallen, sofern die Oberflächenqua-lität primär der äußeren Erscheinung oder Haptik dient (vgl. [92]).

Maßhaltigkeit

Analog zur Oberflächenqualität ist die Maßhaltigkeit der additiv gefertigten Sinterteile geringer einzustufen. Dies ist primär auf gemittelte Skalierungsfaktoren für den Grünteil- und Sinterschrumpf zurückzuführen, die ebenfalls für Metal-MEX-Industrielösungen An-wendung finden. Geometrieunabhängige Skalierungsfaktoren sind dabei stets als Nähe-rung zu verstehen, da durch den additiven Formgebungsprozess verschiedene Bauteilgeo-metrien unterschiedlich stark schrumpfen.

Im Vergleich zu Industrielösungen für Metal MEX sind die anlagenspezifischen Maßabweichungen jedoch vergleichbar [89] und sogar teils geringer [215]. Ebenso sind für industrielle MIM-Produktionen größere Toleranzbereiche mit bis zu ±1,5 % für kleine Nennmaße (< 3 mm) dokumentiert [193, 258]. Folglich wird die Maßhaltigkeit für Funktionsprototypen als hinreichend hoch eingestuft. Für Serienteile ist mitunter eine anforderungsspezifische Prozessentwicklung (z. B. durch Bestimmen bauteilspezifischer Skalierungsfaktoren) durchzuführen. Eine Prozessentwicklung ist generell auch für MIM-Teile erforderlich, die bei hohen kundenspezifischen Toleranzvorgaben an Kosten und Zeit zunimmt. Wie auch die Oberflächenrauheit ist der zulässige Toleranzbereich somit an Kundenanforderungen geknüpft.

Bauteildichte
Entgegen der zuvor genannten Bauteileigenschaften weisen die additiv gefertigten Sinterteile in Abhängigkeit der Bauteilgeometrie MIM-ähnliche Dichtewerte ($d \geq 99$ %) auf. Je nach Bauteilgeometrie können diese verfahrensspezifisch durch Stützkonstruktionen, geometriebedingte Porenanhäufungen sowie Bahnplanungsfehler auf unterhalb 99 % sinken. Die dokumentieren Dichten liegen jedoch stets oberhalb 98 %. Im Vergleich zum Stand der Technik ist eine mittlere Dichte von oberhalb 98 % als ausreichend hoch einzustufen. So ist Ti-6Al-4V für Metal MEX aktuell einzig für das Studio System der Firma Desktop Metal Inc. qualifiziert. Die durchschnittliche Bauteildichte wird hier mit 97,5 % angegeben [56]. Auch die Norm für MIM-hergestellte Ti-6Al-4V-Komponenten für chirurgische Implantatanwendungen (ASTM F2885-17) weist mit einer relativen Bauteildichte von mindestens 96 % (Type 2) einen niedrigeren Wert auf [16]. Die erzielbare Bauteildichte gewährleistet somit die Herstellung von sowohl Funktionsprototypen als auch Serienteilen im anvisierten Stückzahlenbereich.

Zugeigenschaften
Ebenso wie die Bauteildichte weisen die Zugeigenschaften vergleichbare Werte zur MIM-Referenz auf, wenngleich ausschließlich bei den flach orientierten Zugproben. In dieser Bauraumorientierung erfolgt die Zugbeanspruchung entlang der Schichten und die Bauteilgeometrie bedarf keiner Stützkonstruktion. Die erzielten Werte übersteigen dabei diejenigen, die mit der gleichen Bauraumorientierung mit dem Desktop Metal Studio System zu erwarten sind [56]. Auch die Mindestanforderungen an die mechanischen Eigenschaften der ASTM F2885-17 (Type 2) sind hinsichtlich der Dehngrenze, Zugfestigkeit und Bruchdehnung erfüllt [16]. Das Erfordernis von Stützkonstruktionen zur Herstellung kritischer Oberflächenwinkel geht indes mit einer signifikanten Minderung der Bruchdehnung einher. So erfüllen die gemessen Werte der seitlich orientierten Zugproben nur noch die Mindestanforderungen der ASTM-Norm. Bei einer Beanspruchung orthogonal zu den extrudierten Schichten, wie bei den vertikal orientierten Zugproben, werden diese sogar unterschritten. Die Zugeigenschaften sind somit generell ausreichend für Serienteile, sofern keine Stützkonstruktionen im beanspruchten Bereich vorhanden sind und die Krafteinwirkung entlang der Schichten erfolgt.

7.4 Zusammenfassung

In diesem Kapitel erfolgte eine Evaluierung von PFF als komplementäres Formgebungs-verfahren für etablierte Entbinder- und Sinterprozessrouten hinsichtlich der Sinterteilqua-lität. Hierbei standen diejenigen Bauteileigenschaften im Fokus, die im Wesentlichen durch den additiven Formgebungsprozess beeinflusst werden. Als Bauteileigenschaften wurden daher die Oberflächenrauheit, die Maßhaltigkeit, die Bauteildichte und die Zugei-genschaften mithilfe von drei Prüfkörpergeometrien quantifiziert sowie anschließend mit der MIM-Referenz verglichen. Auf Basis dessen erfolgte eine Bewertung der resultieren-den Bauteilqualität bezüglich der Eignung von PFF als komplementäres Formgebungsver-fahren. Es konnte festgestellt werden, dass unter Berücksichtigung der Bauteilgeometrie MIM-ähnliche Werte für die Bauteildichte (d_{max} = 99,16 %) und Zugeigenschaften ($R_{p0,2,max}$ = 933 MPa, $R_{m,max}$ = 1000 MPa, A_{max} = 18,5 %) mit dem PFF-Drucker realisier-bar sind. Demgegenüber weichen die Oberflächenrauheit (Sa_{max} = 15,68 µm) und die er-mittelten Maßabweichungen (ΔZ_{max} = 0,94 %) signifikant von der MIM-Referenz ab. Je nach Kundenanforderungen sind für Serienteile demnach Nachbearbeitungsschritte sowie eine anforderungsspezifische Prozessentwicklung durchzuführen. Dies gilt teilweise auch für MIM-Teile, wenngleich in abgeschwächter Form, sodass die erzielte Sinterteilqualität als hinreichend hoch einzustufen ist. Folgerichtig ist eine komplementäre Nutzung im MIM-Produktionsbetrieb grundsätzlich möglich. Eine Bewertung der damit zu erwarten-den Einsparungspotenziale ist Gegenstand des nachfolgenden Kapitels.

8 Einsatz im MIM-Produktionsbetrieb

Im Zuge der Potenzialbewertung der Sinterteilqualität konnte die Eignung von PFF als komplementäres Formgebungsverfahren für die Referenzprozesskette grundsätzlich nachgewiesen werden. In diesem Kapitel erfolgt daher die Bewertung der damit einhergehenden Zeit- und Kosteneinsparungspotenziale, die im MIM-Produktionsbetrieb durch den Zukauf eines derart kostengünstigen Anlagensystems zu erwarten sind. Hierfür findet zunächst die Auswahl und Fertigung eines Demonstrators statt, dessen Bauteilkomplexität einen typischen Anwendungsfall für die komplementäre Nutzung darstellt (Kapitel 8.1). Daran anknüpfend wird mithilfe des Demonstrators das Zeiteinsparungspotenzial in der Produktentwicklung (Kapitel 8.2) sowie das Kosteneinsparungspotenzial in der Einzel- bis Kleinserienfertigung (Kapitel 8.3) bewertet.

8.1 Demonstratorauswahl und -fertigung

Typische Anwendungsfelder für MIM-Bauteile aus Ti-6Al-4V sind in dem Medizin- und Luftfahrtsektor sowie der Konsumgüterindustrie zu verorten [125]. Vor allem Konsumgüter wie Komponenten für Brillengestelle oder Armbänder stellen für die in dieser Arbeit betrachtete Referenzprozesskette den größten Absatzmarkt dar. Aufgrund des hohen materialspezifischen Verhältnisses von Festigkeit zu Gewicht rücken zunehmend auch Sportartikel wie z. B. hochwertige Fahrradkomponenten in den Fokus [227]. Für die komplementäre Nutzung des PFF-Druckers besteht somit ein großes Zeit- und Kosteneinsparungspotenzial in der Produktentwicklung respektive Einzel- bis Kleinserienfertigung für Bauteile aus der Konsumgüterindustrie. Dieses ist jedoch an die Bauteilkomplexität bzw. -geometrie, die Bauteilgröße bzw. das -gewicht sowie an die geforderte Stückzahl geknüpft.

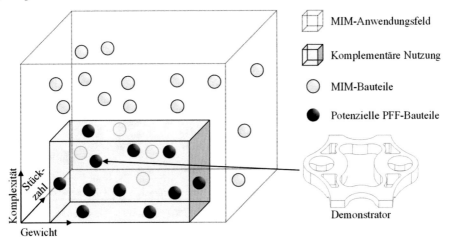

Abbildung 70: Einordnung des Anwendungsfelds für die komplementäre Nutzung des PFF-Druckers hinsichtlich der Bauteilkomplexität, des Bauteilgewichts und der Stückzahl in Anlehnung an [158]

© Der/die Autor(en), exklusiv lizenziert an
Springer-Verlag GmbH, DE, ein Teil von Springer Nature 2023
L. Waalkes, *Potenzialerschließung und -bewertung der sinterbasierten Kolbenextrusion*, Light Engineering für die Praxis,
https://doi.org/10.1007/978-3-662-66883-2_8

Aus dem MIM-Anwendungsfeld lässt sich somit ein Bereich für die komplementäre Nutzung der sinterbasierten Kolbenextrusion mittels PFF analog zu Abbildung 70 ableiten. Demzufolge weisen potenzielle PFF-Bauteile eine niedrig- bis mittelkomplexe Bauteilgeometrie auf (vgl. [181]). Verfahrensspezifisch lassen sich zudem Bauteilmerkmale wie z. B. Hohlraumstrukturen oder filigrane Füllmusterstrukturen (vgl. [265]) fertigen, die nur bedingt oder gar nicht mit MIM realisierbar sind. Das zulässige Bauteilgewicht der potenziellen PFF-Bauteile ist für den Referenzfeedstock in einem Bereich zwischen 0,3 g (s. Kapitel 6.2.4) und 139 g (s. Kapitel 5.2.2) einzuordnen, was eine Schnittmenge mit der MIM-Referenzprozesskette darstellt. Der zulässige Stückzahlbereich ist gemäß Aufgabenstellung hingegen deutlich geringer und im für Metallpulverspritzguss unwirtschaftlichen Einzel- bis Kleinseriensegment zu verorten.

Unter Berücksichtigung der wesentlichen Absatzmärkte für den MIM-Referenzprozess und dem abgeleiteten Anwendungsfeld aus Abbildung 70 dient nachfolgend eine Klemmplatte für eine Sattelstütze als Demonstrator. Hierbei handelt es sich um einen Sportartikel, wie er im hochwertigen Rennradsegment zum Einsatz kommt und der Fixierung des Sattels dient. Der Komplexitätsgrad der Klemmplatte ist hinreichend niedrig, sodass sowohl eine Fertigung mittels PFF als auch Spritzgießen möglich ist. Das entsprechende Grünteilgewicht liegt ferner mit 15,3 g unterhalb der anlagenspezifischen Grenzmenge. Zudem wird die Klemmplatte als Einzelteil gefertigt, was die für MIM wirtschaftlich betrachtet ungünstigste Stückzahl darstellt. Die Fertigung des Demonstrators erfolgt mithilfe der Prozessparameter aus Kapitel 5.1.3. Hierzu findet vorab eine formgebungsgerechte Bauteilgestaltung auf Basis der anlagenspezifischen Konstruktionsregeln aus Kapitel 6.2 statt. Die verwendete Stützkonstruktion stellt dabei einen für Realbauteile typischen Kompromiss zur Darstellung höherer Komplexitätsgrade dar. Weiterhin finden zur Kompensation des Schrumpfs entlang der Prozesskette die empirisch ermittelten Skalierungsfaktoren aus Kapitel 6.3 und 7.2.2 Anwendung, die durch Umstellen von Gleichung (7.2) die maximalen Bauteilmaße in X-, Y- und Z-Richtung des skalierten Grünteils ergeben.

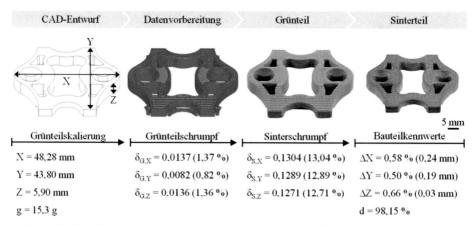

Abbildung 71: Darstellung des Demonstrators entlang der Prozesskette inklusive einer Nennung der wesentlichen Kennwerte

Wie in Abbildung 71 ersichtlich, besteht für das gefertigte Grünteil die maximale Differenz zwischen dem tatsächlichen und gemittelten Schrumpf in Y-Richtung. Hier beträgt der tatsächliche Grünteilschrumpf 0,82 %, was einer Differenz von $\Delta\delta_{G,Y} = 0{,}81$ % zum gemittelten Schrumpf aus Kapitel 6.3 entspricht. Gleichwohl vermag der geringere Grünteilschrumpf den höheren Sinterschrumpf partiell auszugleichen. Dieser ist in Y-Richtung im Vergleich zum gemittelten Sinterschrumpf 0,28 % höher, sodass in Y-Richtung die geringste prozentuale Abweichung zum Nennmaß ($\Delta Y = 0{,}50$ %) besteht. Allgemein fällt auf, dass der tatsächliche Sinterschrumpf in alle drei Raumrichtungen höher ist als die gemittelten Werte aus Kapitel 7.2.2. Die maximale Differenz besteht in X-Richtung mit $\Delta\delta_{S,X} = 0{,}0079$ (0,79 %). Dies ist aller Voraussicht nach auf die geringere Grünteildichte bedingt durch die darzustellende Bauteilkomplexität (z. B. Stützkonstruktionen, Bahnplanungsfehler) zurückzuführen. Die relative Bauteildichte im Sinterteil ist mit d = 98,15 % ebenso wie die maximale Abweichung zum Nennmaß ($\Delta Z = 0{,}66$ %) jedoch in einem anlagentypischen Bereich zu verorten (s. Tabelle 45). Der Demonstrator weist somit eine hinreichend hohe Bauteilqualität auf und dient im Folgenden zur Quantifizierung der Zeit- und Kosteneinsparungspotenziale.

8.2 Zeiteinsparungspotenzial

Das größte Zeiteinsparungspotenzial im Hinblick auf eine komplementäre Nutzung des PFF-Druckers ist in der Produktentwicklung neuer MIM-Serienteile zu verorten. Hier besteht die Möglichkeit, durch die additive Fertigung von Funktionsprototypen die Produktentwicklung und somit die Markteinführungszeit signifikant zu verkürzen. Zur Bewertung des Zeiteinsparungspotenzials erfolgt daher zunächst eine Betrachtung der MIM-Produktentwicklung, ehe auf Basis dessen die Reduktion der TTM quantifiziert wird.

8.2.1 MIM-Produktentwicklung

Eine generelle Darstellung des konsekutiven Ablaufs bei der Produktentwicklung im Metallpulverspritzguss ist Abbildung 72 zu entnehmen, der in der Praxis jedoch projekt- bzw. applikationsspezifisch davon abweichen kann (vgl. [127]). Unter der Voraussetzung, dass die Wirtschaftlichkeit für die Applikation gegeben ist und das Material wie auch die damit erzielbaren Materialeigenschaften bekannt sind, wird für das initiale Produktdesign oftmals ein Prototypenwerkzeug erstellt. Im Vergleich zu Serienwerkezeugen können diese mehr als 75 % kostengünstiger sein, da auf teure Komponenten wie z. B. Nocken verzichtet wird. Weiterhin kann die Durchlaufzeit für Funktionsteile durch eine Reduktion der darzustellenden Bauteilkomplexität um mehr als 50 % verringert werden [127]. Anhand der mittels Prototypenwerkzeug gefertigten Bauteile werden anschließend Funktionstests zur generellen Eignung von MIM für die Applikation durchgeführt. Fallen diese positiv aus, finden finale Designanpassungen für das Serienwerkzeug sowie dessen Herstellung statt. Mit dem Erhalt des Serienwerkzeugs erfolgt anschließend der Produktionsstart (engl.: start of production, kurz: SOP). Alternativ muss das Produktdesign geändert und die einzelnen Produktentwicklungsschritte erneut durchlaufen werden, was mit hohen Kosten und einer signifikanten Verlängerung der TTM bzw. Verzögerung des SOP_{MIM} einhergeht.

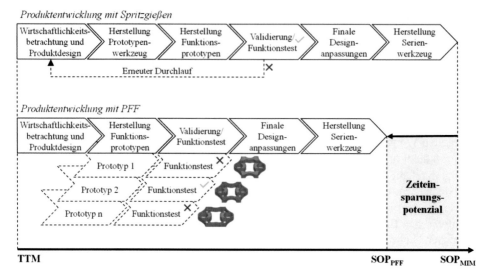

Abbildung 72: Darstellung der Produktentwicklung für MIM-Serienteile basierend auf [127] sowie eine qualitative Abschätzung des Zeiteinsparungspotenzials durch den Einsatz von PFF

Als ein wesentliches Kriterium für den späteren Markterfolg der zu entwickelnden Produkte gilt die TTM, die infolge steigender Forderungen nach hohen Innovationsgeschwindigkeiten stets zu reduzieren ist (vgl. [85, 92]). Durch die Verwendung des PFF-Druckers im MIM-Produktionsbetrieb kann diese auf zwei Arten reduziert werden, sofern die Bauteilkomplexität und das -gewicht anlagenspezifisch darstellbar sind. Einerseits besteht durch die formlose Fertigung von Funktionsprototypen generell die Möglichkeit, die Herstellung des Prototypenwerkzeugs zu egalisieren. Die additiv gefertigten Prototypen dienen dabei primär der Eignungsprüfung von MIM für die jeweilige Applikation, die durch den Verzicht auf die Prototypenwerkzeugherstellung erheblich schneller stattfinden kann. Andererseits können die PFF-Funktionsprototypen eine Vielzahl unterschiedlicher Bauteilmerkmale aufweisen, da die Geometrie nicht länger an das Prototypenwerkzeug gebunden ist. Dies ermöglicht es, deutlich risikoaffiner zu konstruieren sowie eine größere Anzahl unterschiedlicher Bauteilgeometrien hinsichtlich ihrer Eignung zu validieren. Dadurch sinkt das Risiko eines erneuten Durchlaufens der in Abbildung 72 dargestellten Produktentwicklungsschritte, was die TTM bzw. den SOP$_{PFF}$ erheblich reduziert respektive beschleunigt.

8.2.2 Potenzialbewertung: Zeit

Zur Bewertung des Zeiteinsparungspotenzials findet nachfolgend ein Vergleich der TTM für die Produktentwicklung mit und ohne Einsatz des PFF-Druckers für den Referenzprozess unter Verwendung des Demonstrators statt. Die in Abbildung 73 dargestellten Zeitangaben basieren dabei auf einem Experteninterview mit dem MIM-Anwender [220]. Gemäß Abbildung 73 ergibt sich somit eine Zeitersparnis von 17,14 % (3 Wochen), die primär auf den Verzicht des Prototypenwerkzeugs zurückzuführen ist. Eine weitere, potenzielle Zeitersparnis ergibt sich bei den finalen Designanpassungen, da mit PFF mehrere Designiterationszyklen parallel durchlaufen werden können. Dies erlaubt eine schnellere

Annäherung des Designs an das spätere Serienteil, sodass insgesamt weniger Anpassungswand besteht. So können in der gleichen Zeit, die herkömmlich für die Prototypenherstellung für die Funktionstests (0,5 Wochen) notwendig ist, zehn unterschiedliche Bauteilgeometrien additiv gefertigt werden. Demgegenüber steht jedoch der zeitliche Aufwand für die Gestaltung der unterschiedlichen Funktionsprototypen, sodass die beschriebene Zeitersparnis in der Bewertung des Zeiteinsparungspotenzials in Abbildung 73 egalisiert wird.

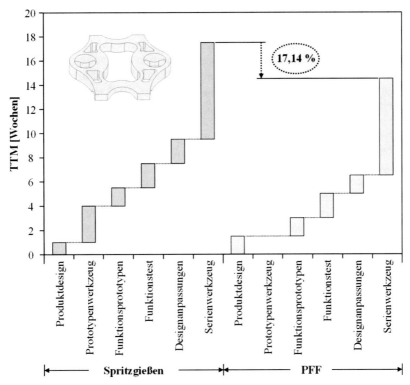

Abbildung 73: Zeitabschätzung für die konventionelle MIM-Produktentwicklung mit Spritzgießen [220] sowie Einordnung des Zeiteinsparungspotenzials durch die Nutzung von PFF zur Herstellung von Funktionsprototypen

Ein zusätzliches Zeiteinsparungspotenzial ergibt sich, sobald am MIM-Prototyp grundlegende Änderungen vorzunehmen und nochmals zu testen sind, was ein erneutes Durchlaufen der Produktentwicklungsschritte erfordert. Dieses Risiko wird durch den Einsatz von PFF signifikant verringert, da ohne die Herstellung eines Prototypenwerkzeugs gänzlich neue Produktdesigns flexibel gefertigt und getestet werden können. Basierend auf der Annahme, dass grundlegende Änderungen am MIM-Prototyp vorzunehmen sind, hätte dies gegenüber dem Einsatz von PFF eine Verlängerung der TTM von 42,86 % (7,5 Wochen) zur Folge.

8.3 Kosteneinsparungspotenzial

Neben dem Zeiteinsparungspotenzial ergibt sich durch die komplementäre Nutzung des prototypischen PFF-Anlagensystems ein Kosteneinsparungspotenzial in der bedarfsgerechten Fertigung geringer Stückzahlen. Ein typisches Anwendungsgebiet für den komplementären Einsatz stellt z. B. die Fertigung von Ersatzteilen für ein bereits produziertes MIM-Serienteil dar. Sobald dieses nicht mehr vorrätig ist, sind individuelle Ersatzeilnachfragen vom Endkunden mit einem hohen Kostenaufwand verbunden. Durch den Einsatz von PFF kann sowohl der Kostenaufwand als auch die Lieferzeit signifikant reduziert werden. Denn die entsprechenden Bauteile können im laufenden MIM-Produktionsbetrieb additiv gefertigt sowie zusammen mit Spritzgussteilen entbindert und gesintert werden. Darüber hinaus können MIM-Anwender ihre Geschäftsfelder hin zu Einzel- bis Kleinserien erweitern und damit Märkte als Teilelieferant erschließen, die ihnen bislang aufgrund des Spritzgießprozesses verwehrt blieben. PFF eignet sich diesbezüglich vor allem für Kleinstserien von unterhalb 1.000 Stück pro Jahr (s. Abbildung 16). In diesem Stückzahlenbereich können in MIM die Material- und Formgebungskosten knapp die Hälfte der Stückkosten (exklusive Nacharbeit) des finalen Sinterteils betragen (vgl. [204]). Vor allem die Formgebungskosten verhindern aufgrund des niedrigen Amortisierungsgrades des Werkzeugs eine wirtschaftliche MIM-Kleinserienfertigung. Für eine Quantifizierung des Kosteneinsparungspotenzials werden daher ausschließlich die Stückkosten für die Formgebung (Grünteilkosten) betrachtet, da die restlichen Prozessschritte im Sinne einer komplementären Nutzung unverändert bleiben.

8.3.1 Kostenmodell

Als Grundlage für die Kalkulation der Stückkosten der mittels PFF-Drucker hergestellten Grünteile fungiert ein anlagenspezifisches Kostenmodell. Hierfür werden folgende Annahmen getroffen:

1. Die Materialkosten sind in den Grünteilkosten inkludiert.

2. Es findet sowohl für das Spritzgießen als auch für PFF nur eine Anlage für das betrachtete jährliche Produktionsvolumen Anwendung.

3. Die Kosten für das Entbindern und Sintern werden als Fixkosten betrachtet, da zur Maximierung des Auslastungsgrades Losgrößen zusammengefasst werden.

4. Die bauteilspezifischen Skalierungsfaktoren werden dem Testbauteil aus Kapitel 8.1 entnommen, sodass auf eine weitere Prozessentwicklung verzichtet wird.

5. Die zu erwartende Oberflächenrauheit ist an den Kunden kommuniziert und wird toleriert, sodass an den Grünteilen keine Nacharbeit erfolgt.

Die Stückkosten der mittels PFF-Drucker hergestellten Grünteile ergeben sich gemäß Gleichung (8.1) somit aus der Summe der Stückkosten für den Druckprozess, die Wärmebehandlung und das erforderliche Material. Die Kosten für die Nacharbeit zur Optimierung bzw. Homogenisierung der Oberflächenrauheit sind anteilig hinzuzufügen und korrelieren mit der erforderlichen Prozesszeit zum Erreichen der Kundenanforderungen. Eine Auflistung der zur Berechnung der Stückkosten zugrunde liegenden Konstanten ist dem Anhang zu entnehmen (s. Anhang A.3, Tabelle A-8).

$$K = K_D + K_W + K_M \tag{8.1}$$

K   Stückkosten für PFF-Grünteil [€]

K_D Stückkosten für Druckprozess [€]

K_W Stückkosten für Wärmebehandlung [€]

K_M Stückkosten für Material [€]

Stückkosten für Druckprozess

Zur Berechnung der Stückkosten für den Druckprozess werden zunächst die Gesamtkosten für jeden Baujob und jede Befüllung erfasst, die für die zu fertigende Stückzahl durchzuführen sind. Die Gesamtkosten werden daraufhin zu den Personalkosten für die Datenvorbereitung hinzuaddiert und durch die Stückzahl n dividiert. Gemäß Gleichung (8.2) korrelieren dabei einzig die Kosten pro Baujob mit dem Auslastungsgrad. Dieser ergibt sich aus der maximal zu fertigenden Stückzahl pro Baujob, die an dem zur Verfügung stehenden Bauraumvolumen inklusive Sicherheitsabstand sowie der zu extrudierenden Materialmenge geknüpft ist. Für letztere ist festgelegt, dass innerhalb eines Baujobs keine Befüllung stattfindet. Unter Berücksichtigung dieser Restriktionen besteht für den betrachteten Demonstrator ein Auslastungsgrad von 100 % bei $n_{SB} = 4$. Für eine definierte Stückzahl von n = 50 können demzufolge 48 Demonstratoren mit einem Auslastungsgrad von 100 % in 12 Baujobs gefertigt werden. Die daraus resultierende Restmenge von $n_{SB} = 2$ ist mit 50-prozentiger Auslastung in einem zusätzlichen Baujob zu fertigen ($n_{Bj} = 13$).

$$K_D = \frac{\sum_{n_{Bj}} K_{Bj}(n_{SB}) + \sum_{n_{Bf}} K_{Bf} + K_{Pe} \cdot t_D}{n} \tag{8.2}$$

K_D Stückkosten für Druckprozess [€]

n_{Bj} Anzahl Baujobs für Stückzahl n [-]

K_{Bj} Kosten pro Baujob [€]

n_{SB} Stückzahl pro Baujob [-]

n_{Bf} Anzahl Befüllungen für Stückzahl n [-]

K_{Bf} Kosten pro Befüllung [€]

K_{Pe} Personenstundensatz [€/h]

t_D Zeit für Datenvorbereitung [h]

n   Stückzahl [-]

Allgemein lassen sich die Kosten pro Baujob in Abhängigkeit der Stückzahl bzw. des Auslastungsgrades als Summe der Maschinen-, Energie- und Personalkosten beschreiben. Letztere stellen das Produkt aus dem Personenstundensatz und den Zeiten für den Pre- (Einstellen der Extrusionskraft) und Post-Prozess (Bauteilentnahme vom Druckbett) dar, wie Gleichung (8.3) zu entnehmen ist. Die Zeit für den Pre-Prozess und die Druckzeit ergeben zusammen die Prozesszeit, die sich sowohl auf die Maschinen- als auch Energiekosten auswirkt.

$$K_{Bj}(n_{SB}) = K_{Mk} + K_{En} + K_{Pe} \cdot \left(\frac{t_{Pre}}{n_{SB}} + t_{Pos} \cdot n_{SB} \right) \tag{8.3}$$

K_{Bj} Kosten pro Baujob [€]

n_{SB} Stückzahl pro Baujob [-]

K_{Mk} Maschinenkosten [€]

K_{En} Energiekosten [€]

K_{Pe} Personenstundensatz [€/h]

t_{Pre} Zeit für Pre-Prozess [h]

t_{Pos} Zeit für Post-Prozess [h]

Für die Berechnung der Maschinenkosten wird die Prozesszeit pro Baujob mit dem Maschinenstundensatz multipliziert. Wie in Gleichung (8.4) dargestellt, ergibt sich der Maschinenstundensatz aus der Summe des linearen Abschreibungsbetrages pro Jahr und den jährlichen Instandhaltungskosten dividiert durch die Nutzungsdauer pro Jahr. Zur Berechnung des linearen Abschreibungsbetrages pro Jahr werden die anzunehmenden Anlagenkosten durch die geplante Abschreibungsdauer (fünf Jahre) dividiert. Da es sich bei der verwendeten Anlage um einen Prototyp handelt, erfolgt für die Abschätzung des Anlagenpreises eine Verdoppelung der Materialkosten aus Kapitel 4.2.4. Die jährlichen Instandhaltungskosten werden zudem mit 10 % vom jährlichen Abschreibungsbetrag approximiert und diesem hinzuaddiert. Für die Nutzungsdauer pro Jahr wird ferner die Annahme getroffen, dass der PFF-Drucker alle zwei Arbeitstage (253 Arbeitstage pro Jahr) acht Stunden lang in Betrieb ist.

$$K_{Mk} = K_{Mh} \cdot t_P = \frac{AfA + K_{In}}{N_A \cdot t_N} \cdot t_P \tag{8.4}$$

K_{Mk} Maschinenkosten [€]

K_{Mh} Maschinenstundensatz [€/h]

t_P Prozesszeit [h]

AfA   Linearer Abschreibungsbetrag pro Jahr [€]

K_{In} Jährliche Instandhaltungskosten [€]

N_A Arbeitstage pro Jahr [d]

t_N Nutzungsdauer pro Arbeitstag [h/d]

Analog zu den Maschinenkosten korrelieren ebenso die Energiekosten mit der Prozesszeit. So ergeben sich die Energiekosten gemäß Gleichung (8.5) aus dem Produkt der anlagenspezifischen Nennleistung, der Prozesszeit und dem Strompreis.

$$K_{En} = P \cdot t_P \cdot K_{St} \tag{8.5}$$

K_{En} Energiekosten [€]

  P   Nennleistung [kW]

  t_P Prozesszeit [h]

K_{St} Strompreis [€/kWh]

Entgegen der Kosten pro Baujob sind die Kosten für eine Befüllung fix und lassen sich mathematisch mittels Gleichung (8.6) beschreiben. Hierfür erfolgt stets eine Befüllung mit 200 g des Referenzfeedstocks nach dem Entleeren des Zylinders. Das verbleibende Restmaterial wird aufbewahrt und dem Recyclingkreislauf zugeführt. Die Maschinen- und Energiekosten werden analog zu den Gleichungen (8.4) und (8.5) berechnet.

$$K_{Bf} = K_{Mk} + K_{En} + K_{Pe} \cdot (t_{Ent} + t_{Bf}) \tag{8.6}$$

K_{Bf} Kosten pro Befüllung [€]

K_{Mk} Maschinenkosten [€]

K_{En} Energiekosten [€]

K_{Pe} Personenstundensatz [€/h]

t_{Ent} Zeit für Entleerung des Extruders [h]

t_{Bf} Zeit für Befüllung des Extruders [h]

Stückkosten für Wärmebehandlung
Ebenso wie die Kosten pro Baujob korrelieren die Kosten pro Wärmebehandlung mit dem Auslastungsgrad. Ein Unterschied besteht hingegen im Fixkostenanteil. Da die Prozesszeit unabhängig von der Bauteilanzahl konstant ist, stellen die Maschinen- und Energiekosten Fixkosten dar. Wie aus Gleichung (8.7) hervorgeht, werden die Kosten pro Wärmebehandlung demnach einzig von den Personalkosten zum Platzieren und Entnehmen der Grünteile vor und nach dem Prozess bestimmt.

$$K_{Wb}(n_{SW}) = K_{Mk} + K_{En} + K_{Pe} \cdot t_B \cdot n_{SW} \tag{8.7}$$

K_{Wb} Kosten pro Wärmebehandlung [€]

n_{SW} Stückzahl pro Wärmebehandlung [-]

K_{Mk} Maschinenkosten [€]

K_{En} Energiekosten [€]

K_{Pe} Personenstundensatz [€/h]

  t_B Zeit für Bauteilplatzierung und -entnahme [h]

Die Stückkosten für die Wärmebehandlung werden daraufhin analog zu Gleichung (8.8) berechnet. Für eine exemplarische Stückzahl von n = 100 sind für den betrachteten Demonstrator somit zwei Wärmebehandlungen mit voller Auslastung (n_{SW} = 40) sowie eine mit einem Auslastungsgrad von 50 % (n_{SW} = 20) erforderlich, was eine Anzahl an Wärmebehandlungen von n_{Wb} = 3 ergibt.

$$K_W = \frac{\sum_{n_{Wb}} K_{Wb}(n_{SW})}{n} \tag{8.8}$$

K_W Stückkosten für Wärmebehandlung [€]

n_{Wb} Anzahl Wärmebehandlungen für Stückzahl n [-]

K_{Wb} Kosten pro Wärmebehandlung [€]

n   Stückzahl [-]

Stückkosten für Material

Die bauteilspezifischen Materialkosten lassen sich gemäß Gleichung (8.9) als Summe aus dem Materialverbrauch für die Herstellung eines Grünteils und dem Materialverlust infolge der Düsenreinigungen beschreiben. Die Materialverbrauch stellt dabei das Produkt aus dem Grünteilvolumen (inklusive Stützkonstruktion), der Feedstockdichte und dem Kilogrammpreis für den verwendeten Referenzfeedstock dar. Demgegenüber ergibt sich der Materialverlust aus der Anzahl an Reinigungen pro Bauteil multipliziert mit dem Materialverlust pro Reinigungsschritt und dem Kilogrammpreis.

$$K_M = K_{kg} \cdot \left(V_{GT} \cdot \rho_{RT} + m_V \cdot n_R \right) \tag{8.9}$$

K_M Stückkosten für Material [€]

K_{kg} Kilogrammpreis für Feedstock [€/kg]

V_{GT} Grünteilvolumen [mm^3]

ρ_{RT} Feedstockdichte bei RT [g/mm^3]

m_V Materialverlust pro Düsenreinigung [g]

n_R Anzahl Düsenreinigungen [-]

8.3.2 Potenzialbewertung: Kosten

Wie auch bei der Bewertung des Zeiteinsparungspotenzials werden die Stückkosten für die Grünteilherstellung mit der MIM-Referenzprozesskette anhand eines Experteninterviews abgeschätzt und mit den berechneten PFF-Grünteilkosten verglichen. Gemäß der Kostenkalkulation zugrunde liegenden Annahmen ist die obere Kapazitätsgrenze für den PFF-Drucker bei 1.002 Stück pro Jahr zu verorten. Demgegenüber liegt die untere Kapazitätsgrenze für die MIM-Referenzprozesskette im Hinblick auf die Wirtschaftlichkeit bei 100 Stück pro Jahr (s. Abbildung 74). Insgesamt wird ein Stückzahlenbereich von 1 bis 100.000 Stück pro Jahr betrachtet, in dem die Herstellung von weniger als 100 Klemmplatten ausschließlich mittels PFF wirtschaftlich realisierbar ist. In diesem Stückzahlenbereich greifen positive Skaleneffekte, sodass die Grünteilkosten mit zunehmender Stückzahl pro Jahr signifikant sinken (s. Anhang A.3, Tabelle A-9). Ab 100 Stück pro Jahr ändern sich die Grünteilkosten jedoch nur noch marginal, sodass der Kurvenverlauf ein Plateau erreicht. In diesem Bereich bilden der Spritzguss und PFF eine Schnittmenge (s. Abbildung 74, eingegrenzter Bereich), in dem die Nutzung von PFF als komplementäres Formgebungsverfahren mit einer Reduktion der Stückkosten um bis zu 65,34 % (n = 100) einhergeht.

Mit zunehmender Amortisierung des Serienwerkzeugs sinkt die Kosteneinsparung und erreicht ihr Minium bei 42,73 % (n = 1000). In diesem Bereich ist die Entscheidung für ein Formgebungsverfahren auf Basis der Kundenanforderungen im Hinblick auf die Durchlaufzeit, Maßhaltigkeit und Oberflächenqualität zu treffen. Grundsätzlich geht PFF mit hohen Kosteneinsparungen in einem Stückzahlenbereich zwischen 100 und 1.000 Stk./a einher. Gleichwohl ist die Zykluszeit für ein spritzgegossenes Bauteil erheblich kürzer (ca. 40 s) als die Druckzeit für ein PFF-Bauteil (2,32 h). Auch die Verwendung mehrerer PFF-Drucker kann diesbezüglich nur bedingt Abhilfe schaffen, da der Automatisierungsgrad im Vergleich zum Spritzguss geringer ist, was in einer Erhöhung der Grünteilkosten aufgrund des hinzukommenden Personalaufwands resultiert. Folgerichtig ist die Durchlaufzeit beim Spritzguss für Kleinserien bis 1.000 Stk./a deutlich kürzer, was kundenseitig die damit einhergehenden höheren Grünteilkosten relativieren kann.

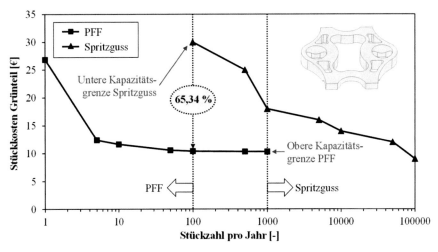

Abbildung 74: Vergleich der Grünteilkosten für den Spritzguss [220] und PFF in Abhängigkeit der Stückzahl pro Jahr

Des Weiteren weisen die spritzgegossenen Grün- und somit auch Sinterteile eine wesentlich geringere Oberflächenrauheit sowie höhere Maßhaltigkeit aufgrund der vorangegangen Prozessentwicklung auf (s. Kapitel 7.3). Die Qualität der mittels PFF hergestellten Grün- bzw. Sinterteile ist somit an Kundenanforderungen durch eine Nacharbeit sowie verfahrensspezifische Prozessentwicklung entsprechend anzupassen. Dies geht jedoch mit einer Erhöhung der Herstellzeit wie auch der Entwicklungskosten einher. Demzufolge ist der Einsatz von PFF vor allem für einen Stückzahlbereich von 1 bis 100 Stk./a prädestiniert, da hier die Herstellung eines Serienwerkzeugs wirtschaftlich nicht rentabel ist. Bei Stückzahlen bis 1.000 Stk./a ist die Entscheidung für das jeweilige Formgebungsverfahren auf Basis der Kundenanforderungen zu treffen. Oberhalb dieses Stückzahlenbereichs ist aufgrund der Produktivität einzig der Spritzguss wirtschaftlich sinnvoll.

8.4   Zusammenfassung

In diesem Kapitel erfolgte die Evaluierung der Zeit- und Kosteneinsparungspotenziale durch die Verwendung des PFF-Druckers im MIM-Produktionsbetrieb. Hierzu wurde ein Demonstrator aus dem Konsumgüterbereich stellvertretend für einen typischen Anwendungsfall für die komplementäre Nutzung ausgewählt und gefertigt. Mithilfe des Demonstrators fand zunächst eine Quantifizierung des Zeiteinsparungspotenzials statt, das vor allem in der Produktentwicklung für MIM-Serienteile besteht. Im Zuge dessen wurden die für MIM typischen Produktentwicklungsschritte mithilfe eines Experteninterviews für die Demonstratoranwendung zeitlich erfasst. Anschließend erfolgte eine Abschätzung der TTM für die Produktentwicklung mittels Spritzgießen und PFF. Es konnte festgestellt werden, dass die Verwendung des PFF-Druckers mit einer Reduktion der TTM um mindestens 17,14 % einhergeht. Gegenüber des Spritzgießens besteht ferner die Möglichkeit, mehrere Designiterationszyklen parallel zu durchlaufen. Infolgedessen können unterschiedliche Bauteildesigns gleichzeitig getestet werden, was weitere Zeitvorteile verspricht. Neben einer Verkürzung der TTM konnte für die Demonstratoranwendung zudem aufgezeigt werden, dass durch die komplementäre Nutzung von PFF erhebliche Kosteneinsparungen in der bedarfsgerechten Fertigung geringer Stückzahlen zu erwarten sind. Hierfür erfolgte zunächst die Einführung eines anlagenspezifischen Kostenmodells zur Quantifizierung der resultierenden Grünteilkosten als wesentlicher Kostentreiber im anvisierten Stückzahlenbereich. Die Berechnung der Grünteilkosten für die ausgewählte Demonstratoranwendung ergab, dass Kleinserien bis 100 Stk./a ausschließlich mittels PFF wirtschaftlich realisierbar sind. Hier ergibt sich gegenüber dem Spritzguss ein Kostenvorteil von 65,34 %, der mit zunehmender Amortisierung des Spritzgießwerkzeugs auf 42,73 % bei 1.000 Stk./a sinkt, was zugleich die Produktionsgrenze des PFF-Druckers darstellt.

Die abschließende Potenzialbewertung konnte somit aufzeigen, dass die komplementäre Nutzung des prototypischen PFF-Anlagenkonzepts künftig eine Beschleunigung der MIM-Produktentwicklung sowie eine wirtschaftliche Einzel- bis Kleinserienfertigung ermöglicht.

9 Zusammenfassung und Ausblick

In diesem Kapitel werden die wesentlichen Ergebnisse dieser Arbeit entsprechend der in Kapitel 3.2 definierten Teilziele zusammengefasst (Kapitel 9.1), ehe auf Basis dessen ein Ausblick auf weiterführende Forschungsarbeiten erfolgt (Kapitel 9.2).

9.1 Zusammenfassung

Die zunehmende Verkürzung von Produktlebenszyklen sowie Forderung nach individuellen Produkten in geringen Stückzahlen erfordern flexible wie ressourceneffiziente Fertigungsverfahren. Das werkzeuglose und ressourcenschonende Metal-FFF-Verfahren verspricht diesbezüglich ein großes Marktpotenzial. Dieses lässt sich primär auf die Verwendung kostengünstiger Fertigungsanlagen zur additiven Fertigung von Grünteilen zurückführen. Der Zukauf und der Betrieb der Anlagentechnik zum Entbindern und Sintern der Grünteile stehen dem Kostenvorteil von Metal FFF und somit dem Marktpotenzial momentan jedoch entgegen. Eine industrielle Entbinder- und Sinterinfrastruktur ist grundsätzlich im Metallpulverspritzguss vorhanden. Die Materialextrusion des dort verwendeten Feedstocks, der sich in Form, Preis und Zusammensetzung von Metal-FFF-Ausgangsmaterialien unterscheidet, bietet folgerichtig die Möglichkeit, bereits bestehende Infrastrukturen komplementär zu nutzen und das Marktpotenzial effektiv zu erschließen. Dies erfordert kostengünstige Fertigungsanlagen, die eine prozessstabile wie formgebungsgerechte additive Fertigung dichter Grünteile aus Feedstock gewährleisten.

Ziel dieser Arbeit war es daher, ein Anlagenkonzept zur kolbenbasierten Feedstockextrusion (PFF) zu entwickeln sowie hinsichtlich der Eignung als komplementäres, additives Formgebungsverfahren in einer industriellen Ti-6Al-4V-MIM-Referenzprozesskette zu bewerten. Hierfür erfolgte zunächst die Neukonstruktion eines Kolbenextruders, der in eine für kostengünstige FFF-Drucker typische Produktarchitektur integriert wurde. Die Materialkosten des resultierenden PFF-Druckers betragen 2.745 €, was in einem Preissegment für vergleichbare Metal-FFF-Fertigungsanlagen zu verorten ist. Die konstruktionsbedingte Analogie ermöglichte weiterhin die Integration des PFF-Druckers in die digitale FFF-Prozesskette. Diese ist durch die Nutzung von Open-Source-Softwarelösungen zur Datenvorbereitung und Prozesssteuerung charakterisiert, die auf Basis einer Modellbildung anlagenspezifisch angepasst wurden.

Die Validierung des PFF-Druckers war anschließend Gegenstand einer experimentellen Prozessentwicklung. Dazu wurden zunächst materialspezifische Prozessparameter auf Basis rheologischer Messungen (ET_{opt} = 95 °C, v_{opt} = 8 mm/s, F_E = 1300 N) für einen definierten Idealzustand der Grünteildichte ermittelt. Die prozessparameterspezifische Grünteildichte beträgt 3,16 g/cm^3, was unter Berücksichtigung der approximierten Feedstockdichte (3,23 g/cm^3) als hinreichend hoch eingestuft wurde. Um eine reproduzierbare Grünteilqualität mit entsprechender Dichte zu gewährleisten, erfolgte daraufhin eine Untersuchung anlagenspezifischer Einflussfaktoren auf die Prozessstabilität. Hierzu wurde mithilfe von Langzeitextrusionsversuchen ein zulässiger Extrusionsbereich für einen konstanten Druckprozess bestimmt. Es konnte festgestellt werden, dass 69,87 % (139,74 g) des gesamten Zylinderfüllvolumens (200 g) ohne Prozessunterbrechungen extrudierbar sind. Die resultierende Fehlmenge infolge von Lufteinschlüssen ist analog zu Angüssen

© Der/die Autor(en), exklusiv lizenziert an
Springer-Verlag GmbH, DE, ein Teil von Springer Nature 2023
L. Waalkes, *Potenzialerschließung und -bewertung der sinterbasierten Kolbenextrusion*, Light Engineering für die Praxis,
https://doi.org/10.1007/978-3-662-66883-2_9

in MIM dem Recyclingkreislauf zuzuführen, sodass keine Beeinträchtigung der Ressourceneffizienz besteht. Weiterhin wurde ein Grenzwert für die anlagenseitig verbaute Düsenreinigung bestimmt, der unabhängig von der herzustellenden Bauteilgeometrie die Auftragsdüse während des Druckvorgangs von dem anlagenspezifischen Materialüberschuss befreit. Prozessunterbrechungen durch eine verstopfte Auftragsdüse konnten somit eliminiert werden, sodass insgesamt eine hohe Prozessstabilität für die Herstellung dichter Grünteile erzielt wurde.

Ein weiterer, wesentlicher Einflussfaktor auf die Grünteilqualität stellt die Bauteilgeometrie dar. Diese ist unter Einhaltung etablierter Entbinder- und Sintergestaltungsrichtlinien an die anlagenspezifischen Restriktionen des PFF-Druckers anzupassen. Hierfür erfolgte zunächst eine Evaluierung bereits publizierter Konstruktionsregeln für die polymerbasierte Materialextrusion hinsichtlich ihrer Übertragbarkeit auf die kolbenbasierte Feedstockextrusion. Diejenigen Konstruktionsregeln, die einen konkreten anlagen- und materialspezifischen Wertebereich definieren, wurden daraufhin experimentell erarbeitet. Insgesamt konnten elf PFF-Konstruktionsregeln formuliert werden, die unter Einhaltung allgemeingültiger Gestaltungsregeln eine formgebungsgerechte Bauteilgestaltung gewährleisten. Eine entsprechende Validierung fand abschließend mithilfe eines Geometriedemonstrators statt.

Mit dem Nachweis einer prozessstabilen wie formgebungsgerechten additiven Fertigung dichter Grünteile erfolgte daraufhin eine Bewertung des damit einhergehenden Potenzials im MIM-Produktionsbetrieb. Hierzu wurde die finale Bauteilqualität im Sinterteil mit MIM-Teilen hinsichtlich der Oberflächenrauheit, Maßhaltigkeit, Dichte sowie den Zugeigenschaften verglichen. Sowohl die Bauteildichte als auch die Zugeigenschaften stellen dabei grundlegende Voraussetzungen für die komplementäre Nutzung dar. Für die PFF-Sinterteile konnten – unter Berücksichtigung der Bauteilgeometrie – MIM-ähnliche Werte für die Bauteildichte (d_{max} = 99,16 %) und Zugeigenschaften ($R_{p0,2,max}$ = 933 MPa, $R_{m,max}$ = 1000 MPa, A_{max} = 18,5 %) nachgewiesen werden. Die Oberflächenrauheit (Sa_{max} = 15,68 µm) und die Differenz zum Nennmaß (ΔZ_{max} = 0,94 %) weichen hingegen von der MIM-Referenz ab. Für Serienteile ist je nach Kundenanforderung somit eine Oberflächenglättung sowie anforderungsspezifische Prozessentwicklung zur Erhöhung der Maßhaltigkeit durchzuführen. Diesbezüglich wurden entsprechende Handlungsempfehlungen wie die Grünteilnacharbeit und das Ableiten bauteilspezifischer Skalierungsfaktoren aufgezeigt. Beide gehen generell mit einem zusätzlichen Zeit- und Kostenaufwand einher, stehen der komplementären Nutzung jedoch nicht entgegen.

Vielmehr sind durch die komplementäre Nutzung von PFF signifikante Zeit- und Kosteneinsparungspotenziale in der Produktentwicklung respektive Einzel- bis Kleinserienfertigung zu erwarten. Eine Bewertung dieser Einsparungspotenziale erfolgte mithilfe einer Demonstratoranwendung aus der Konsumgüterindustrie. Das größte Zeiteinsparungspotenzial ist dabei in der Produktentwicklung durch die schnelle Verfügbarkeit additiv gefertigter Funktionsprototypen zu verorten. Durch die Eliminierung des Spritzgießwerkzeugs zur Prototypenherstellung konnte eine Reduktion der Markteinführungszeit um 17,14 % nachgewiesen werden. Die daran anknüpfende Bewertung der Kosteneinsparungspotenziale fokussierte die Grünteilkosten als wesentlichen Kostentreiber des späteren Endprodukts. Mithilfe eines anlagenspezifischen Kostenmodells wurden diese für PFF-Grünteile berechnet und mit Spritzgussteilen in einem Stückzahlbereich von 1 bis

100.000 Stk./a verglichen. Es konnte festgestellt werden, dass Kleinserien bis 100 Stk./a ausschließlich mittels PFF wirtschaftlich realisierbar sind. Hier ergibt sich gegenüber dem Spritzguss ein Kostenvorteil von 65,34 %, der mit zunehmender Amortisierung des Spritzgießwerkzeugs stetig abnimmt.

Insgesamt ließ sich die Forschungshypothese dieser Arbeit durch den Eignungsnachweis von PFF als kostengünstiges, komplementäres Formgebungsverfahren für eine exemplarische Ti-6Al-4V-MIM-Referenzprozesskette somit bestätigen. Die niedrige finanzielle Einstiegshürde von PFF eröffnet MIM-Anwendern künftig die Möglichkeit, dem Wandel der Produktanforderungen hin zu kürzeren Produktlebenszyklen sowie Produkten mit hohem Individualisierungsgrad in geringen Stückzahlen effektiv zu begegnen.

9.2 Ausblick

Gegenstand künftiger Forschungsarbeiten ist die Validierung von PFF als komplementäres Formgebungsverfahren in zusätzlichen MIM-Prozessketten zur weiteren Erschließung des identifizierten Marktpotenzials. Hierbei stehen vor allem Feedstocksysteme im Fokus, die anstelle des in dieser Arbeit verwendeten niedrigschmelzenden Paraffinwachses (s. Kapitel 5.1.1) wasserlösliche (z. B. Polyethylenglykol, kurz: PEG) oder katalytisch degradierbare (z. B. Polyoxymethylen, kurz: POM) Binderkomponenten enthalten. Im Fokus der Untersuchungen stehen dabei die Auswirkungen der unterschiedlichen Binderkomponenten auf die Stabilität des Extrusionsprozesses.

Weiterhin ist die verwendete Slicing-Software an die Anforderungen der additiven Grünteilfertigung anzupassen. In Kapitel 6.2.5 konnte aufgezeigt werden, dass die in der Slicing-Software generierte Bahnplanung einen signifikanten Einfluss auf die Grünteildichte hat. Diese wird durch geometriespezifische Bahnplanungsfehler infolge einer unzureichenden Approximation der Bauteilkontur lokal reduziert. Die resultierende Porosität steigt mit zunehmender Bauteilkomplexität und überträgt sich auf das finale Sinterteil (s. Kapitel 7.2.3). Folglich sind Bahnplanungsalgorithmen zu entwickeln, die entsprechende Bahnplanungsfehler automatisch identifizieren und z. B. durch eine lokale Anpassung des Füllmusters egalisieren. Hierfür bieten Open-Source-Softwarelösungen eine geeignete Grundlage, die durch entsprechende Post-Processing-Skripte so anzupassen sind, dass die im G-Code hinterlegte Bahnplanung einer geometrischen Porosität entgegenwirkt.

Eine wesentliche Herausforderung für die erfolgreiche Integration von PFF in bestehende MIM-Prozessketten besteht zudem in der Geometriedependenz des Sinterschrumpfs infolge des schichtweisen Aufbauprozesses. In Verbindung mit einer für die bedarfsgerechte Fertigung hohen Bauteilvarianz pro Sinterfahrt hat dies mitunter erhebliche Maß- und Formabweichungen zur Folge. Das Bestimmen des bauteilspezifischen Sinterschrumpfs mithilfe von Testgeometrien ist für eine flexible Fertigung geringer Stückzahlen somit an einen hohen Zeit- und Kostenaufwand geknüpft. Ziel weiterführender Forschungsarbeiten sind demnach Simulationsansätze zur Schrumpfvorhersage, die explizit das Verfahrensprinzip der Material- bzw. Kolbenextrusion berücksichtigen. Aufgrund der Komplexität des Sinterprozesses sowie der Vielzahl an Einflussfaktoren durch den schichtweisen Aufbauprozess (s. Kapitel 7.2.2) eigenen sich diesbezüglich vor allem Ansätze des maschinellen Lernens.

Hierfür sind für ein festgelegtes Feedstocksystem und eine definierte Prozesskette valide Trainingsdaten mithilfe verschiedener Bauteilgeometrien stellvertretend für bekannte Schrumpfmechanismen zu generieren. Mit Erreichen einer hinreichenden Datengrundlage lässt sich anschließend ein Lerntransfer erzielen, der für unbekannte Bauteilgeometrien eine akkurate Schrumpfvorhersage ermöglicht. Infolgedessen werden zeit- und kostenintensive Iterationszyklen zur Herstellung maßhaltiger Sinterteile reduziert, was die Marktakzeptanz der sinterbasierten Kolbenextrusion signifikant erhöht.

10 Literaturverzeichnis

[1] 3D Printing Industry: Xerion Introduces the Fusion Factory, an FDM/FFF Metal and Ceramic 3D Printer, https://3dprintingindustry.com/news/xerion-introduces-the-fusion-factory-an-fdm-fff-metal-and-ceramic-3d-printer-145427/ (Zugriff am: 08.04.2022).

[2] 3D-figo GmbH: FFD150H, http://3d-figo.de/produkt/ (Zugriff am: 08.04.2022).

[3] Adam, G. A. O.: Systematische Erarbeitung von Konstruktionsregeln für die additiven Fertigungsverfahren Lasersintern, Laserschmelzen und Fused Deposition Modeling, *Dissertation,* Universität Paderborn, 2015.

[4] Adam, G. A. O.: Die Potentiale additiver Fertigung nutzen, *12. Rapid Prototyping Fachtagung*, Hamburg, 2013.

[5] Adam, G. A. O.; Zimmer, D.: Design for Additive Manufacturing-Element transitions and aggregated structures, *CIRP Journal of Manufacturing Science and Technology*, 2014, pp. 20–28. https://doi.org/10.1016/j.cirpj.2013.10.001.

[6] Adam, G. A. O.; Zimmer, D.: On design for additive manufacturing: evaluating geometrical limitations, *Rapid Prototyping Journal*, 2015, pp. 662–670. https://doi.org/10.1108/RPJ-06-2013-0060.

[7] Agarwala, M. K.; van Weeren, R.; Bandyopadhyay, A.; Safari, A.; Danforth, S.; Priedeman, W. R.: Filament Feed Materials for Fused Deposition Processing of Ceramics and Metals, *Tagungsband: International Solid Freeform Fabrication Symposium*, 1996, pp. 451–458.

[8] Aggarwal, G.; Smid, I.; Park, S. J.; German, R. M.: Development of niobium powder injection molding. Part II: Debinding and sintering, *International Journal of Refractory Metals and Hard Materials*, 2007, pp. 226–236. https://doi.org/10.1016/j.ijrmhm.2006.05.005.

[9] Aghassi, S.; Witzel, J.: Consortium-Study-on-Additive-Manufacturing, https://www.ilt.fraunhofer.de/content/dam/ilt/de/documents/zentren-und-cluster/konsortialstudien/Consortium-Study-on-Additive-Manufacturing.pdf (Zugriff am: 08.04.2022).

[10] Ahn, S.; Park, S. J.; Lee, S.; Atre, S. V.; German, R. M.: Effect of powders and binders on material properties and molding parameters in iron and stainless steel powder injection molding process, *Powder Technology*, 2009, pp. 162–169. https://doi.org/10.1016/j.powtec.2009.03.010.

[11] AIM3D GmbH: Die ExAM-Serie für den professionellen Einsatz, https://www.aim3d.de/produkte/exam255/ (Zugriff am: 08.04.2022).

[12] Ait-Mansour, I.; Kretzschmar, N.; Chekurov, S.; Salmi, M.; Rech, J.: Design-dependent shrinkage compensation modeling and mechanical property targeting of metal FFF, *Progress in Additive Manufacturing*, 2020, pp. 51–57. https://doi.org/10.1007/s40964-020-00124-8.

© Der/die Herausgeber bzw. der/die Autor(en), exklusiv lizenziert an Springer-Verlag GmbH, DE, ein Teil von Springer Nature 2023
L. Waalkes, *Potenzialerschließung und -bewertung der sinterbasierten Kolbenextrusion*, Light Engineering für die Praxis,
https://doi.org/10.1007/978-3-662-66883-2

[13]   Alexandre, A.; Cruz Sanchez, F. A.; Boudaoud, H.; Camargo, M.; Pearce, J. M.: Mechanical Properties of Direct Waste Printing of Polylactic Acid with Universal Pellets Extruder: Comparison to Fused Filament Fabrication on Open-Source Desktop Three-Dimensional Printers, *3D Printing and Additive Manufacturing*, 2020, pp. 237–247. https://doi.org/10.1089/3dp.2019.0195.

[14]   Altaf, K.; Qayyum, J.; Rani, A.; Ahmad, F.; Megat-Yusoff, P.; Baharom, M.; Aziz, A.; Jahanzaib, M.; German, R.: Performance Analysis of Enhanced 3D Printed Polymer Molds for Metal Injection Molding Process, *Metals*, 2018. https://doi.org/10.3390/met8060433.

[15]   AM Extrusion GmbH: AM-X Materials, https://am-extrusion.com/filament-types (Zugriff am: 08.04.2022).

[16]   American Society for Testing and Materials: Specification for Metal Injection Molded Titanium-6Aluminum-4Vanadium Components for Surgical Implant Applications, ASTM F2885-17, 2011.

[17]   Annoni, M.; Giberti, H.; Strano, M.: Feasibility Study of an Extrusion-based Direct Metal Additive Manufacturing Technique, *Procedia Manufacturing*, 2016, pp. 916–927. https://doi.org/10.1016/j.promfg.2016.08.079.

[18]   ARBURG GmbH + Co KG: Powder Injection Moulding (PIM), https://www.keramikspritzguss.eu/upload/pdf/Unternehmensprofile/AR-BURG_PIM_d.pdf (Zugriff am: 08.04.2022).

[19]   ARBURG GmbH + Co KG: FREEFORMER, https://www.arburg.com/fileadmin/redaktion/mediathek/prospekte/arburg_freeformer_680835_de/# (Zugriff am: 08.04.2022).

[20]   Assmann, J.; Bloemacher, M.; ter Maat, J.; Wohlfromm H.: Bindemittel enthaltende thermoplastische Massen für die Herstellung metallischer Formkörper, *EU-Patent*, EP2043802B1, 2012.

[21]   Atzeni, E.; Iuliano, L.; Minetola, P.; Salmi, A.: Redesign and cost estimation of rapid manufactured plastic parts, *Rapid Prototyping Journal*, 2010, pp. 308–317. https://doi.org/10.1108/13552541011065704.

[22]   Banerjee, S.; Joens, C. J.: Debinding and sintering of metal injection molding (MIM) components, *Sammelwerk: Handbook of Metal Injection Molding*, 2019, pp. 129–171.

[23]   Baril, E.; Lefebvre, L. P.; Thomas, Y.: Interstitial elements in titanium powder metallurgy: sources and control, *Powder Metallurgy*, 2011, pp. 183–186. https://doi.org/10.1179/174329011X13045076771759.

[24]   Bartenschlager, J.; Hebel, H.; Schmidt, G.: Handhabungstechnik mit Robotertechnik, ISBN: 9783663121664, 1998.

[25]   Barthel, B.: Metal Binder Jetting Process Chain Considerations, *Workshop: Sinter-based Additive Manufacturing*, Bremen, 2019.

[26] BASF 3D Printing Solutions GmbH: Ultrafuse 316L, https://forward-am.com/wp-content/uploads/2021/04/UserGuidelines_2021_03_29.pdf (Zugriff am: 08.04.2022).

[27] BASF New Business GmbH: Ultrafuse 316LX, https://www.basf.com/global/de/documents/about-us/Companies/new-business-gmbh/publications/3d-printing/TDS_BASF_Ultrafuse-316LX.pdf (Zugriff am: 08.04.2022).

[28] Bellini, A.; Shor, L.; Guceri, S. I.: New developments in fused deposition modeling of ceramics, *Rapid Prototyping Journal*, 2005, pp. 214–220. https://doi.org/10.1108/13552540510612901.

[29] Billiet, T.; Vandenhaute, M.; Schelfhout, J.; van Vlierberghe, S.; Dubruel, P.: A review of trends and limitations in hydrogel-rapid prototyping for tissue engineering, *Biomaterials*, 2012, pp. 6020–6041. https://doi.org/10.1016/j.biomaterials.2012.04.050.

[30] Bintara, R. D.; Lubis, D. Z.; Aji Pradana, Y. R.: The effect of layer height on the surface roughness in 3D Printed Polylactic Acid (PLA) using FDM 3D printing, *IOP Conference Series: Materials Science and Engineering*, 2021. https://doi.org/10.1088/1757-899X/1034/1/012096.

[31] Bowyer, A.: 3D Printing and Humanity's First Imperfect Replicator, *3D Printing and Additive Manufacturing*, 2014, pp. 4–5. https://doi.org/10.1089/3dp.2013.0003.

[32] Breuninger, J.; Becker, R.; Wolf, A.; Rommel, S.; Verl, A.: Generative Fertigung mit Kunststoffen, ISBN: 9783642243257, 2013.

[33] Burkhardt, C.: A beginner´s guide to three leading sinter-based metal Additive Manufacturing technologies, *Powder Injection Moulding International*, 2020, pp. 69–79.

[34] Burkhardt, C.; Freigassner, P.; Weber, O.; Imgrund, P.; Hampel, S.: Fused Filament Fabrication (FFF) of 316L Green Parts for the MIM process, *Tagungsband: EURO PM*, 2016.

[35] Byard, D. J.; Woern, A. L.; Oakley, R. B.; Fiedler, M. J.; Snabes, S. L.; Pearce, J. M.: Green fab lab applications of large-area waste polymer-based additive manufacturing, *Additive Manufacturing*, 2019, pp. 515–525. https://doi.org/10.1016/j.addma.2019.03.006.

[36] Cantrell, J.; Rohde, S.; Damiani, D.; Gurnani, R.; DiSandro, L.; Anton, J.; Young, A.; Jerez, A.; Steinbach, D.; Kroese Calvin; Ifju, P.: Experimental Characterization of the Mechanical Properties of 3D Printed ABS and Polycarbonate Parts, *Tangungsband: Society for Experimental Mechanics Series*, 2016, pp. 89–105.

[37] Carbolite Gero GmbH & Co. KG: Industrieofen für modifizierte Atmosphäre - GPCMA, https://www.carbolite-gero.de/de/produkte/kammerofen/industrieoefen-/gpcma/function-features/ (Zugriff am: 08.04.2022).

[38]   Chakartnarodom, P.; Chuankrerkkul, N.: Statistical Analysis of Binder Behavior during Debinding Step in Powder Injection Molding (PIM), *Advanced Materials Research*, 2014, pp. 172–176. https://doi.org/10.4028/www.scientific.net/AMR.970.172.

[39]   Chaunier, L.; Guessasma, S.; Belhabib, S.; Della Valle, G.; Lourdin, D.; Leroy, E.: Material extrusion of plant biopolymers: Opportunities & challenges for 3D printing, *Additive Manufacturing*, 2018, pp. 220–233. https://doi.org/10.1016/j.addma.2018.03.016.

[40]   Chesser, P.; Post, B.; Roschli, A.; Carnal, C.; Lind, R.; Borish, M.; Love, L.: Extrusion control for high quality printing on Big Area Additive Manufacturing (BAAM) systems, *Additive Manufacturing*, 2019, pp. 445–455. https://doi.org/10.1016/j.addma.2019.05.020.

[41]   Chiang, H. H.; Hieber, C. A.; Wang, K. K.: A unified simulation of the filling and postfilling stages in injection molding. Part I: Formulation, *Polymer Engineering and Science*, 1991, pp. 116–124. https://doi.org/10.1002/pen.760310210.

[42]   Chuankrerkkul, N.; Davies, H. A.; Messer, P. F.: Application of PEG/PMMA Binder for Powder Injection Moulding of Hardmetals, *Materials Science Forum*, 2007, pp. 953–956. https://doi.org/10.4028/www.scientific.net/MSF.561-565.953.

[43]   Cincinnati Inc.: 3D Printed Projects, http://wwwassets.e-ci.com/PDF/Products/baam-3d-printed-projects-sheet.pdf (Zugriff am: 08.04.2022).

[44]   Cohen, D. L.; Lo, W.; Tsavaris, A.; Peng, D.; Lipson, H.; Bonassar, L. J.: Increased mixing improves hydrogel homogeneity and quality of three-dimensional printed constructs, *Tissue engineering. Part C, Methods*, 2011. https://doi.org/10.1089/ten.TEC.2010.0093.

[45]   Crump, S. S.: Apparatus and method for creating three-dimensional objects, *US-Patent*, US5121329A, 1992.

[46]   Cruz, N.; Santos, L.; Vasco, J.; Barreiros, F. M.: Binder System for Fused Deposition of Metals, *Tagungsband: EURO PM*, 2013, pp. 79–84.

[47]   Cruz Sanchez, F. A.; Boudaoud, H.; Hoppe, S.; Camargo, M.: Polymer recycling in an open-source additive manufacturing context: Mechanical issues, *Additive Manufacturing*, 2017, pp. 87–105. https://doi.org/10.1016/j.addma.2017.05.013.

[48]   Dababneh, A. B.; Ozbolat, I. T.: Bioprinting Technology: A Current State-of-the-Art Review, *Journal of Manufacturing Science and Engineering*, 2014. https://doi.org/10.1115/1.4028512.

[49]   Danforth, S. C.; Agarwala, M. K.; Bandyopadhyay, A.; Langrana, N.; Jamalabad, V. R.; Safari, A.; vanWeeren, R.: Solid freeform fabrication methods, *US-Patent*, US5900207A, 1999.

[50]   Dealy, J. M.; Wang, J.: Melt Rheology and its Applications in the Plastics Industry, ISBN: 9789400763944, 2013.

[51] Desktop Metal Inc.: Exploring metal finishing methods for 3D-printed parts, https://www.desktopmetal.com/resources/metal-finishing-for-3d-printed-parts (Zugriff am: 08.04.2022).

[52] Desktop Metal Inc.: BMD Design Guide, https://www.desktopmetal.com/resources/bmd-design-guide (Zugriff am: 08.04.2022).

[53] Desktop Metal Inc.: Studio System, https://production-to-go.com/wp-content/uploads/2021/01/DM_Studio-System_brochure_digital_v.191101.pdf (Zugriff am: 08.04.2022).

[54] Desktop Metal Inc.: Case Study: Egar Tool & Die LTD., https://www.desktopmetal.com/resources/egar-tool-and-die-stamping-dies-tooling (Zugriff am: 08.04.2022).

[55] Desktop Metal Inc.: Studio System™ 2, https://www.desktopmetal.com/products/studio (Zugriff am: 08.04.2022).

[56] Desktop Metal Inc.: Datenblatt zu Ti64 Titanium Alloy, https://www.desktopmetal.com/uploads/BMD-MDS-Ti64-210803.pdf (Zugriff am: 08.04.2022).

[57] Deutsches Institut für Normung e.V.: Viskosimetrie; Kapillarviskosimeter mit Kreis- und Rechteckquerschnitt zur Bestimmung von Fließkurven; Systematische Abweichungen, Ursachen und Korrekturen, DIN 53014-2, 1994.

[58] Deutsches Institut für Normung e.V.: Fertigungsverfahren - Begriffe, Einteilung, DIN 8580, 2003.

[59] Deutsches Institut für Normung e.V.: Sintermetalle, ausgenommen Hartmetall-Zugprobestäbe, DIN EN ISO 2740, 2009.

[60] Deutsches Institut für Normung e.V.: Geometrische Produktspezifikation (GPS) - Oberflächenbeschaffenheit: Tastschnittverfahren - Benennungen, Definitionen und Kenngrößen der Oberflächenbeschaffenheit, DIN EN ISO 4287, 2010.

[61] Deutsches Institut für Normung e.V.: Geometrische Produktspezifikation (GPS) - Oberflächenbeschaffenheit: Flächenhaft- Teil 602: Merkmale von berührungslos messenden Geräten, DIN EN ISO 25178-602, 2011.

[62] Deutsches Institut für Normung e.V.: Geometrische Produktspezifikation (GPS) - Oberflächenbeschaffenheit: Flächenhaft- Teil 2: Begriffe und Oberflächen-Kenngrößen, DIN EN ISO 25178-2, 2012.

[63] Deutsches Institut für Normung e.V.: Viskosimetrie; Kapillarviskosimeter mit Kreis- und Rechteckquerschnitt zur Bestimmung von Fließkurven; Grundlagen, Begriffe, Benennungen, DIN 53014-1 Entwurf, 2019.

[64] Deutsches Institut für Normung e.V.: Additive Fertigung - Grundlagen - Terminologie, DIN EN ISO/ASTM 52900, 2022.

[65] Díaz Castro, M.: Process Parameter Optimization of Metal Material Extrusion for high-density parts, *Workshop: Sinter-based Additive Manufacturing*, Bremen, 2021.

[66] Duarte Campos, D. F.; Blaeser, A.; Weber, M.; Jäkel, J.; Neuss, S.; Jahnen-Dechent, W.; Fischer, H.: Three-dimensional printing of stem cell-laden hydrogels submerged in a hydrophobic high-density fluid, *Biofabrication*, 2013. https://doi.org/10.1088/1758-5082/5/1/015003.

[67] Ebel, T.: Metal injection molding (MIM) of titanium and titanium alloys, *Sammelwerk: Handbook of Metal Injection Molding*, 2019, pp. 431–460.

[68] Ebel, T.; Friederici, V.; Imgrund, P.; Hartwig, T.: Metal injection molding of titanium, *Sammelwerk: Titanium Powder Metallurgy*, 2015, pp. 337–360.

[69] Ebel, T.; Milagres Ferri, O.; Limberg, W.; Oehring, M.; Pyczak, F.; Schimansky, F. P.: Metal Injection Moulding of Titanium and Titanium-Aluminides, *Key Engineering Materials*, 2012, pp. 153–160. https://doi.org/10.4028/www.scientific.net/KEM.520.153.

[70] Ehrlenspiel, K.; Meerkamm, H.: Integrierte Produktentwicklung, ISBN: 9783446435483, 2013.

[71] Element22 GmbH: Metal Injection Molding, https://www.element22.de/technologies/metal-injection-molding (Zugriff am: 08.04.2022).

[72] Element22 GmbH: Datasheet Filament Ti6Al4V FIL01A, https://www.element22.de/fileadmin/content/downloads/Datasheet_Element22_3DP_Filament_FIL01A_V2_1.pdf (Zugriff am: 08.04.2022).

[73] Element22 GmbH: Datasheet SBS Feedstock Pellets Ti6Al4V PEL4-01A, https://www.element22.de/fileadmin/content/downloads/Datasheet_Element22_3DP_Pellets_PEL4-01A_V2_0.pdf (Zugriff am: 08.04.2022).

[74] Element22 GmbH: Design Guide, https://www.element22.de/technologies/metal-injection-molding/design-guide (Zugriff am: 08.04.2022).

[75] Emmelmann, C.; Klahn, C.: Funktionsintegration im Werkzeugbau durch laseradditive Fertigung, *RTejournal - Forum für Rapid Technologie*, 2012.

[76] Emmelmann, C.; Petersen, M.; Kranz, J.; Wycisk, E.: Bionic lightweight design by laser additive manufacturing (LAM) for aircraft industry, *Tagungsband: SPIE Eco-Photonics*, 2011.

[77] Emmelmann, C.; Sander, P.; Kranz, J.; Wycisk, E.: Laser Additive Manufacturing and Bionics: Redefining Lightweight Design, *Physics Procedia*, 2011, pp. 364–368. https://doi.org/10.1016/j.phpro.2011.03.046.

[78] Enneti, R. K.; Onbattuvelli, V. P.; Gulsoy, O.; Kate, K. H.; Atre, S. V.: Powder-binder formulation and compound manufacture in metal injection molding (MIM), *Sammelwerk: Handbook of Metal Injection Molding*, 2019, pp. 57–88.

[79]   EPEIRE3D: EPEIRE T-MIM, https://epeire3d.com/en/epeire-t-mim/ (Zugriff am: 08.04.2022).

[80]   Faludi, J.; Bayley, C.; Bhogal, S.; Iribarne, M.: Comparing environmental impacts of additive manufacturing vs traditional machining via life-cycle assessment, *Rapid Prototyping Journal*, 2015, pp. 14–33. https://doi.org/10.1108/RPJ-07-2013-0067.

[81]   Fedorovich, N. E.; De Wijn, J. R.; Verbout, A. J.; Alblas, J.; Dhert, W. J. A.: Three-dimensional fiber deposition of cell-laden, viable, patterned constructs for bone tissue printing, *Tissue engineering. Part A*, 2008. https://doi.org/10.1089/ten.a.2007.0158.

[82]   Fedorovich, N. E.; Schuurman, W.; Wijnberg, H. M.; Prins, H.-J.; van Weeren, P. R.; Malda, J.; Alblas, J.; Dhert, W. J. A.: Biofabrication of osteochondral tissue equivalents by printing topologically defined, cell-laden hydrogel scaffolds, *Tissue engineering Part C: Methods*, 2012, pp. 33–44. https://doi.org/10.1089/ten.TEC.2011.0060.

[83]   Feldhusen, J.; Grote, K.-H.; Göpfert, J.; Tretow, G.: Technische Systeme, *Sammelwerk: Pahl/Beitz Konstruktionslehre*, 2013, pp. 237–279.

[84]   Feldhusen, J.; Grote, K.-H.; Nagarajah, A.; Pahl, G.; Beitz, W.; Wartzack, S.: Vorgehen bei einzelnen Schritten des Produktentstehungsprozesses, *Sammelwerk: Pahl/Beitz Konstruktionslehre*, 2013, pp. 291–409.

[85]   Fischer, A.; Gebauer, S.; Khavkin, E.: 3D-Druck im Unternehmen, ISBN: 9783446441248, 2018.

[86]   Franz, J.; Pearce, J. M.: Open-Source Grinding Machine for Compression Screw Manufacturing, *Inventions*, 2020. https://doi.org/10.3390/inventions5030026.

[87]   Friederici, V.; Ellerhorst, M.; Imgrund, P.; Krämer, S.; Ludwig, N.: Metal injection moulding of thin-walled titanium parts for medical applications, *Powder Metallurgy*, 2014, pp. 5–8. https://doi.org/10.1179/0032589914Z.000000000154.

[88]   Fu, G.; Loh, N. H.; Tor, S. B.; Tay, B. Y.; Murakoshi, Y.; Maeda, R.: Injection molding, debinding and sintering of 316L stainless steel microstructures, *Applied Physics A*, 2005, pp. 495–500. https://doi.org/10.1007/s00339-005-3273-6.

[89]   Galati, M.; Minetola, P.: Analysis of Density, Roughness, and Accuracy of the Atomic Diffusion Additive Manufacturing (ADAM) Process for Metal Parts, *Materials*, 2019. https://doi.org/10.3390/ma12244122.

[90]   Gandhi, A.; Magar, C.; Roberts, R.: How technology can drive the next wave of mass customization, https://www.mckinsey.com/~/media/mckinsey/dotcom/client_service/bto/pdf/mobt32_02-09_masscustom_r4.ashx (Zugriff am: 08.04.2022).

[91]   Gao, W.; Zhang, Y.; Ramanujan, D.; Ramani, K.; Chen, Y.; Williams, C. B.; Wang, C. C.; Shin, Y. C.; Zhang, S.; Zavattieri, P. D.: The status, challenges, and future of additive manufacturing in engineering, *Computer-Aided Design*, 2015, pp. 65–89. https://doi.org/10.1016/j.cad.2015.04.001.

[92]   Gebhardt, A.: Additive Fertigungsverfahren, ISBN: 9783446445390, 2016.

[93]   Geiger, M.; Greul, M.; Sindel, M.; Steger, W.: Multiphase Jet Solidification - a new process towards metal prototypes and a new data interface, *Tagungsband: International Solid Freeform Fabrication Symposium*, 1994, pp. 9–16.

[94]   Geissbauer, R.; Schrauf, S.; Morr, J.-T.; Wunderlin, J.; Krause; Jens Henning; Odenkirchen, A.: Digital Product Development 2025, https://www.pwc.de/de/digitale-transformation/pwc-studie-digital-product-development-2025.pdf (Zugriff am: 08.04.2022).

[95]   Gericke, K.; Bender, B.; Feldhusen, J.; Grote, K.-H.: Entwickeln von Wirkstrukturen, *Sammelwerk: Pahl/Beitz Konstruktionslehre*, 2021, pp. 255–306.

[96]   Gericke, K.; Bender, B.; Pahl, G.; Beitz, W.; Feldhusen, J.; Grote, K.-H.: Funktionen und deren Strukturen, *Sammelwerk: Pahl/Beitz Konstruktionslehre*, 2021, pp. 233–254.

[97]   German, R. M.: Powder metallurgy science, ISBN: 1878954423, 1994.

[98]   German, R. M.: Progress in Titanium Metal Powder Injection Molding, *Materials*, 2013, pp. 3641–3662. https://doi.org/10.3390/ma6083641.

[99]   German, R. M.: Metal powder injection molding (MIM): Key trends and markets, *Sammelwerk: Handbook of Metal Injection Molding*, 2019, pp. 1–21.

[100]   German, R. M.: The evolution of Powder Injection Moulding: Past perspectives and future growth, *Powder Injection Moulding International*, 2019, pp. 57–67.

[101]   German, R. M.; Bose, A.: Injection molding of metals and ceramics, ISBN: 187895461X, 1997.

[102]   Giberti, H.; Sbaglia, L.; Silvestri, M.: Mechatronic Design for an Extrusion-Based Additive Manufacturing Machine, *Machines*, 2017. https://doi.org/10.3390/machines5040029.

[103]   Gibson, I.; Rosen, D.; Stucker, B.: Additive Manufacturing Technologies, ISBN: 9781493921133, 2015.

[104]   Gleich, H.; Hartwig, A.; Lohse, H.: Was Kleber über Kunststoffe wissen sollten, *adhäsion KLEBEN & DICHTEN*, 2016, pp. 22–25. https://doi.org/10.1007/s35145-016-0033-z.

[105]   Gnanasekaran, K.; Heijmans, T.; van Bennekom, S.; Woldhuis, H.; Wijnia, S.; With, G. de; Friedrich, H.: 3D printing of CNT- and graphene-based conductive polymer nanocomposites by fused deposition modeling, *Applied Materials Today*, 2017, pp. 21–28. https://doi.org/10.1016/j.apmt.2017.04.003.

[106] Go, J.; Schiffres, S. N.; Stevens, A. G.; Hart, A. J.: Rate limits of additive manu-facturing by fused filament fabrication and guidelines for high-throughput system design, *Additive Manufacturing*, 2017, pp. 1–11. https://doi.org/10.1016/j.addma.2017.03.007.

[107] Gonabadi, H.; Yadav, A.; Bull, S. J.: The effect of processing parameters on the mechanical characteristics of PLA produced by a 3D FFF printer, *The International Journal of Advanced Manufacturing Technology*, 2020, pp. 695–709. https://doi.org/10.1007/s00170-020-06138-4.

[108] Gong, H.; Snelling, D.; Kardel, K.; Carrano, A.: Comparison of Stainless Steel 316L Parts Made by FDM- and SLM-Based Additive Manufacturing Processes, *The Journal of The Minerals, Metals & Materials Society*, 2019, pp. 880–885. https://doi.org/10.1007/s11837-018-3207-3.

[109] Gonzalez-Gutierrez, J.; Beulke, G.; Emri, I.: Powder Injection Molding of Metal and Ceramic Parts, *Sammelwerk: Some Critical Issues for Injection Molding*, 2012, pp. 65–88.

[110] Gonzalez-Gutierrez, J.; Cano, S.; Ecker, J. V.; Kitzmantel, M.; Arbeiter, F.; Kukla, C.; Holzer, C.: Bending Properties of Lightweight Copper Specimens with Differ-ent Infill Patterns Produced by Material Extrusion Additive Manufacturing, Sol-vent Debinding and Sintering, *Applied Sciences*, 2021. https://doi.org/10.3390/app11167262.

[111] Gonzalez-Gutierrez, J.; Cano, S.; Schuschnigg, S.; Kukla, C.; Sapkota, J.; Holzer, C.: Additive Manufacturing of Metallic and Ceramic Components by the Material Extrusion of Highly-Filled Polymers: A Review and Future Perspectives, *Materi-als*, 2018. https://doi.org/10.3390/ma11050840.

[112] Gonzalez-Gutierrez, J.; Duretek, I.; Holzer, C.; Arbeiter, F.; Kukla, C.: Filler Con-tent and Properties of Highly Filled Filaments for Fused Filament Fabrication of Magnets, *Tagungsband: SPE ANTEC*, 2017.

[113] Gonzalez-Gutierrez, J.; Duretek, I.; Kukla, C.; Poljšak, A.; Bek, M.; Emri, I.; Holzer, C.: Models to Predict the Viscosity of Metal Injection Molding Feedstock Materials as Function of Their Formulation, *Metals*, 2016. https://doi.org/10.3390/met6060129.

[114] Gonzalez-Gutierrez, J.; Godec, D.; Kukla, C.; Schlauf, T.: Shaping, Debinding and Sintering of Steel Components via Fused Filament Fabrication, *Tagungsband: In-ternational Scientific Conference on Production Engineering*, 2017, pp. 99–104.

[115] GÖTTFERT Werkstoff-Prüfmaschinen GmbH: Korrekturen bei der Auswertung von Kapillarrheometer-Versuchen, https://www.goettfert.de/anwendungen-wis-sen/rheo-info/fuer-kapillarrheometer/korrekturen-bei-der-auswertung-von-kapil-larrheometer-versuchen (Zugriff am: 08.04.2022).

[116] Greul, M.; Pintat, T.; Greulich, M.: Rapid prototyping of functional metallic parts, *Computers in Industry*, 1995, pp. 23–28. https://doi.org/10.1016/0166-3615(95)00028-5.

[117] Greulich, M.; Greul, M.; Pintat, T.: Fast, functional prototypes via multiphase jet solidification, *Rapid Prototyping Journal*, 1995, pp. 20–25. https://doi.org/10.1108/13552549510146649.

[118] Gungor-Ozkerim, S.; Inci, I.; Zhang, Y. S.; Khademhosseini, A.; Dokmeci, M. R.: Bioinks for 3D bioprinting: an overview, *Biomaterials Science*, 2018, pp. 915–946. https://doi.org/10.1039/C7BM00765E.

[119] HAGE3D GmbH: Technische Daten HAGE3D 84L, https://hage3d.com/word-press/wp-content/uploads/2021/01/produktblaetter_a5_HAGE3D-84L_Jaenner2021-GER.pdf (Zugriff am: 08.04.2022).

[120] Han, D.: Slicing of tessellated models for additive manufacturing based on variable thickness layers, *Dissertation,* Georgia Institute of Technology, 2019.

[121] Hausnerova, B.: Powder Injection Moulding - An Alternative Processing Method for Automotive Items, *Sammelwerk: New Trends and Developments in Automotive System Engineering*, 2011, pp. 129–146.

[122] Häußge, G.: OctoPrint.org, https://octoprint.org/ (Zugriff am: 08.04.2022).

[123] HBM GmbH: Die Wheatstonesche Brückenschaltung - kurz erklärt, https://www.hbm.com/de/7163/die-wheatstonesche-brueckenschaltung-kurz-erklaert/ (Zugriff am: 08.04.2022).

[124] Headmade Materials GmbH: Cold Metal Fusion / Metal SLS - Technology, https://www.headmade-materials.de/de/whitepaper (Zugriff am: 08.04.2022).

[125] Heaney, D. F.: Designing for metal injection molding (MIM), *Sammelwerk: Handbook of Metal Injection Molding*, 2019, pp. 25–43.

[126] Heaney, D. F.: Powders for metal injection molding (MIM), *Sammelwerk: Handbook of Metal Injection Molding*, 2019, pp. 45–56.

[127] Heaney, D. F.: Qualification of metal injection molding (MIM), *Sammelwerk: Handbook of Metal Injection Molding*, 2019, pp. 271–280.

[128] Heaney, D. F.; Greene, C. D.: Molding of components in metal injection molding (MIM), *Sammelwerk: Handbook of Metal Injection Molding*, 2019, pp. 105–127.

[129] Hebda, M.; McIlroy, C.; Whiteside, B.; Caton-Rose, F.; Coates, P.: A method for predicting geometric characteristics of polymer deposition during fused-filament-fabrication, *Additive Manufacturing*, 2019, pp. 99–108. https://doi.org/10.1016/j.addma.2019.02.013.

[130] Hein, S.: Sinter Based Additive Manufacturing Tutorial - Debinding, *Workshop: Sinter-based Additive Manufacturing*, Bremen, 2019.

[131] Hemrick, J. G.; Starr, T. L.; Rosen, D. W.: Release behavior for powder injection molding in stereolithography molds, *Rapid Prototyping Journal*, 2001, pp. 115–121. https://doi.org/10.1108/13552540110386772.

[132] Heng, S. Y.; Raza, M. R.; Muhamad, N.; Sulong, A. B.; Fayyaz, A.: Micro-powder injection molding (µPIM) of tungsten carbide, *International Journal of Refractory Metals and Hard Materials*, 2014, pp. 189–195. https://doi.org/10.1016/j.ijrmhm.2014.04.012.

[133] Henry, T. C.; Morales, M. A.; Cole, D. P.; Shumeyko, C. M.; Riddick, J. C.: Mechanical behavior of 17-4 PH stainless steel processed by atomic diffusion additive manufacturing, *The International Journal of Advanced Manufacturing Technology*, 2021, pp. 2103–2114. https://doi.org/10.1007/s00170-021-06785-1.

[134] Hizal, F.: Introducing Metal FFF with Ultrafuse® Filaments, *Workshop: Sinter-based Additive Manufacturing*, Bremen, 2021.

[135] Hnatkova, E.; Hausnerova, B.; Hales, A.; Jiranek, L.; Vera, J. M. A.: Rheological investigation of highly filled polymers: Effect of molecular weight, *AIP Conference Proceedings 1662*, 2015. https://doi.org/10.1063/1.4918891.

[136] Hodgson, G.; Ranellucci, A.; Moe, J.: Slic3r Manual, https://manual.slic3r.org/ (Zugriff am: 08.04.2022).

[137] Höges, S.: Industrialisation of Binder Jetting, *Workshop: Sinter-based Additive Manufacturing*, Bremen, 2019.

[138] Horsch, J.: Kostenrechnung, ISBN: 9783658282394, 2020.

[139] Hossain, T.; Rognon, P.: Rate-dependent drag instability in granular materials, *Granular Matter*, 2020, pp. 1–17. https://doi.org/10.1007/s10035-020-01039-5.

[140] Hwang, K. S.: Common defects in metal injection molding (MIM), *Sammelwerk: Handbook of Metal Injection Molding*, 2019, pp. 253–269.

[141] Incus GmbH: Lithography-based additiv manufacturing of functional metal components, https://www.incus3d.com/application/files/2416/2678/6581/Dokument_Incus_Datasheet_1-2_PRINT.pdf (Zugriff am: 08.04.2022).

[142] Jang, T.-S.; Jung, H.-D.; Pan, H. M.; Han, W. T.; Chen, S.; Song, J.: 3D printing of hydrogel composite systems: Recent advances in technology for tissue engineering, *International journal of bioprinting*, 2018. https://doi.org/10.18063/IJB.v4i1.126.

[143] Johannaber, F.; Michaeli, W.: Handbuch Spritzgießen, ISBN: 9783446440982, 2014.

[144] Jones, R.; Haufe, P.; Sells, E.; Iravani, P.; Olliver, V.; Palmer, C.; Bowyer, A.: RepRap – the replicating rapid prototyper, *Robotica*, 2011, pp. 177–191. https://doi.org/10.1017/S026357471000069X.

[145] Kampker, A.; Triebs, J. B.; Kawollek, S.; Ayvaz, P. H. Z.; Hohenstein, S. N.: Review on Machine Designs of Material Extrusion based Additive Manufacturing (AM) Systems - Status-Quo and Potential Analysis for Future AM Systems, *Procedia CIRP 81*, 2019, pp. 815–819. https://doi.org/10.18154/RWTH-2019-06112.

[146] Kate, K. H.; Enneti, R. K.; Park, S.-J.; German, R. M.; Atre, S. V.: Predicting Pow-der-Polymer Mixture Properties for PIM Design, *Critical Reviews in Solid State and Materials Sciences*, 2014, pp. 197–214. https://doi.org/10.1080/10408436.2013.808986.

[147] Kausch, M.: Ultraschneller 3D-Druck unter Einsatz von Standard-Granulat, https://www.iwu.fraunhofer.de/content/dam/iwu/de/documents/Infoblatt/In-foblatt-Ultraschneller-3D-Druck-unter-Einsatz-von-Standard-Granulat.pdf (Zugriff am: 08.04.2022).

[148] Kim, H.; Renteria-Marquez, A.; Islam, M. D.; Chavez, L. A.; Garcia Rosales, C. A.; Ahsan, M. A.; Tseng, T.-L. B.; Love, N. D.; Lin, Y.: Fabrication of bulk pie-zoelectric and dielectric BaTiO 3 ceramics using paste extrusion 3D printing tech-nique, *Journal of the American Ceramic Society*, 2018, pp. 3685–3694. https://doi.org/10.1111/jace.16242.

[149] Klocke, F.: Fertigungsverfahren 5, ISBN: 9783662547281, 2018.

[150] Kong, X.; Barriere, T.; Gelin, J. C.: Determination of critical and optimal powder loadings for 316L fine stainless steel feedstocks for micro-powder injection mold-ing, *Journal of Materials Processing Technology*, 2012, pp. 2173–2182. https://doi.org/10.1016/j.jmatprotec.2012.05.023.

[151] Kranz, J.: Methodik und Richtlinien für die Konstruktion von laseradditiv gefertig-ten Leichtbaustrukturen, *Dissertation,* Technische Universität Hamburg, 2017.

[152] Kukla, C.; Duretek, I.; Gonzalez-Gutierrez, J.; Holzer, C.: Rheology of PIM feed-stocks, *Metal Powder Report*, 2017, pp. 39–44. https://doi.org/10.1016/j.mprp.2016.03.003.

[153] Kupp, D.; Eifert, H.; Greul, M.; Kunstner, M.: Rapid Prototyping of Functional Metal and Ceramic Components By The Multiphase Jet Solidification (MJS) Pro-cess, *Tagungsband: International Solid Freeform Fabrication Symposium*, 1997, pp. 203–210.

[154] Kurose, T.; Abe, Y.; Santos, M. V. A.; Kanaya, Y.; Ishigami, A.; Tanaka, S.; Ito, H.: Influence of the Layer Directions on the Properties of 316L Stainless Steel Parts Fabricated through Fused Deposition of Metals, *Materials*, 2020. https://doi.org/10.3390/ma13112493.

[155] Kuznetsov, V. E.; Solonin, A. N.; Tavitov, A.; Urzhumtsev, O.; Vakulik, A.: In-creasing strength of FFF three-dimensional printed parts by influencing on temper-ature-related parameters of the process, *Rapid Prototyping Journal*, 2020, pp. 107–121. https://doi.org/10.1108/RPJ-01-2019-0017.

[156] Kuznetsov, V. E.; Solonin, A. N.; Urzhumtsev, O. D.; Schilling, R.; Tavitov, A. G.: Strength of PLA Components Fabricated with Fused Deposition Technology Using a Desktop 3D Printer as a Function of Geometrical Parameters of the Pro-cess, *Polymers*, 2018. https://doi.org/10.3390/polym10030313.

[157] Lalegani Dezaki, M.; Mohd Ariffin, M. K. A.; Baharuddin, B. T. H. T.: Experimental Study of Drilling 3D Printed Polylactic Acid (PLA) in FDM Process, *Sammelwerk: Fused Deposition Modeling Based 3D Printing*, 2021, pp. 85–106.

[158] Langefeld, B.; Moehrle, M.; Balzer, C.; Schildbach, P.: Advancements in metal 3D printing, https://www.rolandberger.com/publications/publication_pdf/Roland_Berger_Additive_Manufacturing.pdf (Zugriff am: 08.04.2022).

[159] Lepoivre, A.; Boyard, N.; Levy, A.; Sobotka, V.: Heat Transfer and Adhesion Study for the FFF Additive Manufacturing Process, *Procedia Manufacturing*, 2020, pp. 948–955. https://doi.org/10.1016/j.promfg.2020.04.291.

[160] Leuteritz, G.; Demminger, C.; Maier, H.-J.; Lachmayer, R.: Hybride Additive Fertigung: Ansätze zur Kombination von additiven und gießtechnischen Fertigungsverfahren für die Serienfertigung, *Sammelwerk: Additive Serienfertigung*, 2018, pp. 115–126.

[161] Lieberwirth, C.; Sarhan, M.; Seitz, H.: Mechanical Properties of Stainless-Steel Structures Fabricated by Composite Extrusion Modelling, *Metals*, 2018. https://doi.org/10.3390/met8020084.

[162] Little, H. A.; Tanikella, N. G.; J Reich, M.; Fiedler, M. J.; Snabes, S. L.; Pearce, J. M.: Towards Distributed Recycling with Additive Manufacturing of PET Flake Feedstocks, *Materials*, 2020. https://doi.org/10.3390/ma13194273.

[163] Lobovsky, M.; Lobovsky, A.; Behi, M.; Lipson, H.: Solid Freeform Fabrication of Stainless Steel Using Fab@Home, *Tagungsband: International Solid Freeform Fabrication Symposium*, 2008, pp. 104–109.

[164] Lohse, U.: Filamentbasierte Herstellung keramischer Bauteile, *Keramische Zeitschrift*, 2021, pp. 20–24.

[165] LÖMI GmbH: AM-Entbinderungsanlagen, https://www.loemi.com/wp-content/uploads/2020/10/LOEMI__AM-Entbinderungsanlagen__Loesemittel-Modellreihe_EDA-AM.pdf (Zugriff am: 08.04.2022).

[166] Love, L. J.; Kunc, V.; Rios, O.; Duty, C. E.; Elliott, A. M.; Post, B. K.; Smith, R. J.; Blue, C. A.: The importance of carbon fiber to polymer additive manufacturing, *Journal of Materials Research*, 2014, pp. 1893–1898. https://doi.org/10.1557/jmr.2014.212.

[167] Ma, J.; Qin, M.; Zhang, L.; Tian, L.; Li, R.; Chen, P.; Qu, X.: Effect of ball milling on the rheology and particle characteristics of Fe–50%Ni powder injection molding feedstock, *Journal of Alloys and Compounds*, 2014, pp. 41–45. https://doi.org/10.1016/j.jallcom.2013.12.080.

[168] Malda, J.; Visser, J.; Melchels, F. P.; Jüngst, T.; Hennink, W. E.; Dhert, W. J.; Groll, J.; Hutmacher, D. W.: 25th anniversary article: Engineering hydrogels for biofabrication, *Advanced Materials*, 2013. https://doi.org/10.1002/adma.201302042.

[169] Mark, G. T.: Stress relaxation in additively manufactured parts, *US-Patent,* US20180154580A1, 2018.

[170] Markforged Inc.: Metal X Design Guide, https://www.awp1.com/wp-content/up-loads/2018/07/MetalXDesignGuide_V1-AWP.pdf (Zugriff am: 08.04.2022).

[171] Markforged Inc.: Metal X System, https://markforged.com/metal-x/ (Zugriff am: 08.04.2022).

[172] Markforged Inc.: The Additive Movement has Arrived, https://mark-forged.com/additive-manufacturing-movement/ (Zugriff am: 08.04.2022).

[173] Martin, J. J.; Caunter, A.; Dendulk, A.; Goodrich, S.; Pembroke, R.; Shores, D.; Erb, R. M.: Direct-write 3D printing of composite materials with magnetically aligned discontinuous reinforcement, *Tagungsband: Micro-and Nanotechnology Sensors, Systems, and Applications IX - SPIE Defense + Security,* 2017, pp. 258–271.

[174] McNulty, T. F.; Mohammadi, F.; Bandyopadhyay, A.; Shanefield, D. J.; Danforth, S. C.; Safari, A.: Development of a binder formulation for fused deposition of ceramics, *Rapid Prototyping Journal,* 1998, pp. 144–150. https://doi.org/10.1108/13552549810239012.

[175] Meraz Trejo, E.; Jimenez, X.; Billah, K. M. M.; Seppala, J.; Wicker, R.; Espalin, D.: Compressive deformation analysis of large area pellet-fed material extrusion 3D printed parts in relation to in situ thermal imaging, *Additive Manufacturing,* 2020. https://doi.org/10.1016/j.addma.2020.101099.

[176] Metallum3D Inc.: Pellet Extrusion 3D Printer, https://www.metallum3d.com/ (Zugriff am: 08.04.2022).

[177] Mirzababaei, S.; Pasebani, S.: A Review on Binder Jet Additive Manufacturing of 316L Stainless Steel, *Journal of Manufacturing and Materials Processing,* 2019. https://doi.org/10.3390/jmmp3030082.

[178] Mitteramskogler, G.: Small-scale, complex parts with a fine surface finish: An AM solution from Incus meets the demands of MIM producers, *Powder Injection Moulding International,* 2020, pp. 101–107.

[179] Mohamad, N.; Muhamad, N.; Jamaludin, K.; Ahmad, S.; Ibrahim, M.: Flow behaviour to determine the defects of green part in metal injection molding, *International journal of mechanical and materials engineering,* 2009, pp. 70–75.

[180] Morrison, V.: AIM3D, *Workshop: Sinter-based Additive Manufacturing,* Bremen, 2021.

[181] Munsch, M.; Schmidt-Lehr, M.; Wycisk, E.: Metal Additive Manufacturing with sinter-based technologies, *AMPOWER Insights,* 2018.

[182] Munsch, M.; Schmidt-Lehr, M.; Wycisk, E.: Metal Additive Manufacturing Report 2019, *AMPOWER Report,* 2019.

[183] Munsch, M.; Schmidt-Lehr., M.; Wycisk, E.: Additive Manufacturing Market Report 2022, *AMPOWER Report*, 2022.

[184] Nabertherm GmbH: Additive Fertigung, https://nabertherm.com/en/products/industry/additive-manufacturing (Zugriff am: 08.04.2022).

[185] Naefe, P.; Luderich, J.: Konstruktionsmethodik für die Praxis, ISBN: 9783658138707, 2016.

[186] Nienhaus, V.: Untersuchung und Modellierung von Kunststoffextrusionssystemen in der Fused Filament Fabrication, *Dissertation,* Technische Universität Darmstadt, 2021.

[187] Obasi, G. C.; Ferri, O. M.; Ebel, T.; Bormann, R.: Influence of processing parameters on mechanical properties of Ti–6Al–4V alloy fabricated by MIM, *Materials Science and Engineering: A*, 2010, pp. 3929–3935. https://doi.org/10.1016/j.msea.2010.02.070.

[188] Oberbach, K.: Qualitätsbeurteilung des Rohstoffs in der K-Verarbeitung, *Kunststoffberater 12*, 1991, p. 38.

[189] Ordoñez, E.; Gallego, J. M.; Colorado, H. A.: 3D printing via the direct ink writing technique of ceramic pastes from typical formulations used in traditional ceramics industry, *Applied Clay Science*, 2019. https://doi.org/10.1016/j.clay.2019.105285.

[190] Pahl, G.; Beitz, W.; Gericke, K.; Bender, B.; Feldhusen, J.; Grote, K.-H.: Grundlagen technischer Systeme, *Sammelwerk: Pahl/Beitz Konstruktionslehre*, 2021, pp. 9–25.

[191] Perrot, A.; Lanos, C.; Estellé, P.; Melinge, Y.: Ram extrusion force for a frictional plastic material: model prediction and application to cement paste, *Rheologica Acta*, 2006, pp. 457–467. https://doi.org/10.1007/s00397-005-0074-y.

[192] Petzoldt, F.: Qualität entlang der MIM-Prozesskette, *Tagungsband: Hagener Symposium Pulvermetallurgie*, 2013, pp. 215–230.

[193] Petzoldt, F.: Metal Injection Moulding (MIM) Pulverspritzguss, https://www.mim-experten.de/images/stories/mim_broschuere_de_130312.1.pdf (Zugriff am: 08.04.2022).

[194] Petzoldt, F.: Sinter-Based Additive Manufacturing, *Workshop: Sinter-based Additive Manufacturing*, Bremen, 2019.

[195] Piemme, J. C.; Grohowski, J. A.: Titanium Metal Injection Molding, a Qualified Manufacturing Process, *Key Engineering Materials*, 2016, pp. 122–129. https://doi.org/10.4028/www.scientific.net/KEM.704.122.

[196] Plankensteiner, A.; Grohs, C.; Feist, C.; Grill, R.; Schwaiger, A.; Sigl, L. S.; Kestler, H.: Finite Element Based Optimization of a Near Net-Shape Manufacturing Process Chain for CuCr Medium Voltage Circuit Breakers, *Tagungsband: EURO PM*, 2009, pp. 299–304.

[197] Pollen AM Inc.: Pam Series MC, https://www.pollen.am/pam_series_mc/ (Zugriff am: 08.04.2022).

[198] Prusa Research a.s.: Schrittmotoren, https://blog.prusa3d.com/de/reprap-rech-ner_3416/ (Zugriff am: 08.04.2022).

[199] PT+A GmbH: MIM/CIM Feedstock, http://www.pt-a.de/feedstock%20de.htm (Zugriff am: 08.04.2022).

[200] PT+A GmbH: FFF/FDM Filamente, http://www.pt-a.de/filament%20de.htm (Zugriff am: 08.04.2022).

[201] Quinard, C.; Barriere, T.; Gelin, J. C.: Development and property identification of 316L stainless steel feedstock for PIM and µPIM, *Powder Technology*, 2009, pp. 123–128. https://doi.org/10.1016/j.powtec.2008.04.044.

[202] Raise3D Technologies Inc.: MetalFuse, https://www.raise3d.com/metalfuse/ (Zugriff am: 08.04.2022).

[203] Rane, K.; Petrò, S.; Strano, M.: Evolution of porosity and geometrical quality through the ceramic extrusion additive manufacturing process stages, *Additive Manufacturing*, 2020. https://doi.org/10.1016/j.addma.2020.101038.

[204] Raoufi, K.; Manoharan, S.; Etheridge, T.; Paul, B. K.; Haapala, K. R.: Cost and Environmental Impact Assessment of Stainless Steel Microreactor Plates using Binder Jetting and Metal Injection Molding Processes, *Procedia Manufacturing*, 2020, pp. 311–319. https://doi.org/10.1016/j.promfg.2020.05.052.

[205] Reich, M. J.; Woern, A. L.; Tanikella, N. G.; Pearce, J. M.: Mechanical Properties and Applications of Recycled Polycarbonate Particle Material Extrusion-Based Additive Manufacturing, *Materials*, 2019. https://doi.org/10.3390/ma12101642.

[206] Ren, L.; Zhou, X.; Song, Z.; Zhao, C.; Liu, Q.; Xue, J.; Li, X.: Process Parameter Optimization of Extrusion-Based 3D Metal Printing Utilizing PW-LDPE-SA Binder System, *Materials*, 2017. https://doi.org/10.3390/ma10030305.

[207] Renteria, A.; Fontes, H.; Diaz, J. A.; Regis, J. E.; Chavez, L. A.; Tseng, T.-L.; Liu, Y.; Lin, Y.: Optimization of 3D printing parameters for BaTiO3 piezoelectric ce-ramics through design of experiments, *Materials Research Express*, 2019. https://doi.org/10.1088/2053-1591/ab200e.

[208] Revelo, C.; Colorado, H.: 3D printing of kaolinite clay with small additions of lime, fly ash and talc ceramic powders, *Processing and Application of Ceramics*, 2019, pp. 287–299. https://doi.org/10.2298/pac1903287r.

[209] Revelo, C. F.; Colorado, H. A.: 3D printing of kaolinite clay ceramics using the Direct Ink Writing (DIW) technique, *Ceramics International*, 2018, pp. 5673–5682. https://doi.org/10.1016/j.ceramint.2017.12.219.

[210] Reynaud, C.: Metal Binder Jetting: A Costeffective Additive Manufacturing Pro-cess, *Workshop: Sinter-based Additive Manufacturing*, Bremen, 2019.

[211] Riecker, S.; Clouse, J.; Studnitzky, T.; Andersen, O.; Kieback, B.: Fused Deposition Modeling - Opportunities for Cheap Metal AM, *World PM2016 Congress & Exhibition*, Hamburg, 2016.

[212] Riecker, S.; Hein, S.; Studnitzky, T.; Andersen, O.; Kieback, B.: 3D Printing of Metal Parts by Means of Fused Filament Fabrication - A Non Beam-Based Approach, *Tagungsband: EURO PM*, 2017.

[213] Roberts, A.: Desktop Metal's Live Sinter™: How simulation software is mitigating sintering distortion, *Powder Injection Moulding International*, 2020, pp. 67–74.

[214] Rodríguez, P. P.: MIM vs Investment Casting, *EPMA Metal Injection Moulding Seminar*, Ludwigshafen, 2017.

[215] Rosnitschek, T.; Seefeldt, A.; Alber-Laukant, B.; Neumeyer, T.; Altstädt, V.; Tremmel, S.: Correlations of Geometry and Infill Degree of Extrusion Additively Manufactured 316L Stainless Steel Components, *Materials*, 2021. https://doi.org/10.3390/ma14185173.

[216] Rowlands, W.; Vaidhyanathan, B.: Additive manufacturing of barium titanate based ceramic heaters with positive temperature coefficient of resistance (PTCR), *Journal of the European Ceramic Society*, 2019, pp. 3475–3483. https://doi.org/10.1016/j.jeurceramsoc.2019.03.024.

[217] Rudolph, J.-P.: Cloudbasierte Potentialerschließung in der additiven Fertigung, *Dissertation,* Technische Universität Hamburg, 2018.

[218] Ruge, J.; Wohlfahrt, H.: Eigenschaften der Werkstoffe, *Sammelwerk: Technologie der Werkstoffe*, 2013, pp. 15–57.

[219] Schaper, J.: Magnesium Polyolefin Interactions during Thermal Debinding in the MIM Process of Magnesium, *Dissertation,* Christian-Albrechts-Universität zu Kiel, 2019.

[220] Scharvogel, M.: Zeit- und Kostenabschätzung für Demonstrator hinsichtlich Time-to-Market und Stückkosten. *Experteninterview*, 2022.

[221] Schatt, W.: Pulvermetallurgie: Technologie und Werkstoffe, ISBN: 9783540236528, 2007.

[222] Scheithauer, U.; Bergner, A.; Schwarzer, E.; Richter, H.-J.; Moritz, T.: Studies on thermoplastic 3D printing of steel–zirconia composites, *Journal of Materials Research*, 2014, pp. 1931–1940. https://doi.org/10.1557/jmr.2014.209.

[223] Scheithauer, U.; Johne, R.; Weingarten, S.; Schwarzer, E.; Richter, H.-J.; Moritz, T.; Michaelis, A.: Investigation of Droplet Deposition for Suspensions Usable for Thermoplastic 3D Printing (T3DP), *Journal of Materials Engineering and Performance*, 2017, pp. 44–51. https://doi.org/10.1007/s11665-017-2875-4.

[224] Scheithauer, U.; Schwarzer, E.; Richter, H.-J.; Moritz, T.: Thermoplastic 3D Printing - An Additive Manufacturing Method for Producing Dense Ceramics, *International Journal of Applied Ceramic Technology*, 2015, pp. 26–31. https://doi.org/10.1111/ijac.12306.

[225] Scheithauer, U.; Weingarten, S.; Johne, R.; Schwarzer, E.; Abel, J.; Richter, H.-J.; Moritz, T.; Michaelis, A.: Ceramic-Based 4D Components: Additive Manufacturing (AM) of Ceramic-Based Functionally Graded Materials (FGM) by Thermoplastic 3D Printing (T3DP), *Materials*, 2017. https://doi.org/10.3390/ma10121368.

[226] Schlieper, G.: Tooling for metal injection molding (MIM), *Sammelt: Handbook of Metal Injection Molding*, 2019, pp. 89–104.

[227] Schlieper, G.: Element22: A leader in titanium MIM leverages its expertise to advance sinter-based Ti Additive Manufacturing, *Powder Injection Moulding International*, 2020, pp. 57–66.

[228] Schmidt-Lehr, M.; Führer, T.: Design guideline for sinter-based Additive Manufacturing, *AMPOWER Insights*, 2021.

[229] Schuh, C. A.; Myerberg, J. S.; Fulop, R.; Chiang, Y.-M.; Hart, A. J.; Schroers, J.; Vereminski, M. D.; Mykulowycz, N.; Shim, J. Y.; Fontana, R. R.; Gibson, M. A.; Chin, R.; Sachs, E. M.: Methods and Systems for Additive Manufacturing, *WIPO-Patent,* WO2017/106787A3, 2017.

[230] Schuurman, W.; Khristov, V.; Pot, M. W.; van Weeren, P. R.; Dhert, W. J. A.; Malda, J.: Bioprinting of hybrid tissue constructs with tailorable mechanical properties, *Biofabrication*, 2011. https://doi.org/10.1088/1758-5082/3/2/021001.

[231] Sercombe, T. B.; Schaffer, G. B.; Calvert, P.: Freeform fabrication of functional aluminiumprototypes using powder metallurgy, *Journal of Materials Science*, 1999, pp. 4245–4251. https://doi.org/10.1023/a:1004602819393.

[232] Shaikh, M. Q.; Lavertu, P.-Y.; Kate, K. H.; Atre, S. V.: Process Sensitivity and Significant Parameters Investigation in Metal Fused Filament Fabrication of Ti-6Al-4V, *Journal of Materials Engineering and Performance*, 2021, pp. 5118–5134. https://doi.org/10.1007/s11665-021-05666-8.

[233] Shim, J.-H.; Lee, J.-S.; Kim, J. Y.; Cho, D.-W.: Bioprinting of a mechanically enhanced three-dimensional dual cell-laden construct for osteochondral tissue engineering using a multi-head tissue/organ building system, *Journal of Micromechanics and Microengineering*, 2012. https://doi.org/10.1088/0960-1317/22/8/085014.

[234] Singh, G.; Missiaen, J.-M.; Bouvard, D.; Chaix, J.-M.: Copper extrusion 3D printing using metal injection moulding feedstock: analysis of process parameters for green density and surface roughness optimization, *Additive Manufacturing*, 2020. https://doi.org/10.1016/j.addma.2020.101778.

[235] Singh, G.; Missiaen, J.-M.; Bouvard, D.; Chaix, J.-M.: Additive manufacturing of 17–4 PH steel using metal injection molding feedstock: Analysis of 3D extrusion printing, debinding and sintering, *Additive Manufacturing*, 2021. https://doi.org/10.1016/j.addma.2021.102287.

[236] Skardal, A.; Zhang, J.; Prestwich, G. D.: Bioprinting vessel-like constructs using hyaluronan hydrogels crosslinked with tetrahedral polyethylene glycol tetracrylates, *Biomaterials*, 2010. https://doi.org/10.1016/j.biomaterials.2010.04.045.

[237] SLM Solutions Group AG: The NXG XII 600, https://www.slm-pushing-the-limits.com/specs#productivity (Zugriff am: 08.04.2022).

[238] Snyder, J. E.; Hamid, Q.; Wang, C.; Chang, R.; Emami, K.; Wu, H.; Sun, W.: Bioprinting cell-laden matrigel for radioprotection study of liver by pro-drug conversion in a dual-tissue microfluidic chip, *Biofabrication*, 2011. https://doi.org/10.1088/1758-5082/3/3/034112.

[239] Steger, W.; Melchior, K.; Staskewitsch, E.; Pintat, T.; Geiger, M.; Greul, M.: Verfahren und Einrichtung zur freiformenden Herstellung dreidimensionaler Bauteile einer vorgegebenen Form, *DEU-Patent*, DE 4319128 C1, 1995.

[240] Sterzel H-J.; ter Maat, J.; Ebenhoech, J.; Meyer, M.: Thermoplastic materials for the production of ceramic moldings, *US-Patent*, US5145900A, 1992.

[241] Strano, M.; Rane, K.; Cataldo, S.; Parenti, P.; Mussi, V.; Casati, R.; Annoni, M.; Giberti, H.; Sbaglia, L.: Rapid Production of Hollow SS316 Profiles by Extrusion based Additive Manufacturing, *AIP Conference Proceedings 1960*, 2018. https://doi.org/10.1063/1.5035006.

[242] Suwanpreecha, C.; Manonukul, A.: A Review on Material Extrusion Additive Manufacturing of Metal and How It Compares with Metal Injection Moulding, *Metals*, 2022. https://doi.org/10.3390/met12030429.

[243] Suwanpreecha, C.; Seensattayawong, P.; Vadhanakovint, V.; Manonukul, A.: Influence of Specimen Layout on 17-4PH (AISI 630) Alloys Fabricated by Low-Cost Additive Manufacturing, *Metallurgical and Materials Transactions A*, 2021, pp. 1999–2009. https://doi.org/10.1007/s11661-021-06211-x.

[244] Tejo-Otero, A.; Buj-Corral, I.; Fenollosa-Artés, F.: 3D Printing in Medicine for Preoperative Surgical Planning: A Review, *Annals of biomedical engineering*, 2020, pp. 536–555. https://doi.org/10.1007/s10439-019-02411-0.

[245] The Virtual Foundry Inc.: Safety Data Sheets for Filaments, https://www.thevirtualfoundry.com/sds (Zugriff am: 08.04.2022).

[246] Thornagel, M.: Simulating flow can help avoid mould mistakes, *Metal Powder Report*, 2010, pp. 26–29. https://doi.org/10.1016/S0026-0657(10)70072-2.

[247] Torrado, A. R.; Shemelya, C. M.; English, J. D.; Lin, Y.; Wicker, R. B.; Roberson,
       D. A.: Characterizing the effect of additives to ABS on the mechanical property
       anisotropy of specimens fabricated by material extrusion 3D printing, *Additive
       Manufacturing*, 2015, pp. 16–29. https://doi.org/10.1016/j.addma.2015.02.001.

[248] Torralba, J. M.; Hidalgo, J.; Morales, A. J.: Powder injection moulding: processing
       of small parts of complex shape, *International Journal of Microstructure and Ma-
       terials Properties*, 2013, pp. 87–96. https://doi.org/10.1504/IJMMP.2013.052648.

[249] Triditive: Automated 3D Printing Factory in a Cell AMCELL®, https://www.tridi-
       tive.com/machinery/amcell_8300 (Zugriff am: 08.04.2022).

[250] Tuncer, N.; Bose, A.: Solid-State Metal Additive Manufacturing: A Review, *The
       Journal of The Minerals*, 2020, pp. 3090–3111. https://doi.org/10.1007/s11837-
       020-04260-y.

[251] Urhal, P.; Weightman, A.; Diver, C.; Bartolo, P.: Robot assisted additive manufac-
       turing: A review, *Robotics and Computer-Integrated Manufacturing*, 2019,
       pp. 335–345. https://doi.org/10.1016/j.rcim.2019.05.005.

[252] Valkenaers, H.; Vogeler, F.; Ferraris, E.; Voet, A.; Kruth, J.-P.: A Novel Approach
       to Additive Manufacturing: Screw Extrusion 3D-Printing, *Tagungsband: Proceed-
       ings of the 10th International Conference on Multi-Material Micro Manufacture*,
       2013, pp. 235–238.

[253] VDI Verein Deutscher Ingenieure e.V.: Konstruktionsmethodik - Technisch-wirt-
       schaftliches Konstruieren - Technisch-wirtschaftliche Bewertung, VDI 2225 Blatt
       3, 1998.

[254] VDI Verein Deutscher Ingenieure e.V.: Additive Fertigungsverfahren - Grundla-
       gen, Begriffe, Verfahrensbeschreibungen, VDI 3405, 2014.

[255] VDI Verein Deutscher Ingenieure e.V.: Entwicklung technischer Produkte und
       Systeme - Modell der Produktentwicklung, VDI 2221 Blatt 1, 2019.

[256] VDI Verein Deutscher Ingenieure e.V.: Additive Fertigungsverfahren - Gestal-
       tungsempfehlungen für die Bauteilfertigung mit Materialextrusionsverfahren, VDI
       3405 Blatt 3.4, 2021.

[257] Velleman Group nv: Infodatenblatt K8200, https://www.velleman.eu/down-
       loads/0/infosheets/datasheet_k8200_d.pdf (Zugriff am: 08.04.2022).

[258] Vervoort, P.; Martens, M.: Secondaries for metal injection molding (MIM), *Sam-
       melwerk: Handbook of Metal Injection Molding*, 2019, pp. 173–194.

[259] Viehöfer, U.; Winkelmueller, W.; Lang, M.; Scharvogel, M.: Verfahren zur pul-
       vermetallurgischen Herstellung von Bauteilen aus Titan oder Titanlegierungen,
       EU-Patent, EP 3 231 536 A1, 2017.

[260] Volpato, N.; Kretschek, D.; Foggiatto, J. A.; Gomez da Silva Cruz, C. M.: Experimental analysis of an extrusion system for additive manufacturing based on polymer pellets, *The International Journal of Advanced Manufacturing Technology*, 2015, pp. 1519–1531. https://doi.org/10.1007/s00170-015-7300-2.

[261] Waalkes, L.; Imgrund, P.: Verwendungsnachweis ZIM-Projekt SinTiM (ZF 4547817DE8), 2021.

[262] Waalkes, L.; Janzen K.: Post-Processing of Metal Fused Deposition Modeling Parts, *Alliance Deep Dive*, 2021.

[263] Waalkes, L.; Längerich, J.; Holbe, F.; Emmelmann, C.: Feasibility study on piston-based feedstock fabrication with Ti-6Al-4V metal injection molding feedstock, *Additive Manufacturing*, 2020. https://doi.org/10.1016/j.addma.2020.101207.

[264] Waalkes, L.; Längerich, J.; Imgrund, P.; Emmelmann, C.: Piston-Based Material Extrusion of Ti-6Al-4V Feedstock for Complementary Use in Metal Injection Molding, *Materials*, 2022. https://doi.org/10.3390/ma15010351.

[265] Wagner, M. A.; Hadian, A.; Sebastian, T.; Clemens, F.; Schweizer, T.; Rodriguez-Arbaizar, M.; Carreño-Morelli, E.; Spolenak, R.: Fused filament fabrication of stainless steel structures - from binder development to sintered properties, *Additive Manufacturing*, 2022. https://doi.org/10.1016/j.addma.2021.102472.

[266] Wakimoto, T.; Takamori, R.; Eguchi, S.; Tanaka, H.: Growable Robot with 'Additive-Additive-Manufacturing', *Tagungsband: Extended Abstracts of the 2018 CHI Conference on Human Factors in Computing Systems*, 2018, pp. 1–6.

[267] Wang, L.; Gardner, D. J.: Effect of fused layer modeling (FLM) processing parameters on impact strength of cellular polypropylene, *Polymer*, 2017, pp. 74–80. https://doi.org/10.1016/j.polymer.2017.02.055.

[268] Wang, P.; Zou, B.; Xiao, H.; Ding, S.; Huang, C.: Effects of printing parameters of fused deposition modeling on mechanical properties, surface quality, and microstructure of PEEK, *Journal of Materials Processing Technology*, 2019, pp. 62–74. https://doi.org/10.1016/j.jmatprotec.2019.03.016.

[269] Wang, X.; Yan, Y.; Pan, Y.; Xiong, Z.; Liu, H.; Cheng, J.; Liu, F.; Lin, F.; Wu, R.; Zhang, R.; Lu, Q.: Generation of three-dimensional hepatocyte/gelatin structures with rapid prototyping system, *Tissue engineering*, 2006, pp. 83–90. https://doi.org/10.1089/ten.2006.12.83.

[270] Watschke, H.: Methodisches Konstruieren für Multi-Material-Bauweisen hergestellt mittels Materialextrusion, *Dissertation*, Technische Universität Braunschweig, 2019.

[271] Watschke, H.; Waalkes, L.; Schumacher, C.; Vietor, T.: Development of Novel Test Specimens for Characterization of Multi-Material Parts Manufactured by Material Extrusion, *Applied Sciences*, 2018. https://doi.org/10.3390/app8081220.

[272]   Wendel, B.: Prozessuntersuchung des "Fused Deposition Modeling", *Dissertation, Friedrich-Alexander-Universität Erlangen-Nürnberg*, 2009.

[273]   Whyman, S.; Arif, K. M.; Potgieter, J.: Design and development of an extrusion system for 3D printing biopolymer pellets, *The International Journal of Advanced Manufacturing Technology*, 2018, pp. 3417–3428. https://doi.org/10.1007/s00170-018-1843-y.

[274]   Williams, C. B.; Mistree, F.; Rosen, D. W.: Investigation of Additive Manufacturing Processes for the Manufacture of Parts With Designed Mesostructure, *Tagungsband: ASME International Design Engineering Technical Conferences & Computers and Information in Engineering Conference*, 2005, pp. 353–364.

[275]   Williams, N.: Metal Injection Moulding: Celebrating forty years of innovation, *Powder Injection Moulding International*, 2019, pp. 53–67.

[276]   Woern, A. L.; Byard, D. J.; Oakley, R. B.; Fiedler, M. J.; Snabes, S. L.; Pearce, J. M.: Fused Particle Fabrication 3-D Printing: Recycled Materials' Optimization and Mechanical Properties, *Materials*, 2018. https://doi.org/10.3390/ma11081413.

[277]   Wohlers, T.; Campbell, R. I.; Diegel, O.; Huff, R.; Kowen, J.: Wohlers report 2020 - 3D printing and additive manufacturing state of the industry. ISBN: 0991333268, 2020.

[278]   Woodfield, T.; Malda, J.; Wijn, J. de; Péters, F.; Riesle, J.; van Blitterswijk, C. A.: Design of porous scaffolds for cartilage tissue engineering using a three-dimensional fiber-deposition technique, *Biomaterials*, 2004, pp. 4149–4161. https://doi.org/10.1016/j.biomaterials.2003.10.056.

[279]   Wu, G.; A. Langrana, N.; Sadanji, R.; Danforth, S.: Solid freeform fabrication of metal components using fused deposition of metals, *Materials & Design*, 2002, pp. 97–105. https://doi.org/10.1016/S0261-3069(01)00079-6.

[280]   Wu, G.; Langrana, N. A.; Rangarajan, S.; McCuiston, R.; Sadanji, R.; Danforth, S. C.; Safari, A.: Fabrication of Metal Components using FDMet: Fused Deposition of Metals, *Tagungsband: International Solid Freeform Fabrication Symposium*, 1999, pp. 11–13.

[281]   Xerion Berlin Laboratories GmbH: Fusion Factory Extended, https://www.xerion.de/fileadmin/user_upload/Datenblaetter_Broschueren/Datenblatt_Fusion-Factory-extended.pdf (Zugriff am: 08.04.2022).

[282]   Xerion Berlin Laboratories GmbH: The Fusion Factory, https://www.xerion.de/fileadmin/user_upload/Datenblaetter_Broschueren/Datenblatt_Fusion-Factory.pdf (Zugriff am: 08.04.2022).

[283]   XJet Ltd.: XJet & NanoParticle Jetting™ Technology, https://www.xjet3d.com/technology/ (Zugriff am: 08.04.2022).

[284] Yan, X.; Hao, L.; Xiong, W.; Tang, D.: Research on influencing factors and its optimization of metal powder injection molding without mold via an innovative 3D printing method, *RSC Advances*, 2017, pp. 55232–55239. https://doi.org/10.1039/C7RA11271H.

[285] Yan, Y.; Wang, X.; Pan, Y.; Liu, H.; Cheng, J.; Xiong, Z.; Lin, F.; Wu, R.; Zhang, R.; Lu, Q.: Fabrication of viable tissue-engineered constructs with 3D cell-assembly technique, *Biomaterials*, 2005, pp. 5864–5871. https://doi.org/10.1016/j.biomaterials.2005.02.027.

[286] Yanev, K.; Seguin, G.: Printrun: Pure Python 3d printing host software, https://www.pronterface.com/ (Zugriff am: 08.04.2022).

[287] Zander, N. E.; Gillan, M.; Lambeth, R. H.: Recycled polyethylene terephthalate as a new FFF feedstock material, *Additive Manufacturing*, 2018, pp. 174–182. https://doi.org/10.1016/j.addma.2018.03.007.

[288] Zhang, Y.; Basso, A.; Christensen, S. E.; Pedersen, D. B.; Staal, L.; Valler, P.; Hansen, H. N.: Characterization of near-zero pressure powder injection moulding with sacrificial mould by using fingerprint geometries, *CIRP Annals*, 2020, pp. 185–188. https://doi.org/10.1016/j.cirp.2020.04.052.

[289] Zhao, D.; Chang, K.; Ebel, T.; Qian, M.; Willumeit, R.; Yan, M.; Pyczak, F.: Microstructure and mechanical behavior of metal injection molded Ti-Nb binary alloys as biomedical material, *Journal of the Mechanical Behavior of Biomedical Materials*, 2013, pp. 171–182. https://doi.org/10.1016/j.jmbbm.2013.08.013.

[290] Zimmer, D.; Adam, G. A. O.: Direct Manufacturing Design Rules, *Innovative Developments in Virtual and Physical Prototyping*, 2011, pp. 545–551.

[291] Zimmer, D.; Adam, G. A. O.: Konstruktionsregeln für additive Fertigungsverfahren, *Konstruktion*, 2013, pp. 77–82.

A Anhang

A.1 Python-Skript zur Düsenreinigung

Das nachfolgende Python-Skript analysiert den ursprünglichen G-Code hinsichtlich der Verfahrbewegungen pro Zeile für jede herzustellende Schicht. Sobald der experimentelle Grenzwert aus Kapitel 5.3 ($\sum V_B = 1000$ mm bzw. modifier = 0.001) in einer Schicht überschritten wird, erfolgt das Hinzufügen des Reinigungsskripts aus Tabelle 10. Dazu wird der ursprüngliche G-Code in einen neuen G-Code inklusive der Reinigungszeilen überführt (Ausgabedatei: *Dateiname*_processed.gcode).

```
#coding:iso-8859-1
from math import sqrt
import argparse

parser=argparse.ArgumentParser(description='Inserts gcode passages for
nozzle cleaning')
parser.add_argument("infile", help="Path to the gcode file to be
processed")
parser.add_argument("-o","--outfile",default=None,help="optional path to
outfile. default:appends\"_processed\"to infile name")
args=parser.parse_args()

#Reinigungsskript
cleaning_gcode="""
G1 X0 Y0 F30000
G92 E0
T1
G1 E210 F30000
G1 E250 F800
G92 E0
T0
G1 E5 F400
G92 E0
T1
G1 E-40 F800
G1 E-250 F30000
G92 E0
M18 E
T0
"""

#Experimenteller Grenzwert
modifier=0.001

#Initialisierung der Variablen
flag_print=False
x_last=0
y_last=0
z_last=0
penalty=0
if args.outfile:
    path_outfile=args.outfile
else:
    path_outfile=args.infile[0:-6]+"_processed.gcode"
with open(path_outfile,"w") as outfile:
    with open(args.infile, "r") as infile:
```

```
buffer=""
blockpenalty=0
for line in infile:
    buffer+=line
    if line.startswith("G1"):
        flag_print=False
        split=line.split(" ")
        x_cur=x_last
        y_cur=y_last

        #Zeilenweise Analyse der definierten Marker für Schicht n
        for segment in split:
            stripped=segment.strip(" \n\r")
            if "X" in  stripped:
                x_cur=float(stripped[1:])
            if "Y" in  stripped:
                y_cur=float(stripped[1:])
            if "E" in  stripped:
                flag_print=True

            #Ende von Schicht n
            if "Z" in stripped:
                z_temp=float(stripped[1:])
                print(f"Layer Change detected; current
                {penalty=:.2f}{blockpenalty=:.2f}")

                #Entscheidung über Reinigungsschritt
                if penalty+blockpenalty>=1:
                    print("initiating cleaning")
                    penalty=0
                    outfile.write(cleaning_gcode)
                penalty+=blockpenalty
                blockpenalty=0
                outfile.write(buffer)
                buffer=""
        distance=sqrt(pow((x_cur-x_last),2)+pow((y_cur-y_last),2))
        x_last=x_cur
        y_last=y_cur
        if flag_print:
            blockpenalty+=distance*modifier
        else:
            blockpenalty+=distance*modifier
outfile.write(buffer)
```

A.2 Erläuterung zur Bewertung der FDM-Konstruktionsregeln

Eine detaillierte Erläuterung zur Bewertung der FDM-Konstruktionsregeln ist den nachfolgenden Tabellen zu entnehmen.

Tabelle A-1: Erläuterung zur Bewertung der FDM-Konstruktionsregeln Nr. 1, 3, 4 und 7 nach Adam [3]

FDM-Regel	Ersatzmodell		Erläuterung	Bewertung	
	Ungünstig	Günstig		Übertragbar/obsolet	Entbinder-/Sinterregeln
1			Die Breite solider Wandstrukturen (Füllgrad = 100 %) ist so zu wählen, dass zwischen den Konturbahnen eine Bauteilfüllung möglich ist [6].	Für eine festgelegte Spurbreite von b_s = 0,45 mm beträgt die minimale Wandstärke: **$b \geq 1{,}35$ mm**. Für Füllmusterstrukturen (Füllgrad < 100 %) gilt: **$b \geq 0{,}90$ mm**	Für die lösemittelbasierte Entbinderung ist die Breite nicht gekrümmter Basiselemente auf maximal 20 mm zu beschränken (vgl. [228]): **$b < 20$ mm**
3	–	–	Die Höhe nicht gekrümmter Basiselemente ist so zu wählen, dass sich die Lücken zwischen den Füllmusterbahnen schließen [6].	Lücken zwischen den Füllmusterbahnen werden durch die in Kapitel 5.1 identifizierten Prozessparameter unabhängig von der Höhe eliminiert.	–
4	–		Die Höhe nicht gekrümmter Basiselemente mit α_o < 90° ist frei wählbar, sofern diese mit einer Stützkonstruktion unterbaut werden [4].	Unter Einhaltung der anlagenspezifischen Bauraumgrenzen sowie Regel Nr. 5 (s. Kapitel 6.2.1) ist diese FDM-Regel generell übertragbar.	Um ein Absacken des Überhangs während der Sinterfahrt zu vermeiden, sollte die Stützkonstruktion nach dem Druckprozess nicht entfernt werden (vgl. [228]).
7			Der Orientierungswinkel α_o nicht gekrümmter Basiselemente sollte stets so gewählt werden, dass der Treppenstufeneffekt minimiert wird [6].	Die FDM-Regel ist generell übertragbar, sodass gilt: **α_o = 90°**	–

Tabelle A-2: Erläuterung zur Bewertung der FDM-Konstruktionsregeln Nr. 8, 11, 14 und 16 nach Adam [3]

FDM-Regel	Ersatzmodell		Erläuterung	Bewertung	
	Ungünstig	Günstig		Übertragbar/obsolet	Entbinder-/Sinterregeln
8	-		Die Position nicht gekrümmter Basiselemente kann in Bauebene frei gewählt werden [6].	Die Position auf dem Druckbett kann frei innerhalb des Messbereichs des Abstandssensors gewählt werden.	-
11			Der Außendurchmesser einfach gekrümmter Basiselemente sollte wesentlich größer sein als die Schichthöhe (vgl. [6]).	Die FDM-Regel ist generell übertragbar, sodass gilt (vgl. [3]): $d_a \gg h_s$	-
14			Der Innendurchmesser einfach gekrümmter Basiselemente sollte wesentlich größer sein als die Schichthöhe (vgl. [3]).	Die FDM-Regel ist generell übertragbar, sodass gilt (vgl. [3]): $d_i \gg h_s$	-
16	-		Die Höhe einfach gekrümmter Basiselemente mit $\alpha_o < 90°$ ist frei wählbar, sofern diese mit einer Stützkonstruktion unterbaut werden [3].	Unter Einhaltung der anlagenspezifischen Bauraumgrenzen sowie Regel Nr. 17 (s. Kapitel 6.2.7) ist diese FDM-Regel generell übertragbar.	s. FDM-Regel Nr. 4

Tabelle A-3: Erläuterung zur Bewertung der FDM-Konstruktionsregeln Nr. 20, 21, 23 und 24 nach Adam [3]

FDM-Regel	Ersatzmodell		Erläuterung	Bewertung	
	Ungünstig	Günstig		Übertragbar/obsolet	Entbinder-/Sinterregeln
20			Der Orientierungswinkel α_o einfach gekrümmter Basiselemente sollte stets so gewählt werden, dass der Treppenstufeneffekt minimiert wird [6].	Die FDM-Regel ist generell übertragbar, sodass gilt: $\alpha_o = 90°$	-
21	-		Die Position einfach gekrümmter Basiselemente kann in Bauebene frei gewählt werden [3].	Die Position auf dem Druckbett kann frei innerhalb des Messbereichs des Abstandssensors gewählt werden.	-
23			Der Außendurchmesser doppelt gekrümmter Basiselemente sollte wesentlich größer sein als die Schichthöhe (vgl. [3]).	Die FDM-Regel ist generell übertragbar, sodass gilt (vgl. [3]): $d_a \gg h_s$	Grundsätzlich sollte die sinterbasierte additive Fertigung von Standard-Komponenten wie Schrauben oder Kugeln vermieden werden (vgl. [52, 170]).
24			Der Innendurchmesser doppelt gekrümmter Basiselemente sollte wesentlich größer sein als die Schichthöhe (vgl. [3]).	Die FDM-Regel ist generell übertragbar, sodass gilt (vgl. [3]): $d_i \gg h_s$	-

Tabelle A-4: Erläuterung zur Bewertung der FDM-Konstruktionsregeln Nr. 25, 27, 28 und 30 nach Adam [3]

FDM-Regel	Ersatzmodell		Erläuterung	Bewertung	
	Ungünstig	Günstig		Übertragbar/obsolet	Entbinder-/Sinterregeln
25	-		Die Position doppelt gekrümmter Basiselemente kann in Bauebene frei gewählt werden [3].	Die Position auf dem Druckbett kann frei innerhalb des Messbereichs des Abstandssensors gewählt werden.	s. FDM-Regel Nr. 23
27			Der Übergangswinkel α_0 zum stoffschlüssigen Verbinden zweier Basiselemente ist frei wählbar [3].	Die FDM-Regel ist generell übertragbar. Der Übergangswinkel sollte jedoch so gewählt werden, dass keine Stützkonstruktion erforderlich ist (s. Kapitel 6.2.10).	-
28			Die Breite stoffschlüssig miteinander verbundener Basiselemente ist frei wählbar [5].	Die FDM-Regel ist generell unter Einhaltung von FDM-Regel Nr. 1 übertragbar.	Zur Vermeidung von Sinterverzug sind möglichst gleichmäßige Wandstärken zu wählen [125]: $b_1 \approx b_2$
30			Kanten sind mit einem Rundungsradius zu versehen, der dem Außen- bzw. Innenradius einfach gekrümmter Basiselemente entspricht [3, 5].	Kanten werden anlagenbedingt abgerundet, sodass auf eine weitere Anpassung verzichtet wird.	Scharfe Kanten sind grundsätzlich zu vermeiden, um Rissbildung während des Sintervorgangs vorzubeugen [52].

Tabelle A-5: Erläuterung zur Bewertung der FDM-Konstruktionsregeln Nr. 31, 32, 33 und 34 nach Adam [3]

FDM-Regel	Ersatzmodell		Erläuterung	Bewertung	
	Ungünstig	Günstig		Übertragbar/obsolet	Entbinder-/Sinterregeln
31			Sofern Kanten eine vertikale oder horizontale Extremstelle bilden, sind diese mit einer Fase zu versehen, die mindestens der minimalen Wandstärke entspricht [3, 5].	Die FDM-Regel ist generell unter Einhaltung von FDM-Regel Nr. 1 übertragbar. In Aufbaurichtung gilt zudem: $b \geq 7 \cdot h_s$	-
32			Zur Vermeidung von Stützkonstruktionen können innenliegende Kanten scharf gestaltet werden [5].	Die FDM-Regel ist generell unter Einhaltung des kritischen Oberflächenwinkels übertragbar (s. Kapitel 6.2.10).	-
33			Ecken sind mit einem Rundungsradius zu versehen, der wesentlich größer ist als die Schichthöhe [3].	Ecken werden anlagenbedingt abgerundet, sodass auf eine weitere Anpassung verzichtet wird.	-
34			Sofern Ecken eine vertikale oder horizontale Extremstelle bilden, sind diese mit einer Fase zu versehen, die mindestens der minimalen Wandstärke entspricht [291].	Die FDM-Regel ist generell unter Einhaltung von FDM-Regel Nr. 1 übertragbar. In Aufbaurichtung gilt zudem: $b \geq 7 \cdot h_s$	-

Tabelle A-6: Erläuterung zur Bewertung der FDM-Konstruktionsregeln Nr. 35, 39, 40 und 43 nach Adam [3]

FDM-Regel	Ersatzmodell		Erläuterung	Bewertung	
	Ungünstig	Günstig		Übertragbar/obsolet	Entbinder-/Sinterregeln
35			Zur Vermeidung von Stützkonstruktionen können innenliegende Ecken spitz gestaltet werden [291].	Die FDM-Regel ist generell unter Einhaltung des kritischen Oberflächenwinkels übertragbar (s. Kapitel 6.2.10).	-
39	-		Unter der Prämisse, dass innerhalb des Spalts keine Stützkonstruktion verbaut ist, können die Spaltlänge und -höhe frei gewählt werden [5].	Die FDM-Regel ist generell übertragbar, sofern die Wände verzugsfrei aufgebaut werden (s. Kapitel 6.2.1).	-
40			Insellängen sind auf ein Minimum zu reduzieren [3].	Die FDM-Regel ist generell übertragbar.	Hinsichtlich des Sintervorgangs sind Massenschwerpunkte, die nicht im Bauteilzentrum verortet sind, zu vermeiden [52].
43			Inselabstände sind auf ein Minimum zu reduzieren [3].	Die FDM-Regel ist generell übertragbar.	s. FDM-Regel Nr. 40

Tabelle A-7: Erläuterung zur Bewertung der FDM-Konstruktionsregeln Nr. 46, 51, 54 und 55 nach Adam [3]

FDM-Regel	Ersatzmodell		Erläuterung	Bewertung	
	Ungünstig	Günstig		Übertragbar/obsolet	Entbinder-/Sinterregeln
46	-		Querschnittsflächen von Materialanhäufungen sind frei wählbar [3].	Die FDM-Regel ist generell übertragbar.	s. FDM-Regel Nr. 1
51			Bauteilfundamente sind durch eine Maximierung der Kontaktfläche zum Druckbett ausreichend stabil zu gestalten (vgl. [3]).	Die FDM-Regel ist generell übertragbar.	-
54			Sofern Stützkonstruktionen unabdingbar sind, ist die Stützhöhe (h_{st}) auf ein Minimum zu reduzieren [5].	Die FDM-Regel ist generell übertragbar.	s. FDM-Regel Nr. 16
55	-		Oberflächen sind nachzubearbeiten, sofern die erzielte Rauheit für den Anwendungszweck unzureichend ist (vgl. [3]).	Die FDM-Regel ist unter Berücksichtigung von Kapitel 7.2.1 generell übertragbar.	-

A.3   Kalkulation der PFF-Grünteilkosten

Zur Kalkulation der PFF-Grünteilkosten finden die in Tabelle A-8 aufgeführten Konstanten Anwendung. Ein Teil der Konstanten, wie z. B. die Zeit für den Pre- und Post-Prozess, basieren auf einer empirischen Abschätzung und sind entsprechend markiert (*).

Tabelle A-8: Übersicht über die Konstanten zur Kalkulation der PFF-Grünteilkosten

Positionen	Formelzeichen	Wert	Einheit
Demonstrator			
Volumen des skalierten Grünteils	V_{GT}	4377,360	[mm³]
Feedstockdichte bei Raumtemperatur	ρ	0,00323	[g/mm³]
Materialverlust bei Düsenreinigung	m_V	0,040052	[g]
Kilogrammpreis Feedstock	K_{kg}	260	[€/kg]
Personaleinsatz			
Zeit für Datenvorbereitung*	t_D	0,167	[h]
Zeit für Pre-Prozess*	t_{Pre}	0,170	[h]
Zeit für Post-Prozess*	t_{Pos}	0,080	[h]
Zeit für Entleerung des Extruders*	t_{Ent}	0,500	[h]
Zeit für Befüllung des Extruders*	t_{Bf}	0,250	[h]
Zeit für Bauteilplatzierung und -entnahme*	t_B	0,017	[h]
Personenstundensatz	K_{Pe}	15,070	[€/h]
Maschinenstundensatz PFF-Drucker			
Linearer Abschreibungsbetrag pro Jahr*	AfA	1098	[€]
Jährliche Instandhaltungskosten*	K_{In}	109,8	[€]
Nutzungsdauer pro Arbeitstag*	t_N	4	[h/d]
Maschinenstundensatz Trockenschrank			
Linearer Abschreibungsbetrag pro Jahr*	AfA	250	[€]
Jährliche Instandhaltungskosten*	K_{In}	25	[€]
Nutzungsdauer pro Arbeitstag*	t_N	8	[h/d]
Energiekosten			
Nennleistung PFF-Drucker	P_{PFF}	0,3204	[kW]
Nennleistung Trockenschrank	P_T	1,600	[kW]
Strompreis	K_{St}	0,418	[€/kWh]

Ergänzend zu dem Vergleich der Grünteilkosten zwischen Spritzguss und PFF in Abbildung 74 ist in Tabelle A-9 eine stückzahlabhängige Kostenaufteilung inklusive einer Übersicht über die Anzahl an Baujobs, Befüllungen sowie Wärmebehandlungen aufgeführt.

Tabelle A-9: Übersicht über die stückzahlabhängige Anzahl an Baujobs (n_{Bj}), Befüllungen (n_{Bf}) und Wärmebehandlungen (n_{Wb}) sowie die Kostenaufteilung für die PFF-Grünteilkosten (K) als Summe der Druck- (K_D), Wärmebehandlungs- (K_W) und Materialkosten (K_M)

n [-]	n_{Bj} [-]	n_{Bf} [-]	n_{Wb} [-]	K_D [€]	K_W [€]	K_M [€]	K [€]
1	1	1	1	21,745	1,141	3,97	26,85
5	2	1	1	7,983	0,429	3,97	12,38
10	3	2	1	7,335	0,340	3,97	11,64
50	13	7	2	6,319	0,287	3,97	10,57
100	25	13	3	6,152	0,278	3,97	10,40
500	125	63	13	6,083	0,274	3,97	10,32
1000	250	125	25	6,068	0,273	3,97	10,31

Printed in the United States
by Baker & Taylor Publisher Services